Bürgerliche Wissenschaftstheorie
und
ideologischer Klassenkampf

G. DOMIN
H.-H. LANFERMANN
R. MOCEK
D. PÄLIKE

Bürgerliche Wissenschaftstheorie und ideologischer Klassenkampf

Eine Auseinandersetzung mit bürgerlichen Wissenschaftsauffassungen

deb
verlag das europäische buch
1973

Dieses Buch erschien als Band 2 der Reihe
„WISSENSCHAFT UND GESELLSCHAFT“
Herausgegeben vom Institut für Wissenschaftstheorie
und -organisation der
Akademie der Wissenschaften der DDR
durch Günter Kröber

das europäische buch
literaturvertriebs gmbh West-Berlin
ISBN 3-920 303-091

Printed in the German Democratic Republic
1650

Inhaltsverzeichnis

Die Siege der Wissenschaft scheinen erkauft durch Verlust an Charakter ... Dieser Antagonismus zwischen moderner Industrie und Wissenschaft auf der einen Seite und modernem Elend und Verfall auf der anderen Seite, dieser Antagonismus zwischen den Produktivkräften und den gesellschaftlichen Beziehungen unserer Epoche ist eine handgreifliche, überwältigende und unbestreitbare Tatsache.
Einige Parteien mögen darüber wehklagen; andere mögen wünschen, die modernen technischen Errungenschaften loszuwerden, um die modernen Konflikte loszuwerden. Oder sie mögen sich einbilden, daß ein so bemerkenswerter Fortschritt in der Industrie eines ebenso bemerkenswerten Rücktritts in der Politik zu seiner Vervollständigung bedarf ... Wir wissen, daß die neuen Kräfte der Gesellschaft, um richtig zur Wirkung zu kommen, nur neuer Menschen bedürfen, die ihrer Meister werden – und das sind die Arbeiter.

Karl Marx

Einleitung

Fragen der Entwicklung von Wissenschaft und Technik sind überaus wichtige Fragen im Prozeß der Gestaltung der entwickelten sozialistischen Gesellschaft. Volle Bewußtheit auch auf diesem Teilabschnitt der Entwicklung unserer Gesellschaft wird immer dringlicher. Immer weniger darf die sozialistische Gesellschaft die Entwicklungsabläufe im Leben der Wissenschaft dem Zufall, dem Selbstlauf überlassen. Planmäßig und immer zielbewußter müssen die Maßnahmen sein, die unter Führung der Arbeiterklasse zur Förderung und zum praktischen Einsatz der wissenschaftlichen Erkenntnis getroffen werden – zum Wohle der Menschen, zum Nutzen ihrer Gesundheit und ihrer Sicherheit, zugunsten der Erhöhung ihres materiellen und kulturellen Lebensniveaus.

Es ist wichtig, sich der Worte Lenins zu erinnern, wonach die Wissenschaft in der sozialistischen Gesellschaft immer mehr zum Bestandteil des Alltags[1] werden muß. Diese einfachen Worte bergen die tiefe Wahrheit in sich, daß die Wissenschaft zu einem wirksamen Instrument der Massen werden muß, wenn die Massen die errungene politische Macht behaupten wollen; daß die Massen alles wissen und alles *bewußt* tun müssen, wenn sie dazu antreten, den historischen Nachweis der Überlegenheit des Sozialismus über die überlebte kapitalistische Gesellschaftsordnung zu erbringen. Die Forderung, Wissenschaft zu einem Bestandteil des Alltags zu machen, folgt der Einsicht, daß der Sozialismus – als die erste Phase der kommunistischen Gesellschaftsformation – die überlieferten Daseinsverhältnisse der Menschen umstülpt, das bisherige Übergewicht an *Spontaneität* in der gesellschaftlichen Entwicklung überwindet und durch ein immer größeres Übergewicht an *bewußtem Handeln der Massen* ersetzt. Die durch den Marxismus-Leninismus vorliegende Kenntnis der

[1] W. I. Lenin, Lieber weniger, aber besser, in: W. I. Lenin, Werke, Bd. 33, Berlin 1963, S 476.

objektiven Gesetze gesellschaftlicher Entwicklung, d. h. die vorhandene wissenschaftliche Einsicht in die allgemeinen Bedingungen und Erfordernisse des Klassenkampfes wird immer mehr zur Richtschnur des Handelns der Werktätigen im Sozialismus unter Führung der Arbeiterklasse und ihrer Partei. Wissenschaft als Bestandteil des Alltags zeigt sich insbesondere darin, daß die neuesten Errungenschaften des menschlichen Geistes zu einer produktiven Potenz werden und die für den Sozialismus lebensnotwendige Steigerung der Arbeitsproduktivität durch volle Ausschöpfung wissenschaftlicher Erkenntnisse gesichert wird. Daß wir gegenwärtig Zeugen und Akteure einer wissenschaftlich-technischen Revolution sind, hängt notwendig mit den welthistorischen Veränderungen zusammen, die sich mit dem Übergang vom Kapitalismus zum Sozialismus vollziehen. Klarheit über alle diese Zusammenhänge, volles Bewußtsein über die historische Aufgabe und klassenmäßige Verantwortung als sozialistischer Produzent – das ist nicht zuletzt gemeint, wenn an das Wort von der Wissenschaft als einem Bestandteil unseres Alltags erinnert wird: *Zur Wissenschaft, die Bestandteil des Alltags wird, gehört also auch die wissenschaftliche Ideologie der Arbeiterklasse, der Marxismus-Leninismus.*

Wir wollen diese Feststellung mit dem Gedanken verbinden, daß auch die Gestaltung der Wissenschaft im Sozialismus bewußt, das heißt immer mehr auf der Grundlage *wissenschaftlicher Einsichten über die Wissenschaft* als eine *gesellschaftliche Erscheinung* erfolgen muß. Entwicklung der Wissenschaft muß vollauf als Bestandteil der objektiven, gesetzmäßigen Entwicklung der Gesellschaft gefaßt und begriffen werden; Gestaltung der Wissenschaft setzt also Kenntnis der Entwicklung der Gesellschaft und der sich *in ihr* und als *ihr Moment* entwickelnden Wissenschaft voraus. Wissenschaft und ihre gesetzmäßige Entwicklung im Sozialismus bewußt zu machen heißt aber auch den Prozeß bewußt zu machen, *wie* und *warum* Wissenschaft hier zu einem Bestandteil des Alltags wird. Wer wollte bestreiten, daß dieses Bewußtmachen Teil auch des *ideologischen* Kampfes ist? Im Rechenschaftsbericht des ZK an den VIII. Parteitag der SED wurde festgestellt: „Wichtig ist, die ökonomischen, sozialen und ideologischen Probleme des wissenschaftlich-technischen Fortschritts zu untersuchen. Dabei geht es darum, die wissenschaftlich-technische Revolution und die Vorzüge der sozialistischen Ordnung auf eine dieser Ordnung gemäße Weise richtig zu verbinden.“[2]

[2] Bericht des Zentralkomitees an den VIII. Parteitag der SED. Berichterstatter: Genosse Erich Honecker, Berlin 1971, S. 95.

Marxistisch-leninistische Wissenschaftstheorie ist vor die Aufgabe gestellt, die Zusammenhänge – die Bedingungen, Möglichkeiten und Erfordernisse – der Wissenschaftsentwicklung im Sozialismus in theoretischer Form widerzuspiegeln und damit bewußt zu machen. Eine *Theorie über die Wissenschaft im Sozialismus* ist der Beitrag, den die marxistisch-leninistischen Gesellschaftswissenschaften liefern müssen, damit die Wissenschaft *wirklich* zu einem Bestandteil des sozialistischen Alltags wird, damit sie auch selbst immer besser praktisch beherrscht werden kann. Wissenschaftstheorie ist damit eine wichtige Aufgabe der marxistisch-leninistischen Gesellschaftswissenschaften. Diese Aufgabe ist so komplex wie die Entwicklung der Wissenschaft in der sozialistischen Gesellschaft selbst.

Das vorliegende Buch berichtet nicht von der Wissenschaft im Sozialismus. Das heißt aber nicht, daß unser Thema an den Fragen unserer Wissenschaftsentwicklung vorbeiginge, daß unser Thema außerhalb marxistisch-leninistischen wissenschaftstheoretischen Interesses stünde.

Wir gestalten die entwickelte sozialistische Gesellschaft bekanntlich in konkreter historischer Situation und in konkret gegebenen politisch-geographischen Räumen. Wir haben als Gestalter der entwickelten sozialistischen Gesellschaft eine ganz konkrete Geschichte, und wir leben auf einem Planeten, der zum Teil noch von Mächten beherrscht wird, die dem Sozialismus feindlich gegenüberstehen. Wir selbst bauen den Sozialismus an der Nahtstelle zu einem Teil der Welt auf, in welchem unsere Vergangenheit noch Gegenwart ist.

Beides – sowohl uns geschichtlich Überliefertes als auch neben uns Konserviertes – müssen wir sehr wohl beachten, wenn es um die theoretische Bestimmung von Entwicklungsbedingungen, Entwicklungsmöglichkeiten und Erfordernissen der sozialistischen Gesellschaft geht. Zweifelsohne: Der Sozialismus ist historisch in der Offensive. Aber offensive, bewußte und erfolgreiche Gestaltung des Sozialismus erfordert auch das Wissen über den historischen Standort des Gegners, über seine Potenzen und seine Schwächen; sie erfordert nicht zuletzt offensive und wirksame Auseinandersetzung mit seiner Ideologie. Wenn es um die theoretische Bestimmung der Entwicklungsbedingungen und Entwicklungserfordernisse der Wissenschaft zum Wohle der Menschen des Sozialismus, zum Nutzen der Festigung der Positionen des Sozialismus geht (und um nicht weniger als darum geht es bei der Entwicklung der marxistisch-leninistischen Wissenschaftstheorie), dann ist es nicht möglich, weltanschauliche, ideologische Fragen auszuklammern. Im Gegenteil: Es gibt in der marxistisch-leninistischen Wissenschaftstheorie keine „außerideologischen“ oder „weltanschauungsfreien“ Probleme. Die *weltanschauliche Position der Arbeiterklasse* ist Grundlage, orientierendes Prinzip und zugleich entscheidender innerer Aspekt der marxistisch-leninistischen Theorie über die Wissenschaft.

Marxistisch-leninistische Wissenschaftstheorie muß thematisch auf alle wichtigen, alle entscheidenden gesellschaftlichen Zusammenhänge der Wissenschaftsentwicklung im Sozialismus gerichtet sein. Im Zentrum dieser Theorie müssen der wissenschaftlich Tätige in seinem spezifischen Verhältnis zur sozialistischen Gesellschaft, die Bedingungen und Ziele der Wissenschaft im Sozialismus, die gesetzmäßige Entwicklung der Wissenschaft in und mit der Gestaltung der entwickelten sozialistischen Gesellschaft stehen.

Unsere Schrift, die sich der Analyse und Kritik bürgerlicher Wissenschaftsauffassungen zuwendet, hat mit diesen Problemen in genau dem Maße etwas zu tun, in dem die Entwicklung der sozialistischen Gesellschaft als Kampf gegen die Politik und Ideologie des Imperialismus verstanden werden muß. Offensive Auseinandersetzung mit überlieferten bürgerlichen Wissenschaftsauffassungen und mit den neueren Modifikationen imperialistischer Gesellschafts- und Wissenschaftstheorien gehört zu den unabdingbaren Aufgaben der marxistisch-leninistischen Wissenschaftstheorie.

Die Überlegenheit unserer Weltanschauung, unserer Ideologie und *damit eingeschlossen auch unserer Wissenschaftstheorie* ist für die marxistisch-leninistischen Gesellschaftswissenschaftler selbstverständlich kein Grund zur selbstzufriedenen Genügsamkeit: Wir wissen, daß die sozialistische Ideologie und damit auch die marxistisch-leninistische Wissenschaftsauffassung nicht automatisch wirkt und sich nicht im Selbstlauf entwickelt. Vor allem gilt hier der Hinweis des VIII. Parteitages, „daß die Herausbildung des sozialistischen Bewußtseins stets verbunden sein muß mit dem Kampf gegen die bürgerliche Ideologie, gegen den Imperialismus, der kein Mittel scheut, um der Gestaltung der sozialistischen Gesellschaft in unserer Republik Schaden zuzufügen“[3].

Der Schaden ist abschätzbar, den die bürgerlichen Ideologen, Wissenschafts- und Gesellschaftstheoretiker unmittelbar und mittelbar auf das Denken von Angehörigen der Intelligenz und der studentischen Jugend in der DDR auszuüben vermöchten, wenn wir in unserer ideologischen Arbeit nachließen. Zahlreiche Bemühungen

[3] Ebenda, S. 98.

bürgerlicher Ideologen und Sozialtheoretiker insbesondere in der letzten Zeit zeigen, daß sie auf dem Wege über eine idealistische und metaphysische Wissenschaftsauffassung Zugang zum Denken von Angehörigen der wissenschaftlichen Intelligenz im Sozialismus zu erhalten hoffen.

Wenngleich solche Versuche in der entwickelten sozialistischen Gesellschaft keinerlei objektive Basis vorfinden können und schon deshalb zum Scheitern verurteilt sind, so wäre es falsch, ihnen überhaupt keine Bedeutung beizumessen. Die Neuartigkeit vieler Probleme, die im Zusammenhang mit der wissenschaftlich-technischen Entwicklung unserer Tage entstehen, ja die Kompliziertheit zahlreicher wissenschaftstheoretischer Themen (zum Beispiel Methodenprobleme, Fragen des wissenschaftlichen Schöpfertums usw.) können mitunter zu Überlegungen Anlaß geben, die bei ungenügend sorgfältiger Prüfung des Gesamtzusammenhangs spekulativen Lösungen Raum schaffen. Eine theoretisch nicht hinreichend fundierte Wissenschaftsauffassung, das Festhalten an zufällig erworbenen Einstellungen zum Charakter, zu den Triebkräften und zu Zielen der Wissenschaft kann zu folgenschweren, mitunter nur schwer wiedergutzumachenden Fehlentscheidungen führen. Wissenschaftstheoretische Selbstverständigung jedes im Bereich der Wissenschaft Tätigen wird heute immer mehr zu einem dringenden Erfordernis. Und eben zu dieser theoretischen Selbstverständigung über die eigene Tätigkeit als Wissenschaftler gehört das Bewußtsein darüber, wie sehr Wissenschaftsauffassungen von weltanschaulichen Positionen bestimmt sind und selbst weltanschauliche Positionen repräsentieren, wie sehr *theoretische Auseinandersetzungen zu Fragen der Wissenschaft weltanschauliche Auseinandersetzungen sind* und wie nötig es ist, auf diesem Gebiet klare Positionen zu beziehen. Zu diesen notwendigen Positionen zählen auch die Fähigkeit und die Bereitschaft, sich offensiv und wirksam mit solchen wissenschaftstheoretischen Standpunkten auseinanderzusetzen, die mit sozialistischen Auffassungen, mit marxistisch-leninistischen Erkenntnissen nicht vereinbar sind.

Die Verfasser der vorliegenden Streitschrift erheben nicht den Anspruch, einen vollständigen Überblick über die Entwicklungstendenzen der zeitgenössischen bürgerlichen Wissenschaftstheorie zu geben und sich mit allen ihren Spielarten und Problemen auseinanderzusetzen, mit denen eine Auseinandersetzung vom Standpunkt der marxistisch-leninistischen Wissenschaftstheorie nötig wäre. Allerdings geht es den Autoren darum, wesentliche Eigenheiten und insbesondere das *Klassenwesen* bürgerlicher Konzeptionen über die

Wissenschaft aufzudecken, das Gemeinsame aller Spielarten bürgerlichen Theoretisierens über die Wissenschaft zu finden und die Grenzen wie auch die konzeptionelle Unvereinbarkeit der bürgerlichen Wissenschaftstheorien mit marxistisch-leninistischen Positionen nachzuweisen.

Es geht schließlich in der vorliegenden Schrift auch darum, deutlich zu machen, daß es keine von sozialökonomischem Bezug unabhängige Praktikabilität einer Wissenschaftstheorie gibt und geben kann: Eine theoretische Wissenschaftsbestimmung, die zum Beispiel den wissenschaftsleitenden Praktiken des staatsmonopolistischen Kapitalismus durchaus dienstbar werden kann, ist nicht auf sozialistische Verhältnisse übertragbar und ist im Rahmen marxistisch-leninistischer Wissenschaftstheorie unakzeptabel, weil die sozialökonomischen Bedingungen und die Zielorientierung der Wissenschaft im Kapitalismus und im Sozialismus grundverschieden sind, weil folglich auch die theoretischen Begründungen der herrschenden Zielorientierung entgegengesetzte Klasseninteressen ausdrücken.

Lenin hatte seinerzeit auf diesen *Wesensunterschied kapitalistischer und sozialistischer Zielgebung der Wissenschaft* verwiesen – und zwar gerade im Zusammenhang mit der eingangs erwähnten Forderung, die Wissenschaft im Sozialismus zu einem Bestandteil des Alltags werden zu lassen: „Kurzum, wir müssen nicht die Forderungen stellen, die die Bourgeoisie Westeuropas stellt, sondern Forderungen, wie sie einem Land anstehen und geziemen, das sich zur Aufgabe gemacht hat, sich zu einem sozialistischen Land zu entwickeln."[4] Es besteht kein Zweifel, daß diese Unterscheidung heute, da die entwickelte sozialistische Gesellschaft gestaltet wird, um so mehr berechtigt und notwendig ist. Um so notwendiger ist es auch, theoretische Konzeptionen abzuweisen, die letzten Endes dazu dienen, die Klassenanliegen der Bourgeoisie zu begründen und die Wissenschaft in das kapitalistische System zu integrieren.

[4] W. I. Lenin, Lieber weniger, aber besser, a. a. O., S. 476.

1. Zu den historischen und sozialökonomischen Bedingungen für Wandlungen im bürgerlichen Wissenschaftsverständnis

Entwicklungsprobleme der Wissenschaft, Fragen ihrer Planung und politisch-organisatorischen Beherrschung beschäftigen immer stärker auch die Theoretiker der Bourgeoisie und die politischen Führungskräfte in den Ländern des Kapitalismus. Insbesondere hinsichtlich der Rolle der Wissenschaft in der internationalen Klassenauseinandersetzung wird dieses Interesse verständlich. Es geht auch den herrschenden Kräften im staatsmonopolistischen Kapitalismus darum, Errungenschaften des wissenschaftlich-technischen Fortschritts zur Durchsetzung ihrer ökonomischen, politischen und ideologischen Ziele einzusetzen. Dies alles geschieht selbstverständlich auf eine dem Imperialismus eigene Weise und im Rahmen der historischen Defensivposition des Kapitalismus, wie sie für unsere Epoche charakteristisch ist.[1]

Akzentverschiebungen und thematische Modifikationen, die wir bei einer Analyse der Wissenschaftsauffassung der Bourgeoisie feststellen können, sind zum Teil recht eng mit der Frage verbunden, inwiefern Wissenschaft als ein „soziales Phänomen", als „soziales System" zu begreifen ist, inwiefern Wissenschaft mit dem „menschlichen Dasein" überhaupt verknüpft ist und welchen Einfluß „Gesellschaft auf Wissenschaft" und „Wissenschaft auf Gesellschaft" nimmt bzw. nehmen könnte.

Diese Fragestellungen sind selbstverständlich auch für die traditionelle bürgerliche Betrachtungsweise der Wissenschaft nicht absolut neu. Insbesondere progressive Denker des Bürgertums hatten Fragen dieser Art – wenn auch jeweils im Stil ihrer Epoche – bereits früher gestellt und zu beantworten gesucht. Neu an den gegenwärtigen Wissenschaftsdebatten und an den konzeptionellen Bemühungen um eine systematische Erfassung der Wissenschaft ist, daß sie von *prak-*

[1] Vgl. Internationale Beratung der kommunistischen und Arbeiterparteien, Moskau/Berlin 1969, S. 21ff.

tischen Bedürfnissen kapitalistischer Existenz überhaupt diktiert sind, daß die Breite und Intensität dieser Bemühungen besonders im letzten Jahrzehnt sprunghaft angewachsen sind und daß sehr differenzierte Mittel aufgewendet werden, um einzelne Seiten der Wissenschaft im staatsmonopolistischen Kapitalismus theoretisch zu erfassen. Ein hervorstechendes Merkmal zeitgenössischer bürgerlicher Wissenschaftstheorie und wissenschaftstheoretisch relevanter Gesellschaftsauffassung aber ist, daß sie in Anlehnung und in gleichzeitiger Gegenposition zu den theoretischen Leistungen und praktischen Aktionen der Arbeiterklasse entwickelt, propagiert und angewandt werden. Dies geschieht in Anknüpfung an bereits früher ausgebildete bürgerliche Konzeptionen, an frühere Reaktionen auf den theoretisch begründeten Standpunkt der Arbeiterklasse.

Auch im Bereich der theoretischen und praktischen Haltungen der gegenwärtigen Bourgeoisie zur Wissenschaftsentwicklung bestätigt sich die Erkenntnis, daß wir in der Epoche des weltweiten Übergangs vom Kapitalismus zum Sozialismus leben. Deshalb sind auch die gesellschafts- und wissenschaftstheoretischen Aktivitäten der späten Bourgeoisie nicht zu verstehen, wenn sie außerhalb des welthistorischen Entwicklungszusammenhangs, das heißt insbesondere außerhalb der Wirksamkeit des Sozialismus und seiner Ideen gesehen werden. Theorie und Praxis des Sozialismus bestimmen in zunehmendem Maße auch die theoretischen und praktischen Aktivitäten der Bourgeoisie gegenüber dem eigenen Wissenschaftssystem. „Der Imperialismus ist außerstande, den wissenschaftlich-technischen Fortschritt dem Wohle der Menschen nutzbar zu machen, weil er alle Errungenschaften menschlicher Arbeit und des Geistes den Gesetzen des Profits unterwirft. Gekennzeichnet durch die Verschärfung der allgemeinen Krise, ist der Imperialismus nicht mehr in der Lage, seine 1917 durch die Große Sozialistische Oktoberrevolution verlorene historische Initiative wiederzuerlangen."[2]

Drei gesellschaftliche, genauer *politische* Prozesse der neueren Menschheitsgeschichte prägten in entscheidendem Maße sowohl den Inhalt, die Entwicklungsrichtung und den gesellschaftlichen Stellenwert der Wissenschaft als auch die Vorstellungen und Erkenntnisse über den Charakter und die Rolle der Wissenschaft in der Gesellschaft. Der *erste* betrifft die Erhebung des politischen Bewußtseins

[2] Bericht des Zentralkomitees an den VIII. Parteitag der SED, S. 20. Vgl. auch: Internationale Beratung der kommunistischen und Arbeiterparteien, a. a. O., S. 25f.

der Arbeiterklasse in den Rang einer *wissenschaftlich begründeten Theorie,* das heißt die Herausbildung des Marxismus in der Einheit seiner drei Bestandteile und schließlich seine Weiterentwicklung als Leninismus.

Die Herausarbeitung der *Wissenschaft von der Gesellschaft,* die Erfassung der *Entwicklungsgesetze* der menschlichen Gesellschaft ist zweifellos eine ideengeschichtliche Großtat, ein Höhepunkt also auch in der Wissenschaftsgeschichte. Primär aber ist die Herausbildung des Marxismus-Leninismus als ein *politischer* Prozeß zu bestimmen, als Bewußtwerden und Programmgebung der Klasse, die historisch dazu berufen ist, die eigentliche Menschheitsgeschichte praktisch einzuleiten. Die Entdeckung der Entwicklungsgesetze der Gesellschaft ist als bewußtes Erfassen der Interessen der Arbeiterklasse, der Ziele und Aufgaben der Arbeiterbewegung und damit als Entstehung einer revolutionären wissenschaftlichen Ideologie zu verstehen. Die Entwicklungsgesetzmäßigkeit der weiteren Geschichte und das objektive Klasseninteresse des Proletariats erwiesen sich damit als eine dialektische Einheit. Mit der *Herausbildung der Ideologie als Wissenschaft* wurde die Arbeiterklasse unwiderruflich zum Subjekt der Wissenschaft – zum Träger der fortschrittlichsten, revolutionären wissenschaftlichen Gesellschaftstheorie, die von keiner anderen Klasse hervorgebracht und getragen werden kann. Damit aber wurde eine Periode in der Wissenschaftsentwicklung eingeleitet, die erst mit der völligen Überwindung der Klassenspaltung abgeschlossen sein wird. Von der Verwirklichung der Wissenschaft des Marxismus-Leninismus läßt sich somit auch die humanistische Aufgabe der Wissenschaft in unserer Zeit überhaupt bestimmen. Seit der Herausbildung der Ideologie als Wissenschaft kann bürgerliches Bewußtsein zugleich nicht umhin, Fragen der Parteilichkeit in der Wissenschaft zu berühren und theoretisch zu behandeln.

Der *zweite* Prozeß, der völlig neue Bedingungen für die Entwicklung der Wissenschaft schuf und zu neuen Einsichten in die gesellschaftliche Rolle der Wissenschaft führte, war die Einleitung unserer Epoche durch die Große Sozialistische Oktoberrevolution. Das war zugleich die erste *praktische* Frucht der Verschmelzung von Arbeiterbewegung und Wissenschaft und legte den Grundstein für die Verwirklichung der Einheit von wissenschaftlicher Theorie und gesellschaftlicher Praxis in allen Bereichen des Lebens der menschlichen Gesellschaft. Mit der Oktoberrevolution begann die Wissenschaft, im vollen Sinne des Wortes *menschlich* zu werden, das heißt vollauf menschlichen

Zwecken zu dienen.[3] Die Gesellschaft wurde zugleich mit den auf revolutionärem Wege geschaffenen sozialökonomischen Verhältnissen einer wissenschaftlichen Einsicht in ihre eigene Entwicklung voll *zugänglich*, indem sie sich von den Fesseln befreite, die dem Erkenntnisfortschritt überall dort angelegt sind, wo eine reaktionäre Klasse und ihre Ideologie herrschen. Die sozialökonomischen Verhältnisse des Sozialismus bildeten somit die *Basis für ein neues Kapitel der Wissenschaftsgeschichte*, an der die Bourgeoisie auch in ihren wissenschaftstheoretischen Versuchen nicht ohne weiteres vorbeidebattieren kann. Mit der Errichtung des Sozialismus auf einem Sechstel der Erde wurde auch für bürgerliche Gesellschafts- und Wissenschaftstheorie eine *objektive* Bedingung ihrer Entwicklung gesetzt, welche ihre Thematik und ihre Konzeption weitgehend beeinflußt.

Der *dritte* Prozeß schließlich, der in besonderem Maße Gegenwart und Zukunft wissenschaftlicher Tätigkeit gestaltet und der auch die welthistorische Stellung der beiden vorangehenden Vorgänge plastisch verdeutlicht, ist die Herausbildung der Gemeinschaft sozialistischer Staaten nach dem zweiten Weltkrieg als *Weltsystem*. Die Klassenauseinandersetzung zwischen den beiden großen Weltsystemen, dem kapitalistischen und dem sozialistischen, ist zu einer immer mehr *bestimmenden* Bedingung der Wissenschaftsentwicklung geworden – und wissenschaftliche Tätigkeit zu einem wichtigen *Feld* der internationalen Klassenauseinandersetzung. Entsprechend reagierten auch die Theoretiker und Ideologen des Kapitalismus mit verstärkten Bemühungen, Wissenschaft unter den veränderten Bedingungen den bourgeoisen Interessen gemäß zu reflektieren und wissenschaftspolitisch und wissenschaftsorganisatorisch zu integrieren.

Der Prozeß der Umwandlung der Wissenschaft in eine dem imperialistischen System insgesamt dienliche Kraft ergreift das Wissenschaftssystem nicht auf einmal als Ganzes. So erfüllen die bürgerlichen Geisteswissenschaften von je her ausgeprägte ideologische Stabilisierungsfunktionen und sind überhaupt der ursprünglich theoretisch formulierte Ausdruck des bürgerlichen Klasseninteresses; in dem Maße jedoch, in dem das Kapital weitere Potenzen der Profitrealisierung erschloß, erfuhren zunächst die Naturwissenschaften eine durchgreifende „Ökonomisierung", ein Prozeß, der auch vor den sog. Sozialwissenschaften nicht haltmachte – sie sowohl als Leitungswissenschaften stärker in die Nähe der kapitalistischen Produktion

[3] Vgl. Ju. S. Meleščenko, S. V. Šuchardin, Lenin i naučno-techničeskij progress, Leningrad 1969.

rückte als auch ihre Funktionen in der ideologischen Klassenauseinandersetzung stärker profilierte.

J. D. Bernal weist auf drei grundlegende Phasen bei der Verwandlung der Wissenschaft in eine dem Monopolkapital dienende Produktivkraft hin. Nach ihm beginnt sich die Wissenschaft in der Zeit von 1895 bis 1916 in einer *ersten Phase* auf die Belange des Imperialismus einzuspielen. „Es war noch immer eine Epoche hauptsächlich individueller Leistungen, die Epoche der Curies und Rutherfords, der Plancks und Einsteins, der Braggs und Bohrs. Die exakten Wissenschaften, insbesondere die Physik selbst, gehörten noch immer zu den Laboratorien der Universitäten; sie hatten nur wenige Beziehungen zur Industrie ... Jedoch hatte die industrielle Durchdringung bereits begonnen.“[4] Klarer Ausdruck dafür ist die Gründung mit der Industrie gekoppelter Forschungsinstitutionen. Aus derartigen Anfängen nahm nach Bernal die *industrielle Wissenschaft* ihren großen Aufschwung.

In der *zweiten* Phase, die von Bernal in die Zeit von 1919 bis 1939 gelegt wird, dringen Techniken und Organisationsformen der Industrie vor allem in die Physik ein. Obwohl in dieser Zeit noch ein bedeutender Teil der Forschungsarbeit an den Universitäten betrieben wird, hat sich ihr Charakter gewandelt. Bedeutende Wissenschaftler leiten jetzt ganze Arbeitsgruppen, die sehr teure Apparaturen in ihren Forschungen einsetzen. Die Beziehungen zur Industrie werden ausgebaut; die Forschungsergebnisse der neuen Physik wurden bereits für die Industrie rentabel.

Bedingt durch die Erfordernisse des zweiten Weltkrieges, wurden zwischen den führenden Forschern in Physik und Chemie einerseits und den industriellen und staatlichen Forschungsorganisationen andererseits enge Verbindungen geknüpft.

Die *dritte* Phase, die während des zweiten Weltkrieges einsetzte, wird von Bernal ihrem Wesen nach als „die erste Phase einer staatlichen Wissenschaft, die neben gewaltigen Möglichkeiten die ebenso große Gefahr einer falschen Lenkung und Beschränkung birgt“[5], bezeichnet. In ihr findet eine noch größere Ausweitung der Naturwissenschaften statt, die mit einer viel stärkeren Konzentration als in den vorhergehenden Phasen verbunden ist. Der materielle Aufwand für die Forschung ist sprunghaft gestiegen, immer mehr wird der Staat als Regulator des Wissenschaftsbetriebes eines Landes wirksam.

[4] J. D. Bernal, Die Wissenschaft in der Geschichte, Berlin 1961, S. 508.
[5] Ebenda, S. 509.

Nur noch die ökonomisch mächtigen Staaten können wesentliche Beiträge zur Physik liefern. Innerhalb der imperialistischen Welt ist die wissenschaftliche Führung auf die USA übergegangen. Durch die enge Liierung zwischen Wissenschaft und Staat, insbesondere aber durch den staatlich gelenkten Einsatz der Wissenschaft zur Kriegsvorbereitung, hat die Wissenschaft unvermeidlich jeglichen Anschein politischer Neutralität verloren. Innerhalb eines halben Jahrhunderts wurde die Wissenschaft im Kapitalismus so tiefgreifend umgestaltet, daß es berechtigt ist, von einem *monopolkapitalistischen Wissenschaftstyp* zu sprechen. Von den Darlegungen Bernals ausgehend, könnte man seine wesentlichen Merkmale wie folgt angeben:

Erstens ist die Wissenschaft über ihre Finanzierung aus Mitteln der Konzerne zunehmend unter die ökonomische Vormundschaft des Monopolkapitals geraten, das über die Art und Weise sowie das Ziel der praktischen Ausnutzung ihrer Erkenntnisse befindet. Insbesondere ist Wissenschaftspotential Kriegspotential geworden.

Zweitens ist Wissenschaft aus ihrer ursprünglichen Institutionalisierung an den Universitäten und aus den Stuben der Privatgelehrten herausgetreten und hat sich direkt in der Industrie niedergelassen.

Drittens wurde die Arbeitsorganisation in den Wissenschaften mehr und mehr der Arbeitsorganisation in der Sphäre der materiellen Produktion angeglichen, der Forschungsbetrieb selbst einer gewissen Bürokratisierung unterworfen. Unter imperialistischen Bedingungen bricht sich auf diesem Wege die Tendenz zur Vergesellschaftung der wissenschaftlichen Arbeit sowie deren zentralistischen Leitung – zunächst auf dem Wege der Administration – Bahn.

Viertens wird die Wissenschaft mit der direkten politischen Macht des Monopolkapitals verbunden, indem der Staat selbst als Träger, Finanzier und Organisator des Wissenschaftsbetriebes auftritt.

Damit wird die Wissenschaft der politischen Diktatur des Monopolkapitals unterworfen und wird zu einem entscheidenden Instrument politischer Machtausübung der bürgerlichen Klasse.

Durch diese Faktoren wurde eine Neueingliederung der Wissenschaft in die Struktur der bürgerlichen Gesellschaft bewirkt, Wissenschaft wurde ökonomisch und politisch stärker in das Herrschaftssystem des Monopolkapitals integriert und der gesellschaftliche Platz der Wissenschaft insgesamt gewandelt.

Es ist insbesondere die Übernahme direkter wissenschaftspolitischer Lenkungsfunktionen durch den Staat, die den neuen Charakter des staatsmonopolistischen Wissenschaftstyps ausmacht.

Wissenschaftslenkung unter den Bedingungen des staatsmonopolistischen Kapitalismus ist nur als staatsmonopolistische Regulierung, das heißt als ein Bemühen der herrschenden Monopolbourgeoisie zu verstehen, Wissenschaft für die Realisierung ihrer Klassenbestrebungen unter Zuhilfenahme des Staates der Monopole zu befähigen. Es ist staatsmonopolistische *Formierung* der Wissenschaft.

Die ideologischen und politischen Aktivitäten der imperialistischen Bourgeoisie um die Integration von Wissenschaft und Bildung, die Bemühungen um ideologische und praktisch-politische Beherrschung des wissenschaftlich-technischen Fortschritts im Sinne der Klassenziele der Bourgeoisie suchen in der Geschichte des Kapitalismus sowohl hinsichtlich ihrer Intensität als auch ihrer Mittel ihresgleichen. Dieser Prozeß bestätigt die Feststellung der Internationalen Beratung der kommunistischen und Arbeiterparteien vom Jahre 1969, daß der Imperialismus „bestrebt ist, sich den Bedingungen des Kampfes zwischen den beiden Systemen und den Anforderungen der wissenschaftlich-technischen Revolution anzupassen“, daß eine Verstärkung des staatsmonopolistischen Charakters der kapitalistischen Gesellschaft unter anderem auch durch die „Umverteilung eines immer größeren Teils des Nationaleinkommens durch den Staat, die Erteilung von Rüstungsaufträgen an die Monopole, die staatliche Finanzierung der industriellen Entwicklung und der wissenschaftlichen Forschungen“ offensichtlich wird.[6] Die Intensität, mit der sich die Führungskräfte im staatsmonopolistischen Kapitalismus um den Bereich Wissenschaft bemühen, veranschaulicht, in welchem Maße die Entfaltung der wissenschaftlich-technischen Revolution auch von ihnen als ein „Kampffeld des historischen Wettbewerbs zwischen dem Kapitalismus und Sozialismus“[7] verstanden und praktiziert wird. Die wissenschaftspolitischen Aktivitäten der kapitalistischen Staaten sind allerdings nicht frei von Widersprüchen und systembedingten Schwierigkeiten. Einen besonderen Platz im Rahmen wissenschaftspolitischer Aktivitäten des monopolistischen Staates nimmt die schwerpunktorientierte Finanzierung der Forschung – insbesondere der Grundlagenforschung – ein. Als problematisch erwies sich die Tatsache, daß es hierbei um Forschungen geht, deren Resultate keinen im voraus angebbaren Nutzen erwarten lassen. Dieser Zusammenhang wird in der BRD zum Beispiel schon seit längerem unter

[6] Internationale Beratung der kommunistischen und Arbeiterparteien, a. a. O., S. 21.
[7] Ebenda, S. 26.

den Stichworten „Risiko" (bzw. Kosten) und „Gewinn" diskutiert. Damit wird ein Sachverhalt ausgedrückt, der in besonders drastischer Weise die Funktion des Staates unter den Bedingungen des staatsmonopolistischen Kapitalismus auf dem Gebiet der Wissenschaftspolitik demonstriert. Das Argument, daß selbständige Finanzierung der Grundlagenforschung selbst für große Monopole nicht zumutbar sei, so daß der Staat hier im „gesamtgesellschaftlichen" Interesse einspringen müsse, verschleiert die Tatsache, daß der monopolistische Staat von der *gesamten Bevölkerung* getragene Steuergelder für primäre Absicherung privategoistischen Profitstrebens der Konzerne einsetzt[8], also über die Forschungsfinanzierung eine „moderne" Form der zusätzlichen Ausbeutung arrangiert.

So wurde anläßlich einer Technologiedebatte im Bonner Bundestag von einem CDU-Abgeordneten formuliert, es müsse gelingen, „das Problem der Privatisierung der Gewinne bei Sozialisierung des Risikos einer Lösung näherzubringen".[9] Im gleichen Sinne äußerte in der genannten Debatte ein SPD-Abgeordneter, daß es „eine vernünftige Teilung der Risiken und der Chancen im technologischen Bereich"[10], eine Teilung von Risiken und Chancen zwischen Staat und Industrie (sprich: Monopolen) anzustreben gelte.

Selbst die Regierung der BRD sah sich in ihrem im Frühjahr 1972 vorgelegten „Bundesbericht Forschung IV" genötigt, zu diesem Problem Stellung zu nehmen. Es heißt in dem Bericht: „Es wurde gefragt, ob nicht die Gefahr bestehe, daß die Kosten, das Risiko, und damit gegebenenfalls die Verluste bei erfolglosen Forschungsvorhaben von der Allgemeinheit getragen werden, während die mit Hilfe der staatlichen Forschungs- und Entwicklungsförderung erzielten Gewinne jedoch am Ende häufig privaten Eigentümern zugute kommen."[11] Es wird als Antwort auf diese Frage u. a. formuliert, daß „die Bundesregierung ... eine spürbare finanzielle Eigenbeteiligung der geförderten Unternehmen für unerläßlich hält ... Fälle, in denen eine Eigenbeteiligung nicht verlangt wird, betreffen daher fast ausnahmslos Entwicklungen, deren Ergebnisse der Erfüllung öffentlicher Aufgaben dienen ...".[12]

[8] Vgl. H. Seickert, Die Wissenschaft als Produktivkraft, Berlin 1973, S. 62.
[9] Deutscher Bundestag, 159. Sitzung, Bonn, Mittw., den 15. Dez. 1971, S. 9191.
[10] Ebenda, S. 9197.
[11] Bundesbericht Forschung IV, Drucksache VI/3251, Deutscher Bundestag, 6. Wahlperiode, Bonn, 13. März 1972, S. 19.
[12] Ebenda.

Daß über diese Fragen öffentlich diskutiert werden muß und Argumente zur Rechtfertigung der Funktion des imperialistischen Staates gesucht werden, zeigt, wie empfindlich die Kritik der demokratischen Öffentlichkeit an den Zuständen im Wissenschaftsbereich die dafür Verantwortlichen getroffen hat.

Zugleich macht die gesamte Problematik deutlich, wie die Existenz des Sozialismus ideologisch auch einen Notstand der Bonner Wissenschaftspropaganda erzeugt: Die Existenz des Sozialismus läßt deutlich werden, daß eine von der ganzen Gesellschaft getragene Grundlagenforschung die Überwindung des Privateigentums an Produktionsmitteln erfordert, um den Interessen der ganzen Gesellschaft dienlich zu werden.

Es ist Ausdruck des Grundwiderspruchs der kapitalistischen Gesellschaft, wenn der Staat *gesellschaftliche Produktion* von Grundlagenwissen organisiert, gleichzeitig aber für *private Aneignung* der Resultate dieser Wissensproduktion Sorge trägt. Dieser Widerspruch beginnt – gefördert eben durch die Ausstrahlungskraft des Sozialismus – auch in den Köpfen der wissenschaftlich Tätigen im Kapitalismus Erkenntnisse auszulösen, denen Bonner Wissenschaftspropaganda mit eben den zitierten Beschwichtigungen zu begegnen sucht.

J. Hirsch hebt richtig hervor, „daß die kapitalistische Wirtschaft im erreichten monopolistischen Stadium ... bestimmte Formen staatlicher Planung und Steuerung zu ihrer Stabilisierung ebenso benötigt wie die administrativ gelenkte Entfaltung der ‚Produktivkraft Wissenschaft'“.

Wissenschaftspolitik des staatsmonopolistischen Kapitalismus müsse daher als „Sicherung der Kapitalverwertungsmöglichkeiten bei veränderten gesellschaftlichen und ökonomischen Bedingungen begriffen werden“.[13] Es sind aber gerade diese Zusammenhänge – die Wahrung der Interessen des Kapitals in und mit der Wissenschaftspolitik des imperialistischen Staates –, die durch die Vorgabe eines „allgemeinen“ und „öffentlichen“ Interesses durch die genannte Wissenschaftspropaganda vertuscht werden.

Karl Marx hatte zur profitorientierten Einsetzung der Wissenschaft vermerkt: „Es ist daher meist die wertloseste und miserabelste Sorte von Geldkapitalisten, die aus allen neuen Entwicklungen der allgemeinen Arbeit des menschlichen Geistes und ihrer gesellschaftlichen Anwendung durch kombinierte Arbeit den größten Profit

[13] J. Hirsch, Wissenschaftlich-technischer Fortschritt und politisches System. Organisation und Grundlagen administrativer Wissenschaftsförderung in der BRD, Frankfurt/M. 1970, S. 7.

zieht."[14] Die „Sicherung der Kapitalverwertung" durch staatsmonopolistische Wissenschaftspolitik ist folglich als das Erheben dieser „wertlosesten und miserabelsten" Praktiken zum Staatsprinzip zu kennzeichnen. Es ist eine durchaus richtige und praktisch folgenschwere Schlußfolgerung, wenn J. Hirsch schreibt: „Demokratische Wissenschaftspolitik im erreichten Stadium der gesellschaftlichen Entwicklung ist nur noch als sozialistische zu realisieren."[15]

Wissenschaftsauffassungen – sowohl in Form gesellschaftstheoretischer Charakterisierung der Wissenschaft als auch in Form wissenschaftstheoretischer Darstellungen – haben im Rahmen der bürgerlichen Ideologie die spezifische Aufgabe, alle die Prozesse zu begründen und durchsetzen zu helfen, die mit der Zielstellung der Wissenschaft im Kapitalismus verbunden sind. Es sind die *realen Wissenschaftsprozesse,* wie sie sich im staatsmonopolistischen Kapitalismus *unter dem Einfluß der staatsmonopolistischen Wissenschaftspolitik* ergeben, welche sich in den zeitgenössischen bürgerlichen Wissenschaftsauffassungen in dieser oder jener Form widerspiegeln. So heterogen und vielseitig die Prozesse der Wissenschaftsentwicklung im Kapitalismus sind, so differenziert also auch die Interessen des Monopolkapitals an der Produktion neuen Wissens sind, so heterogen und differenziert sind auch die *Gedankengebilde,* die als *Reflex* der Wissenschaft im Kapitalismus und als *Instrument* zur Regulierung der Wissenschaft im Sinne der herrschenden Klasse produziert werden.[16] Es sind diese Gedankengebilde, die wir im weiteren Verlauf unserer Untersuchung in ihren unterschiedlichsten Formen verfolgen.

Bürgerliche Wissenschaftsauffassungen in den verschiedenen hier zu analysierenden Erscheinungsformen erweisen sich – wie wir schon bemerkten – zugleich als Reaktion auf den theoretisch begründeten Standpunkt der Arbeiterklasse zur Wissenschaft, das heißt als Formulierung einer Gegenposition zwecks Durchsetzung der Interessen der Bourgeoisie unter den historisch entstandenen neuen Bedingungen.

Die *herrschende Arbeiterklasse* setzt mit der weiteren Entwicklung ihres theoretischen Wissens über Wesen und Entwicklungsfaktoren der Wissenschaft – wie der Gesellschaft überhaupt – kontinuierlich

[14] K. Marx, Das Kapital, Dritter Band, in: Marx/Engels, Werke, Bd. 25, Berlin 1964, S. 115.

[15] J. Hirsch, Wissenschaftlich-technischer Fortschritt und politisches System, S. 286.

[16] Vgl. hierzu auch G. Domin, Differenzierungen und Gleichschaltung im bürgerlichen Wissenschaftsverständnis der Gegenwart, in: DZfPh, 11/1971.

fort, was der Marxismus-Leninismus an wissenschafts- und gesellschaftstheoretischen Erkenntnissen bereits hervorgebracht hat. Die Arbeiterklasse besitzt seit ihrer bewußten Formierung als Klasse das theoretische Rüstzeug für ein richtiges, wesensgemäßes Wissenschaftsverständnis. Die Bourgeoisie hingegen ist gezwungen, sich den entstandenen objektiven Bedingungen anzupassen und nach neuen Varianten des Wissenschaftsverständnisses zu suchen. Es ist das bestimmende Merkmal dieser Wandlungen im theoretischen wie auch im praktisch-organisatorischen Verhalten der Bourgeoisie zur Wissenschaft, daß sie eine *Reaktion* auf die Herausbildung und den Siegeszug des Marxismus-Leninismus, die Große Sozialistische Oktoberrevolution und schließlich die Herausbildung und Festigung des sozialistischen Weltsystems darstellen. Wissenschaftsentwicklung im Kapitalismus und theoretischer Reflex der Wissenschaft in Form von konzeptionellen Neuansätzen, welche Begründungen für ein angepaßtes praktisches Verhalten der Bourgeoisie zur Wissenschaft liefern sollen, sind ohne Beachtung dieser Hauptfaktoren nicht zu erklären.

Die wachsenden Möglichkeiten, wissenschaftliche Erkenntnisse im gesellschaftlichen Maßstabe zur Durchsetzung von Klasseninteressen einzusetzen, schließen gesellschaftliche, das heißt von den herrschenden Interessen geleitete Eingriffe in den Entwicklungsprozeß der wissenschaftlichen Tätigkeit ein. Dieses wiederum setzt ein Minimum an theoretischer Beherrschung der Wissenschaft als einer gesellschaftlichen Erscheinung – insbesondere als einer spezifischen Form gesellschaftlicher Tätigkeit – voraus.

Für die bürgerliche Wissenschaftstheorie ergibt sich aus der vorgezeichneten Lage das tendentielle Erfordernis, sich – bei aller Anknüpfung an traditionelle Formen des bürgerlichen Wissenschaftsverständnisses – neuen Themen zuzuwenden, und zwar Themen, die dem gesellschaftlichen Charakter und der wachsenden gesellschaftlichen Rolle der Wissenschaft wenigstens annähernd gerecht werden. Das sind jedoch Themen, die grundsätzlich von der marxistisch-leninistischen Gesellschaftswissenschaft auf die Tagesordnung gesetzt und bisher bereits in vielen Teilgebieten gelöst sind, in anderen weitgehend bearbeitet werden, prinzipiell aber im konzeptionellen Ansatz im Sinne der *materialistischen Geschichtsauffassung* und der *dialektisch-materialistischen Erkenntnistheorie* aufgeklärt worden sind.[17]

[17] Bei aller Dringlichkeit, in vielen Detailfragen insbesondere neu herangereifte Probleme der Wissenschaftsentwicklung zu lösen, kann und muß festgestellt werden, daß auf der Basis des Marxismus-Leninismus die entscheidenden konzeptionellen Grundprobleme und die haupt-

Esgehört zu diesen Grunderkenntnissen der marxistisch-leninistischen Wissenschaftstheorie, daß die Entwicklung der Wissenschaft Gesetzen folgt, welche eine spezifische Form allgemeiner gesellschaftlicher Entwicklungsgesetze darstellen, daß also bei der Erklärung von Entwicklungsproblemen der Wissenschaft von den Grunderkenntnissen des ***historischen Materialismus*** auszugehen ist.[18] Wissenschaftstheoretische Forschung ist dabei als interdisziplinäre Erkundung von Entwicklungsprozessen der Wissenschaft auf der theoretischen Grundlage der marxistisch-leninistischen Gesellschaftswissenschaften zu verstehen, betrieben mit dem Ziel, Voraussetzungen zu schaffen für die wissenschaftspolitischen und wissenschaftsorganisatorischen Praktiken der sozialistischen Gesellschaft unter Führung der Arbeiterklasse und damit prinzipiell als Formulierung der Grundinteressen der herrschenden Arbeiterklasse an der Entwicklung der Wissenschaft.[19]

sächlichen methodologischen Fragen der Wissenschaftsentwicklung mit der vollen Souveränität der fortschrittlichsten Ideologie bereits gelöst wurden. Bahnbrechend für die Wissenschaftsforschung der neueren Zeit überhaupt war und bleibt das Werk des marxistischen Wissenschaftshistorikers J. D. Bernal, dessen Buch „Wissenschaft in der Geschichte" als Musterbeispiel für die theoretische Sicherheit und für die Komplexität der Sicht auf der Grundlage der Weltanschauung der Arbeiterklasse auch auf diesem Gebiet gelten kann.

Es seien ferner insbesondere folgende Arbeiten marxistischer Autoren genannt, die für diesen konzeptionellen Reichtum marxistisch-leninistischer Sicht bei der Erforschung der Wissenschaft Zeugnis ablegen: G. N. Wolkow, Soziologie der Wissenschaft. Studien zur Erforschung von Wissenschaft und Technik, Berlin 1970; Die Wissenschaft von der Wissenschaft. Philosophische Probleme der Wissenschaftstheorie, Berlin 1968; Wissenschaft und Sozialismus. Philosophen-Kongreß der DDR 1970, Berlin 1970. – Eine Analyse der bisherigen Entwicklung der marxistisch-leninistischen Konzeption zur Wissenschaft liegt vor in dem Beitrag von G. Kröber, Wissenschaftswissenschaft – Wissenschaftstheorie – Wissenschaftsbegriff, in: Marxistisch-leninistische Wissenschaftstheorie. Grundlegung und Gegenstand. Kolloquienreihe des Instituts für Wissenschaftstheorie und -organisation der DAW zu Berlin, 1/1971, S. 1–30.

18 Vgl. hierzu: G. Domin, Die Wissenschaftsbewegung der Gegenwart und die gesellschaftlichen Entwicklungs- und Anwendungsbedingungen der Wissenschaft. Zum Verhältnis von Wissenschaftstheorie, Ideologie und Politik. Habilitationsschrift, Halle 1968, S. 26ff.

19 Vgl. z. B. die neue Arbeit der sowjetischen Autoren P. N. Zavlin, A. I. Ščerbakov und M. A. Judelevič, Trud v sfere nauki, Novosibirsk

Selbstverständlich ist eine gleichermaßen komplex angelegte bürgerliche Wissenschaftstheorie nicht zu erwarten. Es kann als generelle Begrenzung der Möglichkeit bürgerlicher Wissenschaftstheorie gelten, daß sie nicht in der Lage ist, die Gesetzmäßigkeit der Entwicklung der Wissenschaft in der Geschichte aufzudecken und die tatsächlichen Triebkräfte und Faktoren der Wissenschaftsentwicklung zu benennen. Die Bourgeoisie hat im Vergleich zur Arbeiterklasse hierzu grundsätzlich unterschiedene, ja genau entgegengesetzte Interessen, und sie bemüht sich, diesen Interessen in den verschiedenen Varianten ihrer Wissenschaftstheorie Ausdruck zu verleihen – zweifelsohne nicht als zugegebenen Ausdruck von Klasseninteressen, sondern unter Vorgabe „allgemein-gesellschaftlicher" oder „rein" wissenschaftsinterner Erfordernisse.

Die reaktionären Interessen der Bourgeoisie, die Bestrebungen zur Konservierung der spätkapitalistischen Gesellschaft erlauben nicht eine komplexe gesellschaftswissenschaftliche Bestimmung der Wissenschaft und ihrer Entwicklung. Allerdings gibt es für das Monopolkapital die Möglichkeit und – angesichts der objektiven Defensivposition gegenüber dem sich entwickelnden sozialistischen Weltsystem – die Notwendigkeit, Teilprozesse und Teilstrukturen der Wissenschaft – auch als „soziale" Erscheinung und menschliche Aktivität – theoretisch zu erfassen, um sie praktisch zur Verwirklichung der ökonomischen und politischen Ziele des Imperialismus einzusetzen. Zugleich geht es der Monopolbourgeoisie aber auch darum, Ideologien bereitzustellen, die den Erfordernissen der staatsmonopolistischen Regulierung der Wissenschaft entsprechen. Die hauptsächlichen wissenschaftstheoretischen Konzeptionen sind dieser Zweckbestimmung untergeordnet.

Die Skala der verschiedenen bürgerlichen Äußerungen zur Wissenschaft reicht von empirischen, zum größten Teil formalen (logischen, mathematisch-statistischen usw.) *Analyseergebnissen* über vorwiegend *abstrakt-erkenntnistheoretische* Betrachtungen zur Wissenschaft und zu *sozialwissenschaftlich* konzipierten Wissenschaftstheorien bis zu den wissenschaftstheoretisch relevanten *Gesellschaftstheorien*. Zwischen

1971. – Von der Notwendigkeit der theoretischen Erforschung der Wissenschaftsentwicklung für die Grundlegung der wissenschaftsorganisatorischen und wissenschaftspolitischen Entscheidungen im Sozialismus war bereits auf dem Philosophenkongreß der DDR 1965 die Rede; G. Domin, Die theoretischen Voraussetzungen von Wissenschaftsprognose und Wissenschaftsplanung, in: DZfPh, Sonderheft 1965, S. 253ff.

den genannten vier *Gruppen* von Aussagen über Wissenschaft bestehen selbstverständlich keine starren Grenzen, sondern vollziehen sich vielmehr Übergänge der verschiedensten Art. Es erscheint uns aber sinnvoll, diese Gruppen als unterscheidbare *Problemtypen* des bürgerlichen Wissenschaftsverständnisses zu bestimmen und in der marxistisch-leninistischen Analyse und Kritik gesondert zu behandeln.

Wir wollen uns an dieser Stelle zunächst den herrschenden bürgerlichen Gesellschaftsauffassungen zuwenden; dann werden wir uns mit den verschiedenen wissenschaftstheoretischen Problemtypen befassen, das heißt mit den Gruppen von theoretischen Gedankengebilden zur Wissenschaft, die einen Versuch bürgerlicher Theoretiker zu mehr oder weniger systematischer Erfassung der gesellschaftlichen Erscheinung Wissenschaft darstellen. Abschließend gilt unser Augenmerk dann noch den aktuellen Bildungskonzeptionen, wie sie in den letzten Jahren in der BRD diskutiert wurden.

2. Die wissenschaftstheoretische Relevanz zeitgenössischer bürgerlicher Gesellschaftstheorien

Alle Wandlungen, alle Differenzierungen in Schulen, Richtungen und Problemgebiete bürgerlicher Wissenschaftstheorien bzw. wissenschaftstheoretisch relevanter sogenannter Gesellschaftstheorien machen deutlich, daß eine *Verschiebung der Abstraktionsebene* erfolgt, innerhalb der vorwiegende Betrachtungen zur Wissenschaft angestellt werden. Bürgerliche Wissenschaftstheorie (oder Wissenschaftslehre) ist seit je her abstrakt – abstrakt im Sinne einseitiger und formalisierender Darstellung, im Sinne des Verzichtes auf konkrete Bestimmung der Wissenschaft im gesellschaftlichen, historischen Gesamtzusammenhang. Das überlieferte bürgerliche Wissenschaftsverständnis bewegte sich in seinen Abstraktionen insbesondere im Bereich der logischen Struktur wissenschaftlicher Erkenntnis.

Die heute beobachtbaren Akzentverschiebungen im bürgerlichen Wissenschaftsverständnis, die zu Ansätzen wissenschaftstheoretischer Neubildungen führen, scheinen auf den ersten Blick diese abstrakte Sicht zu überwinden. Es gibt eine Hinwendung zur „sozialen" Bestimmung der Wissenschaft, zu Darstellungen der Wissenschaft als „soziales System" und als „Handlung", womit der traditionelle Rahmen zum Teil recht weitgehend gesprengt wird und eine thematische Umschichtung wissenschaftstheoretischer Ansätze erfolgt. Hierbei schon zeigt sich, daß (wie bei allen theoretischen Bemühungen der Bourgeoisie zur Bestimmung gesellschaftlicher Erscheinungen) ein Umgehen des Marxismus-Leninismus sich als unmöglich erweist.

Wissenschaftstheoretische Betrachtung, die die prinzipiellen Klassenpositionen des späten, reaktionären Bürgertums jedoch nicht verläßt und nicht verletzt (also *bürgerlich* bleibt), kann selbstredend den theoretischen Reichtum, die konkret-historische Sicht und insbesondere die politischen Konsequenzen des marxistischen Gesellschafts- und Wissenschaftsverständnisses *nicht* übernehmen.

Die verbale Übernahme der marxistisch-leninistischen Feststellung, daß Wissenschaft eine gesellschaftliche Erscheinung ist, führt keineswegs schon zu einer marxistisch-leninistischen Wissenschaftskonzeption. Es kommt nach Anerkennung des gesellschaftlichen Charakters der Wissenschaft vor allen Dingen darauf an, zu klären, welche *Gesellschaftsauffassung* dieser Wissenschaftsbestimmung zugrunde liegt. Nur auf der Grundlage und in Verbindung mit der marxistisch-leninistischen Gesellschaftsauffassung (also ausgehend von *allen* Bestandteilen des Marxismus-Leninismus) ergibt die Anerkennung des gesellschaftlichen Charakters der Wissenschaft eine marxistisch-leninistische Wissenschaftsauffassung.

Die marxistisch-leninistische Wissenschaftsauffassung erfaßt die Wissenschaft als gesellschaftliche Erscheinung ihrem tatsächlichen gesellschaftlichen Wesen gemäß, und das heißt insbesondere *konkret* in ihrer „reichen Totalität von vielen Bestimmungen und Beziehungen“, als „die Zusammenfassung vieler Bestimmungen ..., also Einheit des Mannigfaltigen“[1], wie Karl Marx selbst das Konkrete kennzeichnete. Marx fordert von der politischen Ökonomie – und das gilt unseres Erachtens für die gesamte marxistische Gesellschaftswissenschaft, folglich auch für die wissenschaftstheoretische Forschung – „die Methode, vom Abstrakten zum Konkreten aufzusteigen ..., sich das Konkrete anzueignen, es als ein geistig Konkretes zu reproduzieren“.[2]

Bürgerlicher Wissenschaftstheorie bleibt – bei aller konzeptionellen Orientierung auf die Wissenschaft als „soziales System“ oder als „Handlung“ – eine solche konkrete Methode fremd; ihre Aussagen bleiben damit notwendig abstrakt, das heißt ohne echten Bezug zur „reichen Totalität“ des gesellschaftlichen Lebens, mit dem die Wissenschaft *im* gesamten gesellschaftlichen Reproduktionsprozeß und *in* der menschlichen Geschichte unlöslich und objektiv verwoben ist.

Es ist ein charakteristisches Kennzeichen aller bürgerlichen Darstellungen der Gesellschaft überhaupt wie auch der Wissenschaft, daß in ihnen von den konkreten sozialen und geschichtlichen Zusammenhängen *abstrahiert* wird und theoretisch *überaus wichtige* Probleme unreflektiert bleiben: Unbehandelt bleiben in ihnen der Platz des Menschen als des *wirklich* Tätigen im System der *wirklichen* Klassenbeziehungen, die tatsächlichen sozialökonomischen Verhältnisse, die Einflüsse der tatsächlichen politischen Machtverhältnisse und der konkrete Platz des untersuchten gesellschaftlichen

[1] K. Marx, Die Methode der politischen Ökonomie, in: Marx/Engels, Werke, Bd. 13, Berlin 1964, S. 631f.

[2] Ebenda, S. 632.

Phänomens in der gesetzmäßig sich vollziehenden Geschichte. Bürgerliche Wissenschaftsauffassungen sind von diesen Fehlauffassungen generell betroffen.

Als inneres (methodologisches) *Grundschema* der Herausbildung bürgerlicher Wissenschaftsauffassungen (einschließlich der Bemühungen der empirischen Wissenschaftsforschung einerseits, der ideologisch-dominierenden, wissenschaftstheoretisch relevanten bürgerlichen Gesellschaftstheorien andererseits) kann deshalb genannt werden:

Erstens wird in bürgerlichen Darstellungen zur Wissenschaft an tatsächliche Seiten, Eigenschaften und Erfordernisse der Wissenschaft angeknüpft. Diese Aspekte werden von bürgerlichen Wissenschaftsforschern mit verschiedenen Mitteln analysiert und empirisch beschrieben. Dabei handelt es sich meist um solche Sachverhalte und Zusammenhänge, deren Beherrschung im Sinne der strategischen Konzeptionen des Monopolkapitals liegt und deren Aufdeckung zugleich den ideologischen Anliegen und Bedürfnissen der herrschenden Klasse nicht widerspricht.

Zweitens wird in der gesamten wissenschaftsforschenden Literatur und in allen Wissenschaftskonzeptionen der Bourgeoisie von wesentlichen Bestimmungselementen der wissenschaftlichen Tätigkeit, insbesondere von den elementaren gesellschaftlichen Zusammenhängen, abstrahiert. Gerade hierbei zeigt sich das Wirken von *Erkenntnisschranken*, wie sie den prinzipiell ideologischen Interessen der Monopolbourgeoisie entsprechen, das heißt, es zeigt sich hierbei das Wirken von Denkvoraussetzungen weltanschaulicher Natur.

Drittens werden als Folge der einseitigen Anknüpfung an gegebene Aspekte des Wissenschaftsbetriebes unter Abstraktion von anderen, wesentlichen Seiten und Zusammenhängen bestimmte, größtenteils zweitrangige Erscheinungen von Wissenschaft in ihrer Bedeutung verabsolutiert, wodurch in den bürgerlichen wissenschaftstheoretischen Aussagesystemen notwendig ein einseitiges, abstraktes Bild und eine ahistorische Bestimmung der Wissenschaft zustande kommen.

Viertens werden die auf diese Weise entstandenen Begriffe und Konzeptionen von Wissenschaft zum Teil dazu benutzt, Vorstellungen über die „moderne Gesellschaft“ überhaupt zu begründen. Da es in erster Linie die konkreten gesellschaftlichen Zusammenhänge sind, von denen in den bürgerlichen Wissenschaftsauffassungen abstrahiert wird, entstehen durch solcherart gestützte Deutungen der Gesellschaft zwangsweise abstrakte Gesellschaftsmodelle, Auffassungen von der gegenwärtigen „Zivilisation“ und vom gegenwärtigen „Zeitalter“, denen jede echte gesellschaftliche Basis fehlt. Ein so vollzogener Übergang von abstrakter Wissenschaftsdeutung zu abstrakter Gesellschaftsbestimmung ist besonders typisch für die vielfältig produzierten und sich in raschem Wechsel einander ablösenden sogenannten Gesellschaftstheorien der imperialistischen Bourgeoisie. Es ist ein Kennzeichen zugleich der tiefen ideologischen Krise des staatsmonopolistischen Kapitalismus, daß seine Ideologen auf der Suche nach einer – dem Marxismus-Leninismus wenigstens annähernd entsprechenden – geschlossenen Gesellschaftskonzeption eine Unmenge von Rechtfertigungs- und Aggressionsideologien produzieren, die sich allesamt um einen abstrakten Wissenschaftsmythos gruppieren: Die im Prozeß der Vergesellschaftung der Wissenschaft objektiv wachsende gesellschaftliche Rolle der Wissenschaft wird durch ihre absolute Überspitzung zur pseudotheoretischen Begründung staatsmonopolistischer Politik genutzt.

Fünftens wirken die so ausgebildeten Gesellschaftsauffassungen (wissenschaftliche Zivilisation, Zeitalter der Wissenschaft, Technokratie, Industriegesellschaft oder kybertronisches Zeitalter, postindustrielle oder neuerdings superindustrielle Gesellschaft) schließlich als zusätzliche Entwicklungsbedingung auf die weitere Entwicklung der bürgerlichen Wissenschaftstheorie zurück. So gibt es heute kaum noch wissenschaftstheoretische Neuansätze auf bourgeoiser Klassengrundlage, in die neben den Anknüpfungen an traditionelle abstrakte Wissenschaftslehren nicht auch die imperialistische Industriegesellschaftskonzeption bzw. technokratische Gesellschaftsdeutung einfließen würden.

Unter dieser Voraussetzung wollen wir im folgenden prüfen, welchen Platz die Wissenschaft im Gesellschaftsverständnis der späten Bourgeoisie einnimmt.

Neuere bürgerliche Gesellschaftsvorstellungen integrieren – wie wir feststellten – immer häufiger ein bestimmtes Wissenschaftsverständnis und erhalten damit einen stärkeren Bezug zu bürgerlichen Wissenschaftstheorien. Mehr noch: Wissenschaft ist in den bürgerlichen sogenannten Gesellschaftstheorien zu einem *bevorzugten* Thema geworden.

Selbstverständlich handelt es sich bei dem als „gesellschaftstheoretische Kategorie“ verwandten Wissenschaftsbegriff nicht um eine konkret-historische Bestimmung dieses gesellschaftlichen Phänomens, sondern es ist eine ahistorisch-abstrakte, aus der bürgerlichen Tradition kommende und dieser verhaftete Wissenschaftsbestimmung, die nur in ihrer genetischen Trennung von den konkret-historischen staatsmonopolistischen Gesellschaftsverhältnissen, das heißt in ihrer Vereinseitigung im Sinne bourgeoiser Interessen und damit im Sinne einer Funktionsüberhöhung ideologiewirksam werden kann. Die weltverändernde Aktion der Volksmassen als des Trägers der wirklichen Geschichte und die objektive Gesetzmäßigkeit der Gesellschaftsentwicklung werden in zeitgenössischen bürgerlichen Gesellschaftsdeutungen mit Vorliebe durch die Verabsolutierung der Rolle von Wissenschaft und Technik verschleiert. Indem in einer solchen vereinseitigten Form Wissenschaft zu der bestimmenden geschichtsbildenden und „wandelnden" („transformierenden") Kraft erhoben wird, erfüllt sie eine wichtige, den bürgerlichen Gesellschaftstheorien zugewiesene Klassenfunktion: die politische Integration der werktätigen Massen und ihre ideologische Abschirmung vor den an Einfluß gewinnenden Ideen des Marxismus-Leninismus.

Die Berufung auf „Wissenschaft" dient so zur apologetischen Umdeutung des Charakters unserer Epoche.

Unter dem wachsenden Einfluß des Sozialismus und der Ausstrahlungskraft der wissenschaftlichen Geschichtsauffassung des Marxismus-Leninismus sieht sich der Imperialismus gezwungen, insbesondere solche Gesellschaftsvorstellungen zu produzieren und massenwirksam werden zu lassen, die als „Alternativen" zum Sozialismus verstanden werden und die die Volksmassen zur Verwirklichung imperialistischer Ziele mobilisieren sollen. Dieses kann die Monopolbourgeoisie jedoch nur erreichen, wenn sie die durch die imperialistischen Widersprüche geprägte „Pluralität" bürgerlicher Ideologie wenigstens scheinbar überwindet, wenn es ihren Ideologen gelingt, ein scheinbar einheitliches ideologisches Leitbild[3] über die staatsmonopolistische Gesellschaft und ihren „Wandel" zu zeichnen. Die überbetonte Hervorhebung von Wissenschaft und Technik in einem solchen ideologischen Gesellschaftsbild gestattet es, andere wesentliche Seiten des staatsmonopolistischen Gesellschaftssystems aus der Betrachtung auszuschließen und von ihnen abzulenken. Die imperialistische Bourgeoisie rückt in zunehmendem Maße auch deshalb „Wissenschaft" in den Mittelpunkt der Argumentation zur Begründung staatsmonopolistischer Verhältnisse, weil Wissenschaft faktisch der Kontrolle oder gar Beherrschung durch die Volksmassen entzogen ist und sich auch aus diesem Grunde bestimmte Fetischvorstellungen über sie herausbilden konnten.

[3] Vgl. D. Bergner, Zur Beziehung zwischen Weltanschauung und politisch-sozialem Leitbild in der Ideologie des deutschen Imperialismus, in: DZfPh, 2/1966, S. 137f.

Die Berufung auf abstrakte Wissenschafts- und Technikvorstellungen gestattet aber nicht nur ein Ablenken von den herrschenden Ausbeutungsverhältnissen im Imperialismus, sondern gebiert und nährt auch konvergenztheoretische Vorstellungen von der „Gleichartigkeit" von Wissenschaft und Technik im Sozialismus und Imperialismus und damit von der prinzipiellen Ähnlichkeit „moderner" Gesellschaften.[4] Auf das ideologische Leitbild über die imperialistische Gesellschaft bezogen, werden „Wissenschaft" und „Technik" zu „faktisch nivellierenden", „einigenden" Faktoren hochgewertet. Durch ihren Einbau in Gesellschaftstheorien wird die bürgerlichen Wissenschaftsauffassungen generell eigene Abstraktheit scheinbar überwunden. Hieraus resultiert aber gerade die ideologische Wirksamkeit dieser Aussagengebilde. Einseitige bürgerliche Wissenschaftsbestimmungen bedürfen eben, um ihre ideologische Wirksamkeit zu erhöhen, der Verbindung mit Gesellschaftstheorien, die ihnen in verschiedener Hinsicht Ausweitungsmöglichkeiten bieten. Solche Erweiterungen bestehen darin, daß durch die Einbeziehung abstrakter Wissenschaftskonzepte in derartige Gesellschaftstheorien die Problemsicht über den Rahmen begrenzter bürgerlicher Wissenschaftsdeutung hinaus geöffnet wird: Solche hochaktuellen Fragen wie das Verhältnis von Wissenschaft und Gesellschaft werden unter Bruch ideologischer Traditionen unmittelbar ins Zentrum gebracht. Selbstverständlich kann es sich dabei allerdings lediglich um eine äußerst verzerrte Reflexion handeln, weil eine wissenschaftliche Bestimmung der Wissenschaft notwendigerweise von einem wissenschaftlichen Gesellschaftsverständnis getragen sein muß. Diese dialektische Einheit ist in der marxistisch-leninistischen Wissenschaftsbestimmung verwirklicht. Der marxistisch-leninistische Wissenschaftsbegriff ist auf der Theorie von der ökonomischen Gesellschaftsformation gegründet. Da bürgerlichen Wissenschaftsbestimmungen dieser gesellschaftlich konkret-historische Bezug fehlt, bleiben sie auch in gesellschaftstheoretischer Einbettung abstrakt und einseitig und verstärken sogar Abstraktheit und Einseitigkeit des so konzipierten Gesellschaftsbildes. Trotz Beschränkungen dieser Art eröffnen sich für bürgerliche Wissenschaftsdeutungen Möglichkeiten, den Kreis ihrer Adressaten auszudehnen. Während von dem beschränkten, in der Regel positivistischen Wissenschaftsverständnis lediglich ein sehr enger Kreis wissenschaftlich Tätiger erfaßt wird, dehnt sich diese ideologische Einflußnahme über den Einbau abstrakter Wissenschaftsauffassungen

[4] Vgl. hierzu D. Noske, Konvergenztheorie – Ausdruck illusionärer Erwartung und ideologischer Aggressivität, in: DZfPh, 7/1968, S. 776f.

in Gesellschaftstheorien auf das Bewußtsein aller Glieder der staatsmonopolistischen Gesellschaft aus. Auf die Dauer vermag freilich keine bürgerliche Gesellschaftstheorie dem ihr gestellten Klassenauftrag zu entsprechen, weil die Widersprüchlichkeit und Krisenhaftigkeit der imperialistischen Wirklichkeit auf dem Wege über Aktivitäten im Bereich der Ideologie nicht aufgehoben werden kann. Das zeigt sich bereits in der immer kürzeren Lebensdauer bürgerlicher Gesellschaftstheorien – eine Erscheinungsform der Krise bürgerlicher Ideologie. Mit sich wandelnden Mitteln erstreben die verschiedenen Gesellschaftstheorien und -modelle die gleichen Ziele: Leugnung der historischen Mission der Arbeiterklasse und ihrer marxistisch-leninistischen Parteien, Abwertung der primären, bestimmenden Rolle der Produktions-, insbesondere der Eigentumsverhältnisse, Verschleierung der historischen Tatsache, daß der Sozialismus die gesetzmäßige Ablösung der kapitalistischen Gesellschaft ist.

Alle diese Gesellschaftsauffassungen treffen sich trotz aller Nuancierungen und unterschiedlichen Akzentuierungen in der „Ideologie eines sogenannten technologischen Zeitalters. Ihre Kennzeichen waren und sind ‚antimetaphysische‘ Emotionen, Zweck-Mittel-Rationalität, Pragmatik, ... das Schlagwort von der ‚Entideologisierung‘ und vom ‚Pluralismus‘, die Illusion, alles berechnen, steuern, regeln zu können, die Welt ‚entzaubert‘ zu haben, sie im Grunde in ein berechenbares Objekt monopolistischer Ausbeutung verwandeln zu können.“[5]

Es ist nur folgerichtig, daß in einer solchen Grundkonzeption die Wissenschaften eine besondere Rolle spielen, daß sie zum wichtigsten Argument werden, wenn die Behauptung des Vollzuges einer technokratischen „Transformation“ des Kapitalismus in eine neue, „moderne“ Gesellschaftsform „theoretisch“ zu belegen ist. Neuerliche Tendenzen, die eine gewisse Zurücknahme szientistischer Gesellschaftsdeutungen ankündigen, dürfen unseres Erachtens nicht überbewertet werden.

Die angesichts der offen aufbrechenden Krisenerscheinungen des Imperialismus und seiner Ideologie von bürgerlichen Publizisten vorgeschlagene „Besinnung auf ethische und moralische Werte“, ihre Forderung nach „Re-Ideologisierung“[6], möchten wir nicht als eine generelle Abkehr von der Ideologie des sogenannten technologischen Zeitalters betrachten. Die Tendenz einer Wiederbelebung des offenen

[5] D. Bergner, Politisch-ideologische Grundlagen des Antikommunismus der Gegenwart, in: DZfPh, 9/1971, S. 1068/1069.

[6] Vgl. A. Toffler, Der Zukunftsschock, Bern/München/Wien 1971.

Irrationalismus[7], des Mystizismus und ähnlicher Haltungen ist in gewisser Hinsicht Ausdruck für das Scheitern des lange gehegten Glaubens, alle sozialökonomischen inneren Widersprüche des Imperialismus durch den Einsatz von Wissenschaft und Technik lösen zu können. Wenn heute gelegentlich in Abschwächung technologischer Konzepte Wissenschaft und Technik die „Schuld" an dem sich abzeichnenden Dilemma der „industriellen Gesellschaft" zugeschrieben wird, so verlieren solche Argumente – insbesondere angesichts der Entfaltung von Wissenschaft und Technik auf der Grundlage der sozialistischen Ökonomik und angesichts der erfolgreichen Gestaltung der entwickelten sozialistischen Gesellschaft – immer mehr ihre Glaubwürdigkeit bei den Volksmassen. Bürgerliche Gesellschaftstheorien haben diesem Prozeß der Ernüchterung entgegenzuwirken. Es geht in bürgerlichen Gesellschaftstheorien um eine plausible Ausdeutung des Bestehenden. Niemals beabsichtigen sie eine theoretische Erfassung der tatsächlichen Gesetze der Geschichtsentwicklung, weil die reaktionären Interessen der Monopolbourgeoisie keine komplexe wissenschaftliche Bestimmung der Gesellschaft und ihrer Entwicklung erlauben. Daher bietet sich die Berufung auf ein abstraktes, ahistorisch konzipiertes Wissenschaftsbild als eine willkommene Lösung an, das theoretische Vakuum auszufüllen, das sich den imperialistischen Gesellschaftstheorien aus der prinzipiellen Ausklammerung der dem System inhärenten Antagonismen und der sozialökonomischen Basis der imperialistischen Gesellschaft ergibt.

Im folgenden wollen wir uns einem der einflußreichsten „Theoriengebilde" dieser Art, der sogenannten *Industriegesellschaftstheorie* und ihren verschiedenartigen Rückgriffen auf „Wissenschaft" zuwenden. Insbesondere wollen wir ihre dadurch bedingte wissenschaftstheoretische Relevanz hervorheben und zugleich Ansätze markieren, die sie für die Herausbildung von neuen konzeptionellen Grundlagen bürgerlicher Wissenschaftstheorie bietet.

[7] Vgl. D. J. de Solla Price, Die Unabwendbarkeit des Verfalls, in: Literaturnaja Gazeta, Nr. 35 v. 25. August 1971, S. 13, vom Autor anläßlich seiner Teilnahme am Internationalen Kongreß für Geschichte der Wissenschaft in Moskau 1971 veröffentlicht.

2.1 Die Industriegesellschaftstheorie – ein Beispiel für wissenschaftstheoretische Ansätze in der bürgerlichen Gesellschaftsinterpretation

Die Industriegesellschaftskonzeption kann als eine Art *Rahmenideologie* der monopolistischen Bourgeoisie gekennzeichnet werden. Es gibt gegenwärtig wohl kaum eine bürgerliche Behandlung allgemeiner gesellschaftlicher Themen, die nicht direkten oder vermittelten Anschluß an das Industriegesellschaftsdenken hätte. Durch die eklektische Übernahme, Aufbereitung und Zusammenfügung der verschiedensten bürgerlichen Aussagen über die Gesellschaft stellt die Industriegesellschaftskonzeption den Versuch dar, die widersprüchlichen gesellschaftlichen Prozesse im staatsmonopolistischen Kapitalismus und darüber hinaus die weltweiten Klassenbewegungen unserer Epoche scheintheoretisch zu erfassen. Das schließt sowohl eine sich betont „rational" ausgebende Haltung zu den Problemen der Entwicklung der Wissenschaft wie überhaupt eine akzentuierte Behandlung von Teilaspekten der modernen Produktivkräfte als auch ein „Eingehen" auf den Marxismus-Leninismus (und selbstverständlich dessen Verfälschung) ein. In der ständigen Konfrontation mit der sozialistischen Ideologie gibt sich die Industriegesellschaftstheorie allzugern „antiideologischen" und einen „auf Wissenschaft begründeten" Anstrich.

Bereits einer ihrer Begründer, W. W. Rostow, der seine „Stadientheorie wirtschaftlichen Wachstums" vermessen als „Alternative zur marxistischen Entwicklungstheorie" deklarierte, berief sich auf Entwicklungsphasen der Nutzung von Wissenschaft und Technik als wesentliche Unterscheidungsmerkmale der Stadien untereinander. Zum *ersten* Stadium zählt Rostow Gesellschaften, denen die technisch-wissenschaftliche Naturbeherrschung fehlt.[8] Das *zweite* Stadium bildeten solche Gesellschaften, in denen Wissenschaft und Technik beginnen, die Gesellschaftsstrukturen zu prägen.[9] Im *dritten* Stadium würden sich diejenigen Gesellschaften befinden, in denen sich ein wirtschaftlicher Aufstieg vollziehe, welcher hauptsächlich technologisch bedingt sei. Technik und Wissenschaft bestimmten immer mehr die industrielle Entwicklung.[10] In das *vierte* Stadium wären solche Gesellschaften getreten, in denen sich die Technik auf alle gesellschaftlichen

[8] Vgl. W. W. Rostow, Stadien wirtschaftlichen Wachstums. Eine Alternative zur marxistischen Entwicklungstheorie, Göttingen 1960, S. 18f.
[9] Vgl. ebenda, S. 20f.
[10] Vgl. ebenda, S. 22f.

Bereiche ausdehne.[11] Im Verlaufe dieses Stadiums erlange die Gesellschaft ihre volle Reife. Das Rostowsche *fünfte* Stadium haben die Gesellschaften erreicht, die auf Grund der technisch-industriellen Reife das „Zeitalter des Massenwohlstandes" einleiteten.[12]

Rostow versucht, eine „bürgerliche Gesamtschau gesellschaftlicher Entwicklung"[13] in Auseinandersetzung bzw. als Alternative gegenüber der im Marxismus-Leninismus wissenschaftlich erfaßten *Totalität gesellschaftlicher Verhältnisse* zu geben. Er will die Tatsache verdecken, daß zwei einander entgegengesetzte Weltsysteme existieren, von denen das eine, der Sozialismus, immer mehr den Gang der Geschichte bestimmt. Rostows Bezugnahme auf „Wissenschaft" zur Erklärung seiner Entwicklungsstadien zeigt, wie ein verabsolutierendes Wissenschaftsbild genutzt wird, Sozialismus und Kapitalismus als im Prinzip „gleichartige" Industriegesellschaften auszugeben. Unter der Hand bezieht Rostow so die Prozesse der wissenschaftlich-technischen Revolution in sein idealistisches und undialektisches Gesellschaftsverständnis ein und deklariert den Sozialismus zur „Nebenlinie" einer im Prinzip „einheitlichen Industriegesellschaft".[14]

In dem uns hier interessierenden Zusammenhang ist es von Bedeutung, daß bereits bei der Konzipierung der Industriegesellschaftsvorstellungen zwei Grundanliegen der Monopolbourgeoisie im Mittelpunkt stehen: die Konstruktion und Verbreitung des *Industriegesellschaftsdenkens* als Alternative zum wissenschaftlichen Sozialismus/Kommunismus und zu der darauf basierenden Bestimmung des Charakters unserer Epoche sowie die Einführung einer (nicht näher definierten, jedoch abstrakt und einseitig aus der bürgerlichen Denktradition übernommenen) *Wissenschaftsvorstellung*, die als Argument für eine angebliche Überwindung des Kapitalismus, als Begründung seiner „Transformation" in eine „neue" Gesellschaftsform herangezogen wird. Das erste Grundanliegen – die Schaffung einer antisozialistischen „Einheitsideologie" – erhält seinen „integrierenden" Erklärungsgrund durch Berufung auf die alles gesellschaftliche Leben prägende moderne Wissenschaft und Technik. Daß sich ein so konzipiertes, von den realen gesellschaftlichen Determinanten der Wissen-

[11] Vgl. ebenda, S. 24f.

[12] Vgl. ebenda, S. 26.

[13] Bürgerliche Ökonomie im modernen Kapitalismus, Hrsg. v. H. Meißner, Berlin 1967, S. 643.

[14] G. Rose, „Industriegesellschaft" und Konvergenztheorie, Berlin 1971; vgl. insbesondere die Einleitung: Die Theorien der „Industriegesellschaft" und der „Konvergenz" (Begriffsbestimmung), S. 11–31.

schaft losgelöstes Wissenschaftsbild gleichfalls unproblematisch zur industriegesellschaftstheoretischen Ausdeutung des staatsmonopolistischen Kapitalismus mit den Mitteln bürgerlicher Soziologie eignet, demonstriert unter anderem R. Aron.[15] In der Bestimmung des wesentlichen Inhalts des Industriegesellschaftsbegriffs folgt Aron jener Methode, die für bürgerliche Gesellschaftsdarstellungen überhaupt charakteristisch ist: Indem er an tatsächliche Zusammenhänge (zum Beispiel die Effektivierung der Produktionstätigkeit durch die Anwendung wissenschaftlicher Erkenntnisse) anknüpft[16] und diese in ihrer Bedeutung verabsolutiert, verdeckt er die tatsächlichen objektiven Kriterien und Merkmale der imperialistischen Gesellschaft. Der Einsatz von Wissenschaft und Technik im Imperialismus mit dem Ziel der Profitrealisierung und der Reproduktion der gesellschaftlichen Verhältnisse, insbesondere des Privateigentums an Produktionsmitteln, bleibt in Arons Gesellschaftsbild unbeachtet. Um so deutlicher zeigt das Vorgehen Arons eines der Grundanliegen der Industriegesellschaftskonzeption: Unter Berufung auf abstrakte Kategorien sollen der Ausbeutungscharakter der imperialistischen Gesellschaft und die Notwendigkeit des Klassenkampfes außer Sicht bleiben.

Ein anderer Begründer der Industriegesellschaftskonzeption, H. Freyer, unternahm den Versuch, eine „ganzheitliche“ Darstellung des Imperialismus als „moderne Industriegesellschaft“ vorzubringen. Unterstützung fand er dabei in der Folgezeit durch A. Gehlen, der – die abstrakten Rationalitätsvorstellungen M. Webers aufgreifend – zugleich zum Verfechter der eigentlich technokratischen Variante[17] innerhalb der Industriegesellschaftskonzeption wurde. Durch Verabsolutierung einzelner Seiten der gesellschaftlichen Produktivkräfte, so insbesondere der Wissenschaft und der Technik, versuchen Gehlen und Freyer, das Schwergewicht bei der Wertung geschichtsbildender Faktoren auf intellektuelle Triebkräfte zu legen.

In seiner Arbeit „Entwicklungstendenzen und Probleme der modernen Industriegesellschaft“ schreibt Freyer: „Es handelt sich um die herrschende Rolle der wissenschaftlichen Forschung, der wissenschaftlich fundierten Technik ... Die Wissenschaft ist also zum entscheidenden Faktor im System der Industriekultur geworden.

15 Vgl. R. Aron, Die industrielle Gesellschaft, Frankfurt/M. und Hamburg 1969. Siehe auch ders., Fortschritt ohne Ende?, Gütersloh 1970.

16 Vgl.: Das Seminar von Rheinfelden, Zürich 1961, S. 76.

17 Vgl. A. Gehlen, Sozialpsychologische Probleme in der industriellen Gesellschaft, Tübingen 1949. Neubearb. und erweitert erschienen als: Die Seele im technischen Zeitalter, Hamburg 1957.

Ins Menschliche gewendet heißt das: alles praktische Handeln von einiger Bedeutsamkeit ist unter den Bedingungen der modernen Industriegesellschaft entweder geradezu angewandte Wissenschaft oder zumindest ist es von der Wissenschaft her begründet und gesteuert."[18] Hier wird also die Verabsolutierung der Wissenschaft ganz offensichtlich. Bei näherer Betrachtung erweist sich auch diese Wissenschaftsauffassung als einseitig und abstrakt, weil sie von den wirklichen gesellschaftlichen Verhältnissen, auf deren Grundlage sich Wissenschaft entwickelt, losgelöst ist. Dadurch aber gerade vermag Freyer, Wissenschaft zur „bestimmenden" und alles „beherrschenden" Instanz innerhalb der Industriegesellschaft zu erklären und damit zugleich die wirkliche Klassenherrschaft der Monopole und den Charakter unserer Epoche zu verfälschen. Freyer setzt an die Stelle der sich durch die geschichtliche Aktion der Volksmassen realisierenden objektiven gesellschaftlichen Gesetzmäßigkeiten abstrakte Wirkprinzipien.

Es erübrigt sich, den idealistischen Charakter dieses Gesellschaftsbildes nachzuweisen. Freyers Gesellschaftsauffassung erweist sich als aus den kapitalistischen Verhältnissen entspringendes falsches Bewußtsein, als reaktionäre Ideologie. Mit der Voraussetzung einer „Wissenschaft an sich und für sich" bemüht er die im bürgerlichen Denken eingeschliffenen traditionellen Wissenschaftsvorstellungen, das heißt eine „Wissenschaft", die außerhalb gesellschaftlicher Verhältnisse, außerhalb sozialökonomischer Determination aufgefaßt ist.

Indem Freyer seine Industriegesellschaftskonzeption auf ein in dieser Weise abstrakt vorgeprägtes Wissenschaftsverständnis gründet, erscheint der Imperialismus nicht nur als eine wissenschaftlich konstituierte und geleitete Ordnung, sondern als Gesellschaft, in der schließlich Wissenschaft in den Dienst des Gesellschaftsganzen gestellt ist und damit optimale Entfaltungsbedingungen erfährt.

Die Industriegesellschaftskonzeption ist insgesamt eine ideologische Reaktion des Monopolkapitalismus auf den voranschreitenden Sozialismus, auf die marxistisch-leninistische Bestimmung des Charakters unserer Epoche und auf die sich in den entgegengesetzten Gesellschaftssystemen vollziehenden Prozesse der Vergesellschaftung der Wissenschaft sowie ihrer Einsetzung als Mittel der Klassenausein-

[18] H. Freyer, Entwicklungstendenzen und Probleme der modernen Industriegesellschaft, in: H. Freyer, L. Bossle u. J. Filipec, Die Industriegesellschaft in Ost und West. Konvergenzen und Divergenzen, Mainz o. J., Reihe „Politik heute", S. 22/23. Siehe auch ders., Schwelle der Zeiten. Beiträge der Kultur, Stuttgart 1965.

andersetzung. Aus dieser Sachlage heraus konnte das Industriegesellschaftsdenken einer Stellungnahme zur Wissenschaft nicht ausweichen – war es also in jeder Etappe seiner Interpretation bestimmter Aussagen von *wissenschaftstheoretischer Relevanz.*[19]

In unseren weiteren Erörterungen wollen wir uns solchen industriegesellschaftstheoretischen Spielarten zuwenden, die diesen oder jenen Aspekt zeitgenössischer Wissenschaftsentwicklung aufgreifen, um davon insbesondere die *Charakterzüge unseres Zeitalters* „abzuleiten".

Im Mittelpunkt sollen einerseits solche Konzeptionen stehen, die die *Akteure* der Wissenschaft, die wissenschaftliche (und technische) Intelligenz zum Gegenstand der Analyse und schließlich zum entscheidenden Subjekt der Geschichte erheben. Andererseits wollen wir uns Konzeptionen solcher Art zuwenden, die das Schwergewicht auf die technizistische Interpretation der Rolle gesellschaftlicher *„Sachzusammenhänge"* legen. Einmal haben wir es folglich mit einer bestimmten Form des *Elitedenkens*, im anderen Falle mit einer *fatalistisch-szientistischen Sachzwangdeutung* des gesellschaftlichen Geschehens zu tun. Wir werden sehen, daß eine starre Grenze zwischen diesen beiden Deutungsvarianten nicht existiert, daß also die zu untersuchenden Theorien der *Expertokratie* und der *Technokratie*[20] in marxistisch-leninistischer Kritik keineswegs als alternative Positionen bestehen können. Schließlich geht es beiden Varianten darum, die Diktatur der Monopole in eine „wissenschaftlich begründete", auf „neutralistische Optimierung" gerichtete Gesellschaftsregulierung umzuinterpretieren. Die Rolle dieser Richtungen ergibt sich daraus, daß sie für das „allgemeine" Wissenschaftsverständnis im Imperialismus und daher auch für die verschiedenen Varianten bürgerlicher Wissenschaftstheorie von entscheidender (die ideologische Gesamtsicht bestimmender) Bedeutung sind.

Zunächst soll uns diejenige Spielart industriegesellschaftlicher Interpretation interessieren, die die objektiven, durch die Vergesellschaftung der Wissenschaft hervorgerufenen Wandlungen in der sozialökonomischen Stellung der wissenschaftlich-technischen Intelli-

[19] Unter der Bezeichnung „wissenschaftstheoretische Relevanz" soll hier die Tatsache verstanden werden, daß im Rahmen eines umfassenderen theoretischen (bzw. pseudotheoretischen) Systems die Wissenschaft mitbehandelt, das heißt theoretisch miterörtert wird.

[20] Zur doppeldeutigen Verwendung des Technokratiebegriffs vgl. auch C. Grossner, Wenn die Zukunft verplant wird. Werden in Bonn die Politiker von den Experten entmachtet?, in: Die Zeit, Nr. 15 v. 9. 4. 1971, S. 8.

genz dadurch ideologisch zu nutzen sucht, daß sie einen gesellschaftlichen Führungsanspruch der Intelligenz postuliert. Sie behauptet, an die Stelle des Kapitalisten sei eine klassenneutrale Schicht intellektuell befähigter und hochgebildeter Spezialisten getreten. Entscheidungen wissenschaftlich-technischer und auch politischer Natur seien zur Domäne der *Experten* geworden, wodurch sich eine Expertenherrschaft (Expertokratie) in der Gesellschaft etabliert habe. Die Manager und Experten, die Angehörigen der wissenschaftlichen Intelligenz, also die „Beherrscher von Wissenschaft und Technik" seien auch zugleich zu Herrschern über die Gesellschaft geworden.

Angesichts einer solchen Darstellung der Rolle der Intelligenz in der Gesellschaft ist es wichtig, sich die prinzipielle Einschätzung der sozialen Stellung der Intelligenz durch den Marxismus-Leninismus zu vergegenwärtigen. Wir erinnern insbesondere an die Leninsche Klassendefinition und die von dieser gesellschaftswissenschaftlichen Ausgangsposition abgeleitete Bestimmung des Platzes der Intelligenz in der Klassengesellschaft. Lenin betonte, daß die Intelligenz „keine *selbständige* ökonomische Klasse und daher auch keine *selbständige* politische Kraft darstellt".[21] Sie nimmt eine „Stellung zwischen den Klassen ein".[22]

Die Intelligenz „schließt sich teilweise – ihren Verbindungen, ihren Anschauungen usw. nach – der Bourgeoisie an und teilweise – in dem Maße, wie der Kapitalismus den Intellektuellen immer mehr und mehr seiner selbständigen Stellung beraubt, ihn in einen besoldeten Angestellten verwandelt ... – den Lohnarbeitern".[23]

Diese Leninsche Einschätzung hat sich im tiefgreifenden Prozeß der Vergesellschaftung im staatsmonopolistischen Kapitalismus vollauf bestätigt. Durch die immer engere Verbindung von Wissenschaft, Technik und Produktion „geraten die wissenschaftlich Tätigen in ein mehr oder weniger privilegiertes Ausbeutungsverhältnis"[24], welches ja gerade durch die von uns oben genannte Spielart der Industriegesellschaftstheorie verschleiert werden soll. Ihre wesentliche Absicht ist das Suggerieren eines Elitebewußtseins, ihr hauptsächlicher Inhalt

[21] W. I. Lenin, Werke, Bd. 11, Berlin 1958, S. 379.

[22] W. I. Lenin, Werke, Bd. 14, Berlin 1962, S. 41.

[23] W. I. Lenin, Werke, Bd. 4, Berlin 1955, S. 196.

[24] H. Steiner, Der sozialökonomische Charakter der Vergesellschaftung der Wissenschaft und die marxistisch-leninistische Wissenschaftstheorie, in: Vergesellschaftung der Wissenschaft. Kolloquienreihe des Instituts für Wissenschaftstheorie und -organisation der Akademie der Wissenschaften der DDR, 3/1971, S. 19.

die Behauptung einer Sonder- oder Führungsstellung der wissenschaftlich-technischen Intelligenz in der Gesellschaft und damit eine Geringschätzung der körperlichen gegenüber der geistig-schöpferischen Arbeit.[25] Dieses alles wäre jedoch nicht möglich, stünde auch in diesen Konzeptionen nicht ein einseitiges, abstraktes Wissenschaftsverständnis im Mittelpunkt der Argumentation und erfolgte nicht eine Wiederbelebung der in der Tradition bürgerlichen Denkens verwurzelten Elitevorstellungen[26], die durch die Entgegensetzung von „privilegierten Führern" und der „Masse" die historische Rolle der Volksmassen in der Geschichte verneinen.

Durch die Wiederbelebung und Neuinterpretation der bürgerlichen Elitetheorien versprechen sich die Ideologen der sogenannten Industriegesellschaft insbesondere, Einfluß auf die wissenschaftlich-technische Intelligenz zu gewinnen und den Prozeß ihrer Annäherung an die Positionen der Arbeiterklasse aufzuhalten. Dabei rechnen sie damit, daß eine große Anzahl der Angehörigen der wissenschaftlich-technischen Intelligenz keine volle Klarheit über ihre tatsächliche Stellung in der Klassengesellschaft besitzt und illusionären, kleinbürgerlichen Vorstellungen anhängt. Die von der Industriegesellschaftstheorie suggerierte elitäre Sonderstellung fällt bei einem großen Teil der Angehörigen der wissenschaftlich-technischen Intelligenz unter diesen Bedingungen auf besonders günstigen Nährboden.

Die kapitalistische Wirklichkeit mit ihrer ganzen objektiven Klassenstruktur fördert die Glaubwürdigkeit wie auch immer gearteter Vorstellungen, die davon getragen sind, daß bestimmten bevorzugten Gruppen eine gesellschaftliche Sonderstellung zukomme. *Es findet sich daher keine einzige imperialistische Gesellschaftsdeutung, die ganz auf Elemente elitären Denkens verzichten könnte.* Diese elitären Vorstellungen haben eine solche Verwurzelung im bürgerlichen Denken erreicht, daß sie teilweise zu sehr weitgehend anerkannten Anschauungen geworden sind. So schrieb zum Beispiel R. Jungk, die Überzeugung der Klassiker des Marxismus-Leninismus von der revolutionären Kraft der Arbeiterklasse sei heute in Frage gestellt: Nach seiner

[25] Vgl. E. Löbl, Geistige Arbeit – die wahre Quelle des Reichtums, Entwurf eines neuen sozialistischen Ordnungsbildes, Wien/Düsseldorf 1968. Vgl. E. Löbl, E. Grünwald, Die intellektuelle Revolution, Düsseldorf 1969.

[26] E. V. Vinnik, Teorija ‚elity' na službe zapodno-germanskogo Imperializma, in: Filosofskije nauki, Moskva 12(1969) 3, S. 76–86.

Auffassung werde es einmal die abtrünnige Manager- und Techniker-Intelligenz sein, die revolutionäre Veränderungen durchsetzen könnte.[27]

Jungk steht mit dieser Ansicht nicht allein; sie kann gewissermaßen Zeugnis dafür sein, wie das Elitedenken in industriegesellschaftlicher Fassung Denkhaltungen fördert, die ausschließlich den Klasseninteressen der Monopolbourgeoisie dienlich werden. „Anknüpfend an bestimmte Probleme und *Erscheinungsformen* der wissenschaftlich-technischen Revolution, vermittels vulgärer Auffassungen vom Wesen der Arbeiterklasse und bei Vorspiegelung einer sozialen, politischen und ideologischen ‚Einheit' der Intelligenz (bzw. ihrer Berufsgruppen) wird objektiv der Versuch unternommen, Arbeiterklasse und werktätige Intelligenz sowie hochqualifizierte und weniger qualifizierte Arbeiter gegeneinander auszuspielen, ihr revolutionäres Bündnis und die Aktionseinheit der Arbeiterklasse entweder zu zerschlagen oder gar nicht erst entstehen zu lassen."[28]

Für unsere Problematik, die Einnahme bestimmter wissenschaftstheoretischer Positionen im Rahmen der Industriegesellschaftskonzeption, ist diese Vorspiegelung einer „Einheit" der Intelligenz von besonderem Belang. Ohne die gesellschaftstheoretische Vermittlung eines bestimmten Elitedenkens wären die sozialwissenschaftlich konzipierten bürgerlichen Verhaltens- und Motivationsregulative nicht wirksam. Erst auf der Grundlage dieser elitären Voraussetzungen kann zum Beispiel die Vorstellung von der Existenz einer internationalen „Wissenschaftlergemeinde"[29] ideologisch im Sinne konvergenztheoretischer Deutungen Einfluß ausüben. Gleiches gilt für die Deutung der Intelligenz als nivellierende Kraft in der „pluralistischen" Gesellschaft, als neutrale, sozial „freischwebende" Schicht, die deshalb auch zwischen den Klassen „vermittelnd" wirken könne. Wir werden auf diese Aspekte der Rollendeutung der Intelligenz noch wiederholt zurückkommen.

So unterschiedlich die Detaildarstellungen der Rolle der „Experten" auch sein mögen, sie treffen sich in der Grundintention immer wieder in dem fetischisierten, nicht eindeutig bestimmten Begriff der Industriegesellschaft. So charakterisiert M. Kuhn, der als einer

[27] Vgl. R. Jungk, in: Pardon, 1/1970, S. 10, zit. nach S. Grundmann, Arbeiterklasse und Intelligenz in unserer Epoche, in: DZfPh, 11/1970, S. 1320.

[28] S. Grundmann, Arbeiterklasse und Intelligenz in unserer Epoche, a. a. O., S. 1320.

[29] Vgl. hierzu unseren Abschnitt über den strukturell-funktionalistischen Ansatz bürgerlicher Wissenschaftstheorie.

der Schöpfer der Konzeption der „Expertokratie“ gelten kann[30], die gesellschaftliche Funktion des Experten mit den Worten: „Er (der Experte, d. Verf.) ist im Zuge der wirtschaftlichen, wissenschaftlichen und vorab technischen Entwicklung aus einer bloßen Hilfsperson der Behörden zur Hauptperson eines Dramas geworden, dessen Ende heute noch kaum abzusehen ist. Er allein ist in der Lage, die komplizierten Zusammenhänge unseres hochzivilisierten Lebens im industriellen Interventionsstaat, wenigstens soweit sie sein Fachgebiet betreffen, zu verstehen und zu beeinflussen.“[31]

Eine solche Entwicklung, so fährt Kuhn fort, müsse zur Oligarchie der Experten, zur Expertokratie führen, einer Staatsform, die die bisherigen traditionellen Herrschaftsformen überlagere und die sich hinter dem Rücken des demokratischen Bürgers im Scheine vollster Legitimität entwickele.[32] Kuhn folgt hier also ebenfalls der von uns beschriebenen Methode, von wirklichen Erscheinungen auszugehen und sie dann in verabsolutierter Form einer bestimmten, in der Regel apologetischen Konzeption als Ausgangsbasis zu unterlegen. Die Behauptung, es bilde sich eine „Oligarchie der Experten“ heraus, die im Begriffe sei, die bisherige politische Macht zu verdrängen, kann nicht anders als apologetisch genannt werden. Noch deutlicher wird dieses, wenn Kuhn behauptet, daß es sowohl dem Sozialismus als auch dem Imperialismus schwerfalle, die Wissenschaftler – die „Experten“ – dem Gesellschaftssystem zu integrieren. Kuhn schreibt: „Die Experten sind die Medizinmänner unseres Zeitalters. Das gilt vor allem von den *technischen Experten*. Ihre Mitwirkung am staatlichen Geschehen ist unerläßlich – sogar im totalitären Herrschaftssystem erringen sie sich eine eigene, durch ihr Wissen legitimierte Position, die zu schwerwiegenden inneren Konflikten in solchen Systemen führen muß, zum Teil schon geführt hat. Für den demokratischen Staat stellt sich längst nicht mehr die Frage, ob er Experten beiziehen will, sondern nur noch die Frage, in *welcher Weise* dies zu geschehen habe.“[33]

30 Vgl. M. Kuhn, Herrschaft der Experten? An der Grenze der Demokratie. Beiträge für die politische Bildung. Schriftenreihe der Akademie für politische Bildung, Tutzing 1961, S. 12.

31 Ebenda, S. 13.

32 Ebenda.

33 M. Kuhn, Grundzüge der Expertokratie, in: Deutschland ohne Konzeption? Am Beginn einer neuen Epoche. Reihe: Modelle für eine Neue Welt. Hrsg. R. Jungk u. H. J. Mundt, München/Wien/Basel 1964, S. 423.

Kuhn verfolgt mit seiner Argumentation zwei Anliegen. *Erstens* geht es ihm darum, den in bürgerlichen Vorstellungen eingeschliffenen *Prestigecharakter der geistigen Arbeit* durch seine Behauptung von der Herausbildung der Expertenherrschaft im Sozialismus und Imperialismus konvergenztheoretisch zu stützen. *Zweitens* zielt er auf die ideologische Aufbereitung der seit Jahren im staatsmonopolistischen Kapitalismus geführten Debatten zur Rolle und zum Stellenwert der wissenschaftlichen Beratung imperialistischer Politik. Er nutzt das abgegriffene Schlagwort vom „Totalitarismus", um den wissenschaftlichen Wesenszug sozialistischer Politik abzustempeln – erst mit dieser Plattheit der Argumentation vermag er die Lobpreisung imperialistischer Politikberatung als „ersten" Keim expertokratischer Zustände an den Mann zu bringen. Was den besonderen Prestigecharakter der geistigen Arbeit betrifft, so hat er seine Wurzeln darin, daß seit der Trennung der Arbeit in geistige und körperliche im Verlaufe der Geschichtsentwicklung das gesellschaftliche (praktische, technische) Erfordernis nach Erkenntnissen ständig gewachsen ist. Damit verbunden war eine durch reaktionäre Interessen geförderte Überbewertung der geistigen Arbeit, eine „moralische" Bevorzugung all derjenigen, die sogenannte intellektuelle Berufe ausüben. Diese Wertung nun erhielt in den letzten Jahrzehnten eine besonders beachtete Funktion im Rahmen der Ideologie des staatsmonopolistischen Kapitalismus.

Für unsere Problematik ist in diesem Zusammenhang wichtig: „Die wissenschaftlich-technische Revolution zwingt die herrschenden Kreise der bürgerlichen Gesellschaft, die Dienste von Experten in Anspruch zu nehmen ... In der Öffentlichkeit ist die Meinung weit verbreitet, daß angeblich alle Beschlüsse auf Empfehlungen von Experten beruhen ...

In der Tat werden bestimmte Oberschichten der Intelligenz, die der Monopolbourgeoisie nahestehen, von dieser zur Entscheidungsfindung herangezogen. Allerdings betrifft das nur eine kleine Gruppe von Intellektuellen. Nichtsdestoweniger entsteht im Bewußtsein der Geistesarbeiter der mittleren und unteren Ebene die stereotype Vorstellung, daß der Intellektuelle für die Entscheidungen in allen Bereichen verantwortlich ist oder zumindest auf Inhalt und Form der Beschlüsse Einfluß nimmt."[34]

[34] A. Gorbovski, Gegenwart und Zukunft der geistigen Arbeit, in: Sowjetwissenschaft. Gesellschaftswissenschaftliche Beiträge (im folgenden: SW/GB), 4/1969, S. 367f.

Durch den Differenzierungsprozeß innerhalb der Intelligenz und insbesondere durch die politischen Praktiken staatsmonopolistischer Regulierung ist der Nymbus von der Expertokratie etwas in den Hintergrund getreten. Das bedeutet jedoch nicht, Expertokratievorstellungen hätten völlig an Einfluß verloren. Nach wie vor sind sie Bestandteil bürgerlicher Denktraditionen über die gesellschaftliche Rolle des Wissenschaftlers. Es kann als charakteristisch angesehen werden, daß die Expertokratie-Debatten Neuauflagen erleben, wenn es um die ideologische Absicherung solcher staatsmonopolistischer Aktivitäten geht, die (unter dem Deckmantel einer effektiveren „wissenschaftlichen Politikberatung") auf eine stärkere Integration der Wissenschaftler in den staatsmonopolistischen Herrschaftsmechanismus abzielen.[35]

Wenn Modellvorstellungen über die wirksamste Verbindung von Wissenschaft und Politik aus bürgerlicher Sicht diskutiert werden, so handelt es sich in der Regel um drei Grundmodelle: Es werden das *dezisionistische*, das *technokratische* und das *pragmatische Modell* unterschieden. Das dezisionistische Modell fußt auf M. Webers Postulat der Werturteilsfreiheit der Wissenschaft und besteht auf einer strikten Trennung der Funktionen des Fachwissenschaftlers und des Politikers. Im technokratischen Modell hingegen verliert der Politiker seine traditionelle Entscheidungsfunktion: Er wird zum Vollzugsorgan der Experten (Technokraten!). Die durch den Experten aufgedeckten sachgesetzlichen Zusammenhänge (Sachzwänge) ließen dem Politiker keinen Spielraum mehr für eigene Entscheidungen.

Im Verhältnis von Wissenschaftlern und Politikern gebühre nach diesem Modell den ersteren die Vorrangstellung. Das pragmatische Modell schließlich fordert ein wechselseitiges Verhältnis zwischen Politikern und Wissenschaftlern. Der Wissenschaftler berät den Politiker, stellt ihm Entscheidungswissen zur Verfügung, und es stellt umgekehrt der Politiker dem Wissenschaftler die Aufgabe, für (aus der staatsmonopolistischen Praxis erwachsende) neue Problemstellungen die optimalen Lösungen zu finden.

Bei der Diskussion um Vor- und Nachteile wissenschaftlicher Beratung wird gelegentlich auch ein wenig der Schleier gelüftet, der über die eigentlichen Hintergründe staatsmonopolistischer Politikberatung ausgebreitet ist. So schreibt zum Beispiel C. Grossner:

[35] Vgl. z. B. auch hierzu den Bundesbericht Forschung IV, Drucksache VI/3251, Deutscher Bundestag, 6. Wahlperiode, Bonn, 13. März 1972, S. 19.

„Unter dem Deckmantel von ‚Experten' erhalten in Wahrheit oft wirtschaftliche Interessenvertreter an Stelle unabhängiger Wissenschaftler realen politischen Einfluß – etwa im Deutschen Atomforum die Vertreter der interessierten Elektrizitätswerke; oder die Datenverarbeitungsindustrie im bisherigen ‚Fachbeirat für Datenverarbeitung', die Weltraumindustrie in der ‚Deutschen Kommission für Weltraumforschung'. Ihr Einfluß auf die ständig wachsenden Subventionsprogramme der Bundesregierung ist nicht so sehr ihrer Eigenschaft als Experten zuzuschreiben, sondern beruht viel eher auf der Tatsache, daß sie Repräsentanten gesellschaftlicher Machtgruppen sind."[36]

Der Einzug von Interessenvertretern der Monopole in die angeblich „werturteilsfreien" Beratungsgremien ist also weniger ein Beleg für das tendenzielle Entstehen einer „Expertokratie" als vielmehr ein weiterer Beweis dafür, daß ausnahmslos *alle* gesellschaftlichen Bereiche der Monopolherrschaft unterworfen werden. Über diese Zusammenhänge vermögen auch die vorgestellten Modelle nicht hinwegzutäuschen. Insgesamt sind sie als Versuche zu werten, die staatsmonopolistische Politik in ihrem Verhältnis zur Wissenschaft einem ideologischen Schema einzuordnen. Je nach Augenblicksinteresse und Erfordernissen der Machtausübung vermag die Bourgeoisie, diesem oder jenem Interpretationsmodell den Vorzug zu geben. Die sich im technokratischen Modell äußernde Ideologie hat zum Beispiel in einigen praktischen Bereichen unmittelbar als Grundlage zur interessenadäquaten Deutung der staatsmonopolistischen Politik gedient.[37]

Allerdings muß an dieser Stelle eine Bemerkung zur *technokratischen* Konzeption eingeflochten werden, weil dieser Terminus nicht immer gleichbedeutend benutzt wird. Im weiteren (auch in der marxistisch-leninistischen Literatur verwendeten) Sinne ist mit „Technokratievorstellung" eine Ideologie gemeint, die alle gesellschaftlichen Probleme als prinzipiell auf „technischem" (wissenschaftlich-organisatorischem, rational zu entscheidendem) Wege lösbar ansieht, folglich von der Machtausübung durch die jeweils herrschende Klasse, also vom Klassencharakter der heutigen Gesellschaften abstrahiert.

[36] C. Grossner, Wenn die Zukunft verplant wird. Werden in Bonn die Politiker von den Experten entmachtet? A. a. O., S. 8.

[37] Vgl. R. Mocek, Die technokratische Ideologie – ihre Funktion in den Diskussionen zur westdeutschen Hochschulgesetzgebung, in: Philosophenkongreß 1970. Leninsche Prinzipien der Auseinandersetzung mit der bürgerlichen und revisionistischen Ideologie, Teil V, Berlin 1970, S. 157–165.

Die Lehre vom „Ende aller Ideologie" wie die gesamte expertokratische Richtung wären dieser szientistischen Technokratievorstellung zuzuordnen. Es gibt aber noch einen engeren Begriff von „Technokratie", der nicht im Sinne einer Expertenherrschaft benutzt wird.

Diese Vorstellungen von der Herrschaft eines technischen „Sachzwanges" in der Gesellschaft, von angeblich herrschenden Sachgesetzlichkeiten, die im „technokratischen Staat" interessenfrei befolgt werden, wollen wir nun näher untersuchen.

Die im engeren Sinne technokratische Spielart der Industriegesellschaftskonzeption ist dadurch gekennzeichnet, daß sie durch Vereinseitigung und Verabsolutierung der Technik, durch die Übertragung ihrer sachgesetzlichen Zusammenhänge auf die Gesellschaft zustande kommt. Typisch dafür sind die Auffassungen H. Schelskys von der „wissenschaftlichen Zivilisation" und auch die Ansichten J. K. Galbraiths von einer angeblich herrschenden „Technostruktur".

Nach Schelsky laufen in der technokratischen Stufe der Zivilisation alle gesellschaftlichen Prozesse nach technischen Prinzipien ab. So spricht er zum Beispiel von „Humantechniken", worunter er „die Technik der Beherrschung und Erzeugung der sozialen Beziehungen, die Technik der Veränderung, Beherrschung und Erzeugung des seelischen und geistigen Innenlebens"[38] begreift. Die allgemeine Bestimmung der Technik wird für ihn zur „universal gewordenen Technik", die auf einer Verwissenschaftlichung der gesamten Zivilisation einschließlich der Technisierung der Wissenschaft selbst beruhe. Wissenschaft sei zur Substanz des praktischen Lebens selbst geworden und bestimme das praktische Denken und Handeln der Menschen in allen Bereichen. Technik und Wissenschaft hätten dem Menschen zur Konstruktion einer neuen Welt verholfen, der „wissenschaftlichen Zivilisation". In dieser wissenschaftlichen Zivilisation entstehe ein neues Grundverhältnis zwischen den Menschen, und zwar solcher Art, daß die traditionellen Verhältnisse der Herrschaft von Menschen über Menschen aufgehoben und beseitigt würden. Solchen Herrschaftsverhältnissen sei die Grundlage entzogen, weil sich aus der dem wissenschaftlichen Fortschritt immanenten Logik Sachzwänge ergäben, deren Beachtung das traditionelle Verhältnis von Herrschaft ausschlösse. Wissenschaft und Technik würden immer mehr staatlich, und der Staat entwickele sich zum „technischen Staat", der die traditionellen Herrschaftsformen überwinde.

[38] H. Schelsky, Der Mensch in der wissenschaftlichen Zivilisation, in: Auf der Suche nach Wirklichkeit, Düsseldorf/Köln 1965, S. 444.

Schelsky geht auf Burnham ein und betont: „Burnham hat richtig formuliert: ‚Der Sitz der Souveränität hat sich verlagert', aber falsch weitergedacht, wenn er dann die ‚Manager' als ‚neue herrschende Klasse' bezeichnet: Hier ‚herrscht' gar niemand mehr, sondern hier läuft eine Apparatur, die sachgemäß bedient sein will. Gerade weil es keine ‚Herrschaft der Techniker' gibt, können die alten Herrschenden ruhig bleiben, wo sie sind und werden durch keine neue herrschende Klasse ersetzt. Der technische Staat beseitigt das traditionelle Verhältnis der ‚Herrschaft' selbst."[39] Nachdem Schelsky auf diese Weise mit Hilfe des Arguments sachzwangregelnder Wissenschaft und Technik die Klassenherrschaft der Monopolbourgeoisie hinweginterpretiert hat, „begründet" er auch die Notwendigkeit des Verschwindens von Politik und damit auch von Demokratie. In Schelskys „technischem" Staat „herrschen" nur noch die Sachzusammenhänge, denn „der Sachzwang der technischen Mittel, die unter der Maske einer optimalen Funktions- und Leistungsfähigkeit bedient sein wollen, enthebt von den Sinnfragen nach dem Wesen des Staates. Die moderne Technik bedarf keiner Legitimität, mit ihr ‚herrscht' man, weil sie funktioniert und solange sie optimal funktioniert. Sie bedarf auch keiner anderen Entscheidung als der nach technischen Prinzipien. Politik im Sinne der normativen Willensbildung fällt aus diesem Raume eigentlich prinzipiell aus, sie sinkt auf den Rang eines Hilfsmittels für Unvollkommenheiten des ‚technischen Staates' herab."[40] In ausgesprochen szientistischer Manier formuliert Schelsky: „Je besser die Technik und Wissenschaft, um so geringer der Spielraum politischer Entscheidungen."[41] Unmißverständlich zeigt sich hier eine gesellschaftstheoretische Konzeption, die nicht nur die sozialökonomische Determination der Wissenschaft übergeht, sondern Wissenschaft selbst auf den Platz gesellschaftlicher Determinanten stellt.

In Schelskys Konzeption besitzt auch die Ideologie selbstverständlich weder Grundlage noch Berechtigung. Die Rationalität der Wissenschaft und der von ihr ausgehende Sachzwang der durch sie hervorgebrachten Techniken ließen keinerlei Raum mehr für Ideologien; widerstreitende Klasseninteressen haben ja keinen Quellgrund, wo es nur noch den Zwang „sachlicher Zusammenhänge" gibt. Schelskys Technokratie-Version ist also das Musterbeispiel für die im bürgerlichen Denken verbreitete und heute noch wirksame „Theorie" von

[39] Ebenda, S. 457.
[40] Ebenda, S. 456.
[41] Ebenda, S. 458.

der sogenannten „Entideologisierung".[42] Die realen gesellschaftlichen Lebensprozesse, die Dialektik von Produktivkräften und Produktionsverhältnissen, die objektiven Gesetze der gesellschaftlichen Entwicklung ersetzt Schelsky durch technizistisch konstruierte Sachzusammenhänge, die sich hinter dem Rücken der eigentlichen Akteure der Geschichte bilden. Zugleich fördert das Postulat des Sachzwanges fatalistische Denkhaltungen, die ein Ausgeliefertsein an die autonom vorausgesetzte Wissenschaft und Technik suggerieren. Unter Berufung auf die „Wissenschaft" löst Schelsky den tatsächlichen Klassencharakter des Imperialismus auf und lenkt von den objektiven Erfordernissen der revolutionären Ablösung der Macht des Kapitals ab.

Zur „Herrschaft" in der „wissenschaftlichen Zivilisation" stellt Schelsky fest: „Aber diese ‚Techniker des Staates' ... ‚herrschen' ja gar nicht, sondern sie führen nur aus, allerdings nicht das, was die ‚alten Herrscher' entscheiden, sondern das, was sich im Widerspiel von Apparaturgesetzlichkeit und jeweiliger Lage als Sachnotwendigkeit ergibt."[43] Die hier von Schelsky unter Berufung auf „Sachnotwendigkeit" vorgenommene Verschleierung der imperialistischen Macht- und Herrschaftsverhältnisse verrät deutlich genug die ideologische Funktion solcher „Gesellschaftstheorie". Sie zeigt, wie Wissenschaftsverständnis, das nicht aus den objektiven, sozialökonomischen Verhältnissen heraus begriffen wird, ideologisch wirksam wird. Zugleich demonstriert Schelsky, wie die Voraussetzung eines solchen abstrakten Wissenschaftsbegriffs eine ideologische Überladung, eine Verzerrung und Verabsolutierung der gesellschaftlichen Funktion der Wissenschaft zur Folge hat und in dieser Weise schließlich *unmittelbar* zum politischen Programm der reaktionären Kräfte wird.

In der Einschätzung der Industriegesellschaftskonzeption betonten wir eingangs ihre äußere Variationsfähigkeit. Einen Beleg hierfür liefern auch die industriegesellschaftlichen Behauptungen des amerikanischen Wirtschaftswissenschaftlers J. K. Galbraith. Dieser unter-

[42] Vgl. W. Burisch, Ideologie und Sachzwang. Die Entideologisierungsthese in neueren Gesellschaftstheorien, in: Das wissenschaftliche Arbeitsbuch VIII/1, Tübingen 1. Aufl. 1967, 2. Aufl. 1968.
Zur marxistisch-leninistischen Kritik der Entideologisierungsthesen siehe: I. A. Samoškina u. a., Die gegenwärtige bourgeoise Ideologie in den USA, Moskau 1967; L. Moskvitšev, Die Theorie der „Entideologisierung". Quellen und soziales Wesen, in: Weltwirtschaft und internationale Beziehungen, 12/1968 (russ.).

[43] H. Schelsky, Der Mensch in der wissenschaftlichen Zivilisation, a. a. O., S. 457.

nimmt den Versuch, eine umfassende Theorie der „modernen Industriegesellschaft“ aufzustellen, die eine besondere Erscheinungsform des wissenschaftlich-technischen Fortschritts zum Ausgangspunkt nimmt: die moderne Technologie. Aus der „fortwährend komplizierteren und raffinierteren Technologie“[44] meint Galbraith alle anderen Wandlungen in der Gesellschaft ableiten zu können. Galbraith bemerkt: „Nach den Erfahrungen der Vergangenheit war eine neue Verlagerung der Macht zu erwarten, und zwar vom Kapital auf die organisierte Intelligenz. Ferner stand zu erwarten, daß sich dieser Wandel auch in einer Machtverlagerung innerhalb der Gesellschaft ausdrückt.“[45]

Dieser angebliche Machtwandel werde dadurch dokumentiert, daß die Macht hinter den Kulissen auf einen neuen Produktionsfaktor übergegangen sei, und zwar „auf die Gemeinschaft von Leuten mit verschiedenartigem technischen Wissen, mit Erfahrung oder anderen Talenten, die in der modernen industriellen Technologie und Planung gebraucht werden. Diese Gemeinschaft erstreckt sich von der Leitung moderner Industrieunternehmen hinab bis fast zu den Arbeitern.“[46] Die durch das organisierte (technologische) Zusammenwirken dieser Gruppe bedingte Einheit nennt Galbraith „Technostruktur“.[47]

Galbraith bezieht seine Postulate auf das monopolistische Großunternehmen, geht hier wiederum (wie die Vertreter auch anderer Spielarten der Industriegesellschaftskonzeption) von wirklichen Erscheinungen aus, wobei er die wachsende Rolle moderner Technologie als eine Erscheinung des modernen Produktionsprozesses herausgreift und in ihrer Rolle verabsolutiert. Mittelbar ist es also wieder das Argument „Wissen“ bzw. Wissenschaft, das dieser Industriegesellschaftskonzeption unterlegt wird und Galbraiths Konzeption[48] stützt.

Wir finden hier die Elemente wieder, die schon an anderen Formen der Industriegesellschaftstheorie charakterisiert wurden. So betont auch Galbraith den Führungsanspruch der Intelligenz; dabei trägt er aber

[44] J. K. Galbraith, Die moderne Industriegesellschaft, München/Zürich 1968, S. 13.

[45] Ebenda, S. 73.

[46] Ebenda, S. 74f.

[47] Ebenda.

[48] Vgl. B. Tibi, Theorien der Konvergenz kapitalistischer und sozialistischer Industriegesellschaften, in: Das Argument, Nr. 50. Kritik der bürgerlichen Sozialwissenschaften. Zeitschrift für Philosophie und Sozialwissenschaften. Sonderband zum 10. Jahrgang, hrsg. v. F. Haug u. Chr. Müller-Wirth, Westberlin 1969, S. 125–140, insbes. S. 136–139.

dem Umstand Rechnung, daß die althergebrachten Elitevorstellungen angesichts der schnell wachsenden Zahl der auf wissenschaftlich-technischen Gebieten Tätigen eine Modifikation expertokratischen Denkens notwendig macht. Mit dem Postulat der herrschenden „Technostruktur“ dehnt Galbraith den Elitegedanken, der ursprünglich auf einen engeren Personenkreis bezogen war, auf eine größere Menschengruppe im monopolkapitalistischen Industriebetrieb aus. „Die Technostruktur“ überträgt die ihr eigenen Organisationsprinzipien auch auf die Gesellschaft, da sie nach Galbraith das Industriesystem beherrscht. Mit der Behauptung von der angeblichen „Gleichartigkeit“ der Industriesysteme im Sozialismus und Imperialismus vertritt Galbraith zugleich konvergenztheoretische Ansichten, und ebenso enthält – so behaupten wir – Galbraiths Konstruktion auch Elemente der von Schelsky entwickelten Vorstellung von den herrschenden „Sachzwängen“: Galbraiths „Technostruktur“ zeichnet sich durch „technologische Notwendigkeiten“[49] aus, die im organisierten Zusammenspiel der „Gruppen“ wirken. Zugleich führt er die von J. Burnham[50] vertretene Ansicht von der Managerherrschaft weiter, indem er „Management“ in seine Technostruktur integriert. Die Unterscheidungsmerkmale sieht er darin, daß der Manager als Einzelperson auftritt, „ein Angehöriger der Technostruktur hingegen nicht; keine der zur ‚Technostruktur‘ gehörenden Personen kann einen Gesamtüberblick über den Produktionsprozeß haben“.[51]

Galbraith suggeriert mit seiner „Technostruktur“ eine Art Gemeinschaftsbewußtsein und Gemeinschaftsgefühl, das wiederum objektiven Erfordernissen gerecht werden soll; gegen das wachsende Klassenbewußtsein der Arbeiterklasse setzt er ein auf Gemeinsamkeit, Anpassung und Identifikation[52] zu begründendes Verhalten der Angehörigen der „Technostruktur“. Da durch die angebliche Machtverlagerung die Kapitalisten nur noch ein „Schattendasein“ führten, spielen in Galbraiths „moderner Industriegesellschaft“ das Privateigentum an den Produktionsmitteln und die damit gegebenen Produktionsverhältnisse selbstverständlich keine Rolle. „Sozialismus wird zur Illusion erklärt, die einst der Vergangenheit eigen war, und Kapitalismus

[49] J. K. Galbraith, Die moderne Industriegesellschaft, a. a. O., S. 34.
[50] Vgl. J. Burnham, The Managerial Revolution, New York 1941. (Dt. Ausg.: J. Burnham, Das Regime der Manager, Stuttgart 1948.)
[51] B. Tibi, Theorien der Konvergenz kapitalistischer und sozialistischer Industriegesellschaften, a. a. O., S. 137.
[52] Vgl. J. K. Galbraith, Die moderne Industriegesellschaft, a. a. O., S. 149–180.

hat bei Galbraith nur noch den Stellenwert eines Schimpfwortes. ... Die Apologie des Kapitalismus nimmt eine neue Form an. Mit Hilfe eines ausgeklügelten Begriffsapparates wird die kapitalistische Wirklichkeit einfach eskamotiert."[53]

Es ist nicht nur hinsichtlich Galbraiths Konzeption von Belang, daß dieser „ausgeklügelte Begriffsapparat" eine *Technologievorstellung* begründet, die notwendigerweise wieder von einem Wissenschaftsverständnis ausgeht. „Industriegesellschaft" und die Problematik des wissenschaftlichen Fortschritts im Zerrspiegel bürgerlicher Ideologie erwiesen sich wiederum als identisch. Angesichts der widersprüchlichen staatsmonopolistischen Wirklichkeit und des Einflusses der Gesellschaftsentwicklung auf der Grundlage sozialistischer Produktionsverhältnisse sind die Thesen der Industriegesellschaft bei all ihrer Wirksamkeit und Verbreitung immer fragwürdiger geworden. Bürgerliche Ideologen versuchen diesem Umstand dadurch zu begegnen, daß sie „neue" Gesellschaftsinterpretationen ersinnen. Eine solche „Neuschöpfung" liegt in der Theorie von der sogenannten „nachindustriellen Gesellschaft" vor. Wir wollen im folgenden Abschnitt ihre Identität und ihren Unterschied zur Industriegesellschaftskonzeption untersuchen. Zweifelsohne handelt es sich auch hier um eine an Einfluß gewinnende Modeschöpfung staatsmonopolistischer Gesellschaftsdeutung.

2.2 Die „nachindustrielle Gesellschaft" und das bürgerliche Wissenschaftsverständnis

Wir konnten bereits anhand der verschiedenen Spielarten der Industriegesellschaftskonzeption zeigen, daß zeitgenössische bürgerliche Darstellungen der Gesellschaft Ausdruck der tiefen ideologischen Krise des staatsmonopolistischen Systems sind. Allen diesen Varianten ging und geht es letztlich darum, von den wirklichen Zusammenhängen und Antagonismen im Imperialismus abzulenken und die Produktionsverhältnisse – als die auch für Wissenschaft und Technik letztlich bestimmenden Determinanten – ganz der Betrachtung zu entziehen. Soweit die verschiedenen industriegesellschaftlichen Pseudotheorien zu den gesellschaftlichen Produktivkräften Aussagen machen, geschieht das unter Verabsolutierung einzelner ihrer Aspekte, der

[53] B. Tibi, Theorien der Konvergenz kapitalistischer und sozialistischer Industriegesellschaften, a. a. O., S. 139.

Technik, der modernen Technologie und schließlich durch Verabsolutierung insbesondere der *Produktivkraftfunktion der Wissenschaft*. Das Vordringen bis zu den wirklichen objektiven *Gesetzmäßigkeiten* der Gesellschafts- und damit auch der Wissenschaftsentwicklung kann von keiner wie auch immer gearteten bürgerlichen Gesellschaftsinterpretation erwartet werden. Zu den tatsächlichen Entwicklungsgesetzen, zur Wesensbestimmung und zu den Wechselbeziehungen zwischen Wissenschaft und Gesellschaft[54] vermag bürgerliche Gesellschafts- und Wissenschaftsauffassung nicht vorzudringen. Für den Sozialismus ist das Erkennen der objektiven Gesetze eine notwendige Bedingung zur praktischen (politischen, organisatorischen) Beherrschung der Entwicklung von Wissenschaft und Technik wie der gesellschaftlichen Entwicklung überhaupt.

Die Ideologen der Bourgeoisie sind angesichts dieser Situation eifrig bemüht, stets „neue" und „neueste" Konzepte vorzulegen, die den Charakter des Imperialismus als eines geschichtlich überholten Systems verdecken sollen. Zu den zur Zeit sich stark verbreitenden „Neuschöpfungen" zählt insbesondere die Konzeption vom nachindustriellen Stadium der Gesellschaft. Stärker noch als in den anderen Konzepten ist hierin auf „Wissenschaft" Bezug genommen. Wissenschaft wird als autonome Erscheinung aufgewertet, um von der Tatsache ablenken zu können, „daß die Sozialstruktur die Wissenschaft formt, lenkt und sich unterwirft".[55] Unter diesem Blickwinkel betrachtet, sind selbstverständlich die sogenannte „nachindustrielle" Gesellschafts- und die Industriegesellschaftskonzeption nur graduell voneinander unterschieden. „Gegenwärtig werden die Wissenschaften als solche gegen das Wirken der Klassenstrukturen und der auf bestimmte Eigentumsverhältnisse gegründeten Produktionsverhältnisse auszuspielen versucht. Die spätbürgerliche Ideologie bemüht sich um eine Autonomisierung der Wissenschaften im herrschenden Bewußtsein, um damit mehrere reaktionäre Klassenaufgaben zu erledigen: Verzicht auf Klassenanalyse; Bekämpfung der Arbeiterklasse und ihrer führenden Rolle in der sozialistischen Revolution; Ablenkung

[54] Wenn hier aus Gründen terminologischer Einfachheit von „Wissenschaft und Gesellschaft" die Rede ist, dann bedeutet dieses nicht, daß wir hiermit zwei Erscheinungen meinen, die in irgendeiner Weise „koexistieren" und nur äußerlich in Wechselbeziehung treten. „Wissenschaft" *ist* Teilaspekt des Gesellschaftlichen, und „Gesellschaft" schließt Wissenschaft *in* sich ein.

[55] J. Chavinson, Das Jahr 2000 und einige Propheten, in: SW/GB, 2/1970, S. 184.

von der Funktion der kapitalistischen Klasse, des staatsmonopolistischen Machtapparates; unter dem Vorwand der Dominanz technokratischer Strukturen und der Wissenschaften das scheinbare Vernachlässigen aller anderen Wechselbeziehungen in der gesellschaftlichen Lebenstätigkeit."[56] An diesem Prozeß, der ideologischen Ausdeutung insbesondere der gesellschaftlichen Rolle der Wissenschaft, ist die sogenannte Theorie von der „postindustriellen" Gesellschaft in ganz besonderem Maße beteiligt. Ihr Mitbegründer, der amerikanische Soziologe D. Bell, charakterisiert das *Wesen* dieser „neuen" Gesellschaft durch Hinweis auf die wachsende gesellschaftliche Rolle der Wissenschaft. Bell schreibt: „In den vergangenen hundert Jahren waren der Unternehmer, der Geschäftsmann und Industriemanager die herrschenden Gestalten; die neuen Leute werden Wissenschaftler, Mathematiker, Wirtschaftler und Soziologen sein, die Praktiker jener neuen intellektuellen Technologie, die durch die Benutzung des Computers entsteht. Und die dominierenden Institutionen der neuen Gesellschaft . . . werden die intellektuellen Institutionen sein."[57]

Es ist nicht schwer, hinter dieser Überhöhung der Rolle des Wissenschaftlers und damit auch der Wissenschaft das Klasseninteresse zu erkennen: Es wird mit einer solchen Gesellschaftsbestimmung verdeckt, daß auch staatsmonopolistischer Kapitalismus seinem Wesen nach Kapitalismus bleibt, daß das Monopolkapital die tatsächliche Klassenherrschaft in dieser Gesellschaft ausübt und daß es nach wie vor die materiellen gesellschaftlichen Verhältnisse sind, allem voran die Eigentumsverhältnisse, von denen ausgehend auch die gegenwärtige und jede künftige Gesellschaft in einem beliebigen Land ihrem Wesen nach zu bestimmen ist. Insbesondere ist die These von dem angeblichen historischen Führungsanspruch der wissenschaftlich-technischen Intelligenz selbstverständlich gegen die geschichtliche Wahrheit von der revolutionären, geschichtlichen Mission der Arbeiterklasse gerichtet. Hier wird also ein Geschichtsbild konstruiert, das dem Marxismus-Leninismus entgegengesetzt wird und das ausdrücklich „Wissenschaft" zum Dreh- und Angelpunkt allen gesellschaftlichen Geschehens der Zukunft macht. Bell schreibt: „Eine Industriegesellschaft widmet sich der Herstellung von Gütern; und in dieser Hinsicht sind Kapitalismus

[56] H. Ley, Zum Klassencharakter der Funktion von Wissenschaft, in: DZfPh, 10/1970, S. 1253.

[57] D. Bell, Die nachindustrielle Gesellschaft, in: Das 198. Jahrzehnt. Eine Team-Prognose für 1970 bis 1980, hrsg. und eingeleitet von C. Grossner, A. Oetker, H.-H. Münchmeyer, C. Ch. v. Weizsäcker, Hamburg, 1969, S. 351f.

und Sozialismus zwei Varianten der industriellen Gesellschaft, die sich nur hinsichtlich der Eigentumsverhältnisse und der über Investitionen entscheidenden Zentren unterscheiden. Die nachindustrielle Gesellschaft hingegen organisiert sich um Wissen und Kenntnisse, und diese Tatsache führt zu neuen gesellschaftlichen Beziehungen und zu neuen Strukturen, die politisch organisiert werden müssen."[58]

An die Stelle der sozialökonomischen Bestimmung setzt Bell also ein abstrakt vorbestimmtes Wissenschaftsverständnis, um darauf gestützt das „Wesen" moderner Gesellschaft, schließlich also das gegenwärtige „Zeitalter", also den Charakter unserer Epoche zu bestimmen. Den Sinn politisch-organisatorischer Tätigkeit (also gesellschaftlicher Leitung) sieht Bell in der Realisierung der neuen Strukturen, die sich notwendig aus der Entwicklung des Wissens ergeben sollen. Klasseninteresse, Klassenherrschaft und ideologische, weltanschauliche Parteinahme sind hier also mit dem „Auflösen" der ökonomischen Basis angeblich hinfällig geworden. Hinfällig geworden ist danach auch die Ableitung politischer Aktionen von den Zielsetzungen der herrschenden Klasse, hinfällig ist – folgt man dieser Konzeption – die Notwendigkeit und auch die Möglichkeit revolutionärer Veränderung der Gesellschaft. Nach Bell ist die Gesellschaft so gut wie ihre Wissenschaft, so fortschrittlich wie ihre Wissenschaftler, so entwickelt wie das Wissen und die Kenntnisse und wie die Entscheidungen, die – darauf gegründet – getroffen werden. Die politische Leitung der Gesellschaft wird mit Hinweis auf die Organisation „um Wissen und Kenntnisse" definitorisch von vornherein abstrakt festgelegt – abstrakt, weil von den tatsächlichen Klassenverhältnissen, von der Machtausübung durch die herrschende Klasse abstrahierend, weil die Rolle der Wissenschaft verabsolutierend und die gesellschaftliche Verwurzelung der wissenschaftlichen Tätigkeit außer acht lassend. Die Verabsolutierung der „strukturgebenden" Rolle der Wissenschaft ist hier also noch weiter auf die Spitze getrieben. Dagegen sind die Eigentumsverhältnisse als bislang schon „sekundäre" Unterscheidungsmerkmale der Industriegesellschaften vollends abgebaut. Das setzt solche Wissenschaftsauffassung voraus, die bürgerlichen Selbstdarstellungen dieses gesellschaftlichen Phänomens traditionell eigen ist. Eine solche, außerhalb sozialökonomischer Determination ver-

[58] Ebenda, S. 353. – Zur „Theorie" der nachindustriellen Gesellschaft hinsichtlich der Rollenüberhöhung der Wissenschaft in ihr vgl. auch: A. Galkin, Wissenschaft und Macht: Echte und scheinbare Probleme, in: SW/GB, 2/1970, S. 204/209.

standene „Wissenschaft“ wird hier durch die Ideologie des Monopolkapitals geschickt benutzt: Je krasser eine „wissenschaftliche Strukturierung“ der Gesellschaft vertreten wird, um so zwingender muß völlige Autonomie des wissenschaftlichen Wissens postuliert werden. Bell erweckt den Eindruck – und gleich ihm gehen auch noch andere Verfechter der „nachindustriellen“ Gesellschaftsdeutung vor – als seien Wissen und Kenntnisse nicht selbst Ergebnisse gesellschaftlicher, sozialökonomisch determinierter Erkenntnisprozesse (die bei aller individuellen Leistung der Einzelforscher, wie K. Marx bereits entdeckte, schließlich wesentlich *gesellschaftliche* Leistungen sind). Über den gesellschaftstheoretischen Einsatz einer abstrakten einseitigen Wissenschaftsauffassung gelingt es Bell, zu einer ebenso abstrakten, jedoch dem Anschein nach theoretisch legitimen (also pseudotheoretischen) Gesellschaftsauffassung zu kommen. Von einer solchen von Klasseninteressen und -gegensätzen abgelösten Gesellschaftsbestimmung aus vertritt Bell dann die These vom „gleichartigen post-industriegesellschaftlichen Charakter“ aller „modernen“ Gesellschaften, denen – wie kann es anders sein – die USA voran gingen.

Schließlich soll an dieser Stelle auch auf eine weitere Wahrung der Traditionen industriegesellschaftstheoretischen Denkens hingewiesen werden. Neben der elitären industriegesellschaftstheoretischen Gesellschaftsdeutung hat sich auch der technokratische Ansatz von der „Herrschaft bestimmter Sachzwänge“ im nachindustriegesellschaftlichen Vokabular erhalten. So versuchen zum Beispiel einige Vertreter der nachindustriellen Gesellschaftsdeutung, unsere Epoche in ein „technotronisches Zeitalter“ umzudeuten, in das die USA sich bereits „transformierten“. Z. Brzezinski, ein Verfechter dieser „Theorie“, kennzeichnet diese „neue“ Gesellschaft damit, daß sie „kulturell, psychisch, sozial und ökonomisch von Wissenschaft und Technik geprägt wird, besonders von Computern und Kommunikationsmitteln“. In dieser „neuen“ Gesellschaft sei „der industrielle Prozeß nicht mehr Hauptdeterminante des sozialen Wandels, der Veränderungen von Sozialstruktur und Werten der Gesellschaft“.[59] Einige Jahre zuvor hatte P. Bertaux bereits hinsichtlich des Verhaltens der Menschen in dieser von Computern geleiteten und berechneten Gesellschaft festgestellt: „In der neotechnischen Welt von morgen (im kybernetischen Zeitalter . . .) wird ein Zwang nicht mehr nötig sein; da fügt sich jeder

[59] Z. Brzezinski, Amerika im technotronischen Zeitalter, in: Aus Politik und Zeitgeschichte. Beilage zur Wochenzeitung „Das Parlament“ B 22/68, v. 29. 5. 1968, S. 3.

gern, zum gemeinsamen und zum eigenen Wohl, in die Anweisungen des ‚predictors', ohne das Gefühl zu haben, etwas von seiner Freiheit eingebüßt zu haben."[60] Diese Ansichten über angeblich auf Wissenschaft begründeten Gesellschaften zeigen eine weitverbreitete und beinahe allen Spielarten nachindustrieller Gesellschaftsdeutung eigene Tendenz: das immer deutlicher werdende Interesse des Monopolkapitals, mit seiner apologetischen Gegenwartsbestimmung zugleich zu solchen Zukunftsdeutungen der kapitalistischen Gesellschaft zu gelangen, die neben der marxistisch-leninistischen Gesellschaftsprognostik mindestens bestehen können. Bezeichnenderweise sind alle diese futurologischen Zukunftsinterpretationen des imperialistischen Gesellschaftssystem so konstruiert, daß in ihnen die kapitalistischen Produktionsverhältnisse ausgeklammert bleiben und an ihre Stelle abstrakte (von der sozialökonomischen Basis gelöste) Wissenschafts- und Technikbestimmungen treten, die zu den wesentlichsten Grundlagen der „neuen" Gesellschaftsordnung aufgewertet werden. Da verständlicherweise eine Stellungnahme zu „ökonomischen" Kennzeichnungen dieser sich entwickelnden neuen, „nachindustriellen" Gesellschaft nicht ganz fehlen kann, greifen die Apologeten des Monopolkapitals sekundäre Bereiche heraus. Sie übersteigern einzelne Erscheinungen, die im Gefolge des wissenschaftlich-technischen Fortschritts auftreten, zu den wichtigsten, zu *pseudoökonomischen* Bestimmungselementen der „wissenschaftlichen" Zukunftsgesellschaft. So schreibt zum Beispiel der amerikanische Ökonom V. K. Fuchs: „Die USA sind heute Pionier eines neuen wirtschaftlichen Entwicklungsstadiums. Sie sind in der Nachkriegszeit das erste Land in der Welt mit einer Dienstleistungsgesellschaft geworden, das heißt die erste Nation, in der sich mehr als die Hälfte aller Erwerbstätigen nicht damit befaßt, Nahrung, Kleidung, Wohnungen, Autos und andere gegenständliche Waren herzustellen."[61]

Auf solche und ähnliche sich im imperialistischen ökonomischen Prozeß abzeichnenden Erscheinungen gründen nun die Verfechter der „nachindustriellen Gesellschaft" ihre futurologischen Behauptungen.

Die Futurologen des Hudson-Instituts und langjährigen Berater des amerikanischen Präsidenten, H. Kahn und A. J. Wiener, kommen

60 P. Bertaux, Denkmaschinen, Kybernetik und Planung, in: Der Griff nach der Zukunft. Reihe: Modelle für eine neue Welt, Hrsg. R. Jungk und H. J. Mundt, München/Wien/Basel 1963, S. 75.

61 V. K. Fuchs The Service Economy, New York 1968, S. 1.

in ihrem spektakulär aufgenommenen Gesellschaftsmodell des Jahres 2000 zu einer fünfzehn Gesichtspunkte umfassenden Aufzählung der „wesentlichsten" Unterscheidungsmerkmale zwischen industrieller und „nachindustrieller" Gesellschaft.[62] Als bewährte Ideologen des amerikanischen Monopolkapitals verstehen sie es geradezu meisterhaft, von den grundlegenden Gesetzen staatsmonopolistischer Gesellschaftsentwicklung abzulenken. Kahn/Wieners Aufzählung enthält einige Erscheinungen, die heute tatsächlich die staatsmonopolistische Wirklichkeit auszeichnen, bzw. Tendenzen, in deren Richtung bestimmte Entwicklungen sich vollziehen. Auch in diesem Falle soll wiederum das Konzept der „nachindustriellen" Gesellschaft dadurch glaubwürdiger werden, daß es an einzelne reale Erscheinungen anknüpft, diese seinen Postulaten unterlegt, aber insgesamt selbstverständlich nicht bis zu den wirklichen Ursachen dieser Prozesse vordringt. Insgesamt verrät die Auswahl dieser Erscheinungen deutlich die apologetische Absicht.

Die wirklichen Ursachen für Veränderungen der Beschäftigungsstruktur, für Änderungen im sozialen Verhalten usw., liegen im staatsmonopolistischen Vergesellschaftungsprozeß, in der forcierten Ausschöpfung technischer Errungenschaften für Profitsteigerung und nicht zuletzt in der ständigen Konfrontation mit dem sozialistischen Weltlager in allen Bereichen des gesellschaftlichen Lebens.[63] Es sind neue Wirkungsbedingungen für die wesentlichsten ökonomischen Gesetze des staatsmonopolistischen Kapitalismus entstanden, die auch bestimmte Modifikationen der Wirkungsweise dieser Gesetze zur Folge haben. Solche Modifikationen betreffen das Wirken des Mehrwertgesetzes, des Gesetzes der Konzentration des Kapitals[64], und sie haben schließlich auch eine Verschärfung der dem imperialistischen System inhärenten Grundwidersprüche zur Folge. „Solche Veränderungen in Wirkungsbedingungen und Wirkungsweise ökonomischer Gesetze des Imperialismus zu negieren bedeutet, die politische, ideo-

[62] Vgl. H. Kahn/A. J. Wiener, The Year 2000. A Framework for Speculation on the Next Thirty-three Years. New York 1967. (Dt. Ausg.: H. Kahn/A. J. Wiener, Ihr werdet es erleben. Voraussagen der Wissenschaft bis zum Jahre 2000, Wien/München/Zürich, 5. Aufl. 1968, S. 175f.) – Siehe auch das Kapitel IV: Die nachindustrielle Gesellschaft in der Standardwelt, a. a. O., S. 174–209.

[63] Vgl. Internationale Beratung der kommunistischen und Arbeiterparteien, Moskau/Berlin 1969, S. 10.

[64] Vgl. D. Klein, Zur Prognose der Widersprüche im Imperialismus, in: Einheit, 6/1970, S. 818ff.

logische und praktische Wirksamkeit der Konzeption der ‚postindustriellen Gesellschaft' zu unterschätzen und folglich ungenügend bei der Ausarbeitung der antiimperialistischen Strategie des Sozialismus in Rechnung zu setzen."[65]

Die Anwendung des Marxismus-Leninismus in allen seinen Bestandteilen ermöglicht es, bis zur Grundlage imperialistischer Gesellschaftsdeutung, in unserem Falle der „nachindustriellen" Gesellschaftskonstruktion, vorzudringen und die marxistisch-leninistische Kritik an den Wurzeln solcher Aussagengebilde anzusetzen.

Die ökonomische Entwicklung des Imperialismus widerlegt selbst die Behauptung, daß eine Ausweitung des Dienstleistungssektors[66] wesentliche Veränderungen des kapitalistischen Charakters der Produktionsverhältnisse mit sich brächte oder gar Ausdruck für die „Transformation" des Imperialismus in eine neue Gesellschaftsordnung wäre. Das gleiche gilt für alle diejenigen bürgerlichen Aussagen, die sich der Veränderung in der Berufsstruktur, dem Bildungswesen oder der manageriellen Leitung von Prozessen zuwenden. Stets sind es Detailerscheinungen, die für das Ganze genommen, stets sekundäre Bereiche, die als repräsentativ hervorgehoben werden. Arbeitslosigkeit, soziales Elend und soziale Unsicherheit, Bildungsmonopol und Außensteuerung des Individuums, die Behinderung einer freien Entfaltung aller Talente und Fähigkeiten des Menschen – das sind die Ausdrucksformen dafür, wie staatsmonopolistische Wirklichkeit und scheinwissenschaftlich drapiertes ideologisches Trugbild von der „nachindustriellen Wohlfahrtsgesellschaft" divergieren. Wie wenig neues die „postindustrielle" Gesellschaft zu bieten hat, zeigt sich auch darin, daß ihre Ideologen keineswegs ein optimistisches und lebensfrohes Bild dieser im „Werden begriffenen" Gesellschaft zu zeichnen vermögen. In Kahn/Wieners spekulativem Gesellschaftsentwurf bestehen noch soziale Ungleichheit und Konflikte weiter, „denn in dem angeblich neuen System behalten die alten Gesetze und Normen ihre Gültigkeit".[67]

Nach der Kahn/Wienerschen „Prognose" werde das „nachindustrielle Zeitalter" das „Ende der Ideologien" bringen. „Der Einfluß der traditionellen Religionen wird weiter abnehmen, und annehmbare Massenideologien werden fehlen. Dies alles wird zu einer allgemeinen

65 D. Klein, „Postindustrielle Gesellschaft" – Theorie eines überlebten Systems, in: Einheit, 5/1971, S. 601.

66 Vgl. J. Gromov, Der Dienstleistungsbereich und die „neue Gesellschaft" der amerikanischen Soziologen, in: SW/GB, 2/1970, S. 188/194.

67 J. Chavinson, Das Jahr 2000 und einige Propheten, a. a. O., S. 185.

geistigen und politischen Wurzellosigkeit beitragen. Verweltlichung, Rationalisierung und Erneuerungen werden die Kultur in Richtung auf sensualistische und bürgerliche Normen hin verändern, und daher dürfte der Einfluß der traditionellen Weltanschauungen weiter schwinden, so daß keine Wiederbelebung innerhalb der nächsten 30 Jahre zu erwarten ist."[68] Was unter sensualistischer Kultur zu verstehen ist, umschreibt H. Kahn an anderer Stelle: eine „kosmopolitische, relativistische, wissenschaftliche, rationalistische, manipulative, säkuläre und hedonistische Werte in den Vordergrund"[69] stellende Kultur.

Mehr oder weniger zeichnen die Futurologen des Hudson-Instituts hiermit den sich in der imperialistischen, insbesondere der amerikanischen Kultur und neuerlich auch in der Wissenschaft abzeichnenden Niedergang nach, wie sie überhaupt die ideologisch verzerrte amerikanische Gegenwartssituation spekulativ in die Zukunft der gesamten Menschheit extrapolieren. Ein solches Vorgehen wendet sich vor allem direkt gegen die Weltanschauung und die weltverändernden Aktionen der Arbeiterklasse, gegen die revolutionäre internationale Arbeiterbewegung. Es soll der „Nachweis" erbracht werden, daß der Sozialismus kein erstrebenswertes Ziel der Volksmassen, sondern lediglich auch nur eine Variante der „modernen Industriegesellschaft" darstelle, die später in das „nachindustrielle Zeitalter" eintreten werde.

Die Wissenschaft wird im Imperialismus in doppeltem Sinne gegen ihren objektiv möglichen humanistischen Bestimmungszweck gerichtet: Im praktischen Einsatz verhilft sie zur Expansion der Monopole in allen Gesellschaftsbereichen, und im ideologischen Gesamtkonzept wird sie zum Argument der Stützung und Verschleierung der geschichtlich überholten, bornierten imperialistischen Herrschaftsverhältnisse.[70] Daher bieten sich „unter den realen Bedingungen der entwickelten kapitalistischen Gesellschaft ... der Wissenschaft zwei Wege: vollständige Integration in das bestehende Machtsystem als eine Hilfskraft oder aktive Teilnahme am sozialen und politischen Kampf für die Veränderung dieses Systems".[71]

In zunehmenden Maße werden sich Wissenschaftler im Imperialismus dieser Alternative bewußt. Die von ihnen vorgetragenen Forderun-

[68] H. Kahn/A. J. Wiener, Ihr werdet es erleben, a. a. O., S. 200.

[69] H. Kahn, Modell für 1980, in: Das 198. Jahrzehnt ..., a. a. O., S. 24.

[70] Vgl. D. Klein, „Postindustrielle Gesellschaft" – Theorie eines überlebten Systems, a. a. O., S. 600ff.

[71] A. Galkin, Wissenschaft und Macht: Echte und scheinbare Probleme, a. a. O., S. 207.

gen nach Sicherung und Bewahrung einer Wissenschaftsautonomie sind in gewissem Sinne Zeugnis für das wachsende Unbehagen gegenüber der staatsmonopolistischen Deformierung der Wissenschaft.

Jedoch verleitet die Forderung nach Wissenschaftsautonomie allzu leicht dazu, die tatsächliche objektive Abhängigkeit der Wissenschaft von den herrschenden gesellschaftlichen Verhältnissen zu übersehen. Sobald dieses geschieht, dient der Ruf nach „Autonomie der Wissenschaft" gewollt oder ungewollt der Stützung der von den Verfechtern der „nachindustriellen Gesellschaft" vorgebrachten verabsolutierten Wissenschaftsdeutungen. Wie an anderer Stelle bereits vermerkt, besitzt die „nachindustrielle" Gesellschaftskonzeption vor allem die Aufgabe, ein abstrakt einseitiges, idealistisches Wissenschaftsverständnis zur *allgemeingültigen Anerkennung* im Denken der wissenschaftlich Tätigen zu führen. Über dieses Wissenschaftsbild hat die bürgerliche Gesellschaftstheorie zudem rückwirkend zusätzliche ideologische Leitpostulate für die weitere Ausgestaltung und konzeptionelle Orientierung der bürgerlichen Wissenschaftstheorie zu schaffen. In welcher Weise das geschieht, wollen wir in einigen ausgewählten Beispielen darlegen. Für diese Darstellungen ist typisch, daß Vertreter der verschiedensten Anschauungen sich in diesem einen, zur sprachregelnden Formel gewordenen „nachindustriellen" Gesellschaftsverständnis treffen, und mit ihm die verschiedensten praktischen Klassenanliegen zu begründen versuchen.

Bei der Darlegung des auf den positivistischen Grundlagen K. R. Poppers konzipierten „kritischen Rationalismus" (als einer Variante abstrakt-erkenntnistheoretisch konzipierter bürgerlicher Wissenschaftstheorie) versucht zum Beispiel H. Albert, Einseitigkeit und Abstraktheit dadurch scheinbar zu überwinden, daß er sich auf die Konzeption der „nachindustriellen" Gesellschaftsdeutung stützt. Albert schreibt: „Es gilt gewissermaßen, die Errungenschaften des liberalen Zeitalters so zu transformieren, daß sie in die postindustrielle Gesellschaft hinübergerettet werden können, in eine Gesellschaft, in der Planung eine erheblich größere Rolle spielen muß als im früheren sozialen Leben."[72] Und in der Absicht, die enge Verwandtschaft zwischen kritischem Rationalismus und naturwissenschaftlichem Denken zu dokumentieren, heißt es bei Albert an gleicher Stelle: „Individuen und soziale Gruppen, die sich davon (gemeint ist die Tradition der ‚kritischen Vernunft', auf der der kritische Rationalismus ebenfalls

[72] H. Albert, Plädoyer für kritischen Rationalismus, in: Das 198. Jahrzehnt, a. a. O., S. 298.

zu basieren vorgibt – d. Verf.) emanzipieren wollen, werden auf die Dauer kaum großen Einfluß auf die soziale Entwicklung gewinnen können, denn die Lebensbedingungen der postindustriellen Gesellschaft sind auf die Wissenschaft gegründet."[73]

Albert benutzt augenscheinlich die Vorstellung der sich auf „Wissenschaft" berufenden „Theorie" von der „nachindustriellen" Gesellschaft (deren tatsächliches klassenmäßiges Anliegen wir zu veranschaulichen suchten), um seine positivistische Konzeption des „kritischen Rationalismus"[74] ideologiewirksam zu machen.

Mit dem politischen Anliegen, die Notwendigkeit einer „Vereinigung Europas" zu begründen und damit der Vormachtstellung des amerikanischen Imperialismus mit einer geschlossenen Front der europäischen Imperialisten im Konkurrenzkampf zu begegnen, trat vor einiger Zeit J. J. Servan-Schreiber auf den Plan. Auch er begründete seine Vereinigungsabsichten mit dem Rückgriff auf die inzwischen zur Rahmenideologie hochgestockten Vorstellung von der „nachindustriellen" Gesellschaft. In seinem Buch „Die amerikanische Herausforderung" stellt Servan-Schreiber fest: „Eine ganz neue Gesellschaft ist im Entstehen begriffen. Noch bevor die Männer, die heute 30 Jahre alt sind, sich zur Ruhe gesetzt haben, wird sie verwirklicht sein."[75]

Offensichtlich soll eine solche Ausdeutung der „postindustriellen" Gesellschaft den Kampf der Werktätigen um den Sozialismus untergraben, soll sie glauben machen, als wäre der Imperialismus zur Verwirklichung dieser Träume ohne revolutionäre Umwälzung der sozialökonomischen Grundlage fähig.

Und ganz im Sinne seiner amerikanischen Vorbilder suggeriert Servan-Schreiber seinem französischen (und deutschen) Leser, daß es „Wissenschaft" sei, die als Ursache und Triebkraft dieser gesellschaftlichen Wandlungen wirke: „Der massive Einsatz der ‚Hilfstruppen' des Geistes beginnt seinerseits, der amerikanischen Wirtschaft eine neue Dynamik zu verleihen, die sie an die Errungenschaften der ‚postindustriellen' Gesellschaft heranführen soll."[76]

Daß die Version von einem „nachindustriellen Zeitalter" in der bürgerlichen Ideologie stets wachgehalten und auch ein verzerrtes

[73] Ebenda.
[74] Zum „kritischen Rationalismus" vgl. das folgende Kapitel.
[75] J. J. Servan-Schreiber, Die amerikanische Herausforderung, Hamburg 1968, S. 63f.
[76] Ebenda, S. 98f.

und übersteigertes Wissenschaftsverständnis begründen soll, dafür mag ein letztes aktuelles Beispiel genannt sein. Auf einem internationalen Ingenieurkongreß betonte der ehemalige Minister für Bildung und Wissenschaft der BRD, H. Leussink, ganz im Sinne der genannten wissenschaftspropagandistischen Linie, daß „der gemeinsame Aufbruch von Wissenschaft, Staat und Wirtschaft in das ‚nachindustrielle Zeitalter' im übrigen nur gelingen (werde), wenn eine breite Öffentlichkeit an der Diskussion über die Rolle der Wissenschaft in ... (der) Gesellschaft teilhabe ..."[77]

Auch Leussinks Hinweis bestätigt also, daß die „nachindustrielle" Gesellschaftsdeutung einen festen Platz in der bürgerlichen Ideologie eingenommen hat. Mehr noch: Es geht ihm darum, sie insbesondere im Selbstverständnis der wissenschaftlich Tätigen zu verankern. Die „nachindustrielle Gesellschaftskonzeption" bestätigt in ihren Varianten, daß Wissenschaft als „gesellschaftliche Erscheinung" einen festen Platz in der tragenden Ideologie erhielt, daß ein solches Gesellschaftsverständnis zu den ideologischen Grundlagen der Aktivierung wissenschaftlich Tätiger im Imperialismus gehört. Im besonderen Maße muß sich eine solche Gesellschaftstheorie auch auf alle diejenigen theoretischen Gebilde auswirken, die es sich zur spezifischen Aufgabe machen, Wissenschaft zu reflektieren. Da wir von der Erkenntnis ausgehen, daß bürgerliche Wissenschaftstheorie notwendig und wesensgemäß *Erscheinungsform bürgerlicher Ideologie* ist, war der Nachweis wissenschaftstheoretischer Relevanz bürgerlicher Gesellschaftstheorien eine notwendige Voraussetzung für die Kritik und Analyse der verschiedenen Varianten bürgerlicher Wissenschaftstheorie.

[77] H. Leussink, Festvortrag vor dem Internationalen Kongreß der Vermessungsingenieure zum Thema: Die Rolle der Wissenschaft für die menschliche Gesellschaft, am 1. 9. 1971 in Wiesbaden, in: information bildung wissenschaft, 9/1971, Bonn, S. 139.

3. Analyse und Kritik zeitgenössischer bürgerlicher Wissenschaftstheorie

Nachdem wir uns mit den heute vorherrschenden Formen *gesellschaftstheoretischer* Interpretation der Wissenschaft durch Ideologen der Bourgeoisie befaßt haben, wenden wir uns in diesem Kapitel den verschiedenen Problemgruppen der zeitgenössischen bürgerlichen *Wissenschaftstheorie* selbst zu. Es geht uns also nun nicht um solche bürgerlichen theoretischen Konstruktionen, in denen die Bestimmung der Gesellschaft, die ideologische Interpretation unseres „Zeitalters" das Grundthema ist (und in welcher – wie wir sahen – die Bestimmung der „Wissenschaft" eine konzeptionelle Begründungsfunktion hat), sondern es geht uns hier um solche theoretischen Gebilde, in denen Wissenschaft selbst – ihre Charakterisierung oder Wesensbestimmung, die Probleme ihrer Entwicklung, ihre Eigenheiten, Triebkräfte und Funktionen – *Hauptanliegen* des Themas ist.

Zweifelsohne gibt es zwischen den wissenschaftstheoretisch relevanten Gesellschaftstheorien einerseits und den „eigentlichen" bürgerlichen Wissenschaftstheorien einen engen Zusammenhang. Wir konnten ja schon zeigen, daß ein ganz bestimmter, nämlich einseitiger und sehr unkonkreter Begriff von „Wissenschaft" vorausgesetzt wurde, indem Wissenschaft zum wesentlichsten Regulator des gesellschaftlichen Geschehens erhoben wurde. Setzt man dagegen – wie im Marxismus-Leninismus – einen konkret-historisch verstandenen Begriff von Wissenschaft voraus, der in den sozialökonomischen, also materiellen Verhältnissen die Basis und die historische Bestimmtheit der Wissenschaft sieht, dann bleibt keine Möglichkeit für szientistische, technokratische und ähnliche Kennzeichnungen der Gesellschaft: *Über das Wissenschaftsverständnis marxistisch-leninistischer Konzeption kommt man unweigerlich zu einer wesensgemäßen, historisch-materialistischen Bestimmung der Gesellschaft zurück.* Wir werden im weiteren Verlauf unserer Erörterungen (insbesondere bei der Analyse quasimarxistischer Wissenschaftsdeutungen bürgerlicher Theoretiker) noch sehen, wie weitreichend konsequentes Festhalten an der historisch-materialistischen Wissenschaftskonzeption ist. Nur bei vorausgesetztem abstraktem (einseitigem, sozialökonomisch unspezifischem, scheinbar ideologiefreiem) Wissenschaftsbegriff führt eine theoretische Erörterung über die gesellschaftliche Rolle der Wissenschaft zu szientistisch-technokratischen Gesellschaftsdeutungen. Und umgekehrt: Ein unhistorisches Gesellschaftsverständnis (wozu wir auch alle Ideologien des sogenannten sozialen „Wandels“ und der „Transformationen“ als ihrem Wesen nach pseudohistorische Konstruktionen zählen) bildet notwendigerweise den ideologischen Raum (die gesellschaftstheoretische Bedingung) für abstrakte Wissenschaftsauffassungen.

Wir wenden uns also nun den (gewissermaßen „professionell“ produzierten) bürgerlichen Wissenschaftstheorien zu, den Versuchen zu systematischer theoretischer Erfassung des Phänomens „Wissenschaft“ durch bürgerliche Theoretiker.

Bei der Analyse und Kritik bürgerlicher Wissenschaftstheorien sehen wir es als sinnvoll und zweckmäßig an, zwischen zwei (in sich selbst noch weiter zu differenzierenden) Hauptgruppen der bürgerlichen Wissenschaftstheorie zu unterscheiden. Bei dieser Unterscheidung gehen wir davon aus, daß neben den sozialen, klassenmäßigen Wurzeln für ideologische (idealistische) Fehlinterpretation der Wissenschaft auch eine *erkenntnistheoretische Wurzel* wirkt. Diese erkenntnistheoretische Wurzel verstehen wir als im Erkenntnisprozeß gegenstandsbedingt enthaltene Möglichkeit, einzelne Seiten einer Erscheinung zu verabsolutieren und von anderen (zwar wesentlichen, doch nicht als wesentlich angesehenen oder einfach übersehenen) Seiten zu abstrahieren. Eine der objektiven Grundlagen für solche verabsolutierenden, einseitigen und (im schlechten Sinne des Wortes) *abstrakten* Auffassungen liegt also in der *Differenziertheit der Objekte* unserer Erkenntnis bzw. der Objekte theoretischer Abbildung.

Wir hatten weiter oben in einem Schema zu zeigen versucht, wie bürgerliches Reflektieren der Wissenschaft im Grunde funktioniert, und wir hatten dabei das Ausgehen von realen Erscheinungen, die Abstraktion und die Verabsolutierung als die entscheidenden Schritte zum einseitigen Wissenschaftsverständnis charakterisiert.

Hier ist nun der Ort, die Frage zu stellen, wovon in der bürgerlichen Wissenschaftstheorie denn nun eigentlich ausgegangen wird, wovon abstrahiert und was verabsolutiert wird. Diese Fragen sollen uns gewissermaßen als methodischer Leitfaden zur Analyse bürgerlicher Wissenschaftstheorie dienen.

Es bedarf keiner Diskussion, daß primär *ideologische,* durch Klasseninteressen bestimmte Gründe als entscheidende Selektionsmechanismen wirken, wenn von bestimmten Seiten und Aspekten der Wissenschaft abstrahiert wird und bestimmte, andere Seiten theoretisch bevorzugt und in das Zentrum der Aufmerksamkeit gerückt werden. Diese Gründe und Absichten sind bei der Diskussion der zeitgenössischen bürgerlichen Gesellschaftstheorien deutlich geworden. Wir werden in der weiteren Folge zu zeigen versuchen, wie solche ideologischen weltanschaulichen Positionen in den verschiedenen Varianten bürgerlicher Wissenschaftstheorie immer wieder wirksam werden.

Erkenntnistheoretisch bieten sich bürgerlichen Wissenschaftstheoretikern – grob gesehen – *zwei Möglichkeiten* der Anknüpfung an tatsächliche, gegebene Seiten bzw. Sachverhalte des Wissenschaftsbetriebes an: Die eine Anknüpfungsmöglichkeit bietet das *Produkt* der wissenschaftlich-erkennenden Tätigkeit, das Wissen, die Kenntnis, die Aussage, der wissenschaftliche Aussage- oder Aufforderungs*satz* usw. Die zweite generelle Anknüpfungsmöglichkeit ist durch die Tatsache gegeben, daß Wissenschaft durch *Menschen* betrieben, daß Wissenschaft durch besondere Aktivitäten von Menschen konstituiert wird. In der marxistisch-leninistischen Wissenschaftskonzeption finden sich beide Teilaspekte in ihrer dialektischen Einheit und in ihrer wirklichen Komplexität: Der marxistische Wissenschaftsbegriff setzt dialektisch-materialistische Erkenntnistheorie und historischen Materialismus voraus und hat die *Gesamtheit ihrer Schlußfolgerungen zur theoretischen Basis.* Wissenschaft ist auf dieser Grundlage als gesellschaftliche Erscheinung, als eine spezifische Form sozialökonomisch determinierter Tätigkeit von Menschen verstanden, die methodisch gesichertes Wissen voraussetzt und neues Wissen (Gesetzerkenntnis) hervorbringt. Wissenschaft *ist* in marxistisch-leninistischer Sicht also sowohl eine Gesamtheit von Gesetzeswissen als auch eine spezifische Form gesellschaftlicher Tätigkeit. Wir setzen also diese generelle, wesentliche Bestimmung von Wissenschaft, ihre differenziert zu erfassenden Eigenheiten voraus, wenn wir danach fragen, *welche* Möglichkeiten prinzipiell für einseitige Betrachtungen von „Wissenschaft“ erkenntnistheoretisch gegeben sind. Unsere weiteren Überlegungen werden erweisen, daß es tatsächlich zwei Haupttypen bürgerlicher Wissenschaftstheorie, zwei unterscheidbare Weisen des methodologisch-konzeptionellen Vorgehens gibt: Die eine Gruppe von Problemtypen ist durch besondere theoretische Bevorzugung der Wissenschaft als Erkenntnis- oder Aussagesystem, die andere durch vorzugsweise Reflexion sogenannter sozialer Aspekte des Wissenschaftsbetriebes gekennzeichnet. Es braucht nicht besonders betont zu werden, daß innerhalb dieser

Problemtypen weitere Verabsolutierungen üblich sind und weitere Einengungen wissenschaftstheoretischer Thematik vorgenommen werden. Ferner muß darauf verwiesen werden, daß es in einigen Konzeptionen Überschneidungen der genannten Hauptproblemtypen gibt. Wir beginnen unsere wissenschaftstheoretischen Analysen mit der Auseinandersetzung mit erkenntnistheoretisch-methodologischen Problemtypen der bürgerlichen Wissenschaftstheorie und leiten schließlich zu den sozialwissenschaftlich konzipierten Problemtypen über.

3.1 Zur Wissenschaftstheorie des „Wiener Kreises" und zu ihrer Neubelebung

Positivistisches Denken beginnt mit der betonten Ablehnung jedes echten philosophischen, weltanschaulichen Herangehens an die Probleme der Wissenschaft und ihrer Entwicklung. Die positivistische Denkweise ist darauf gerichtet, Weltanschauung überhaupt zu verketzern und sie der Wissenschaft diametral entgegenzusetzen. Nach Ansicht des Positivismus muß Philosophie, um wissenschaftlich zu werden, von weltanschaulich relevanten Fragen „befreit" werden und sich auf sogenannte echte, „positive" Aussagen der Wissenschaft orientieren. Diese positivistische Position führt direkt zu einer Einengung wissenschaftstheoretischer Problematik auf Fragen der „reinen" Erkenntnis und ist insofern als *die abstrakteste Form des bürgerlichen Wissenschaftsverständnisses überhaupt* zu bezeichnen.

W. I. Lenin hat sich in seinem Werk „Materialismus und Empiriokritizismus" mit einer konkreten Erscheinungsform des Positivismus – dem *Machismus* – auseinandergesetzt und nachgewiesen, daß sich dieser keineswegs zwischen die Fronten des philosophisch-weltanschaulichen Kampfes zu stellen vermochte, sondern im Gegenteil in allen seinen Denkvoraussetzungen und -konsequenzen mit reaktionären Klassenanliegen verbunden war.[1]

Objektiv richtet sich der Positivismus gegen die Verbreitung und Verwirklichung der wissenschaftlichen Weltanschauung der Arbeiterklasse. So verschieden die Motive auch sind, die einzelne Wissenschaftler zu positivistischen Denkhaltungen hinführten und zum Teil noch hinführen – in seinen stets neu hervorgebrachten Varianten

[1] W. I. Lenin, Materialismus und Empiriokritizismus, in: Werke, Bd. 14, Berlin 1962.

wurde der Positivismus als philosophisches Konzept immer nur den reaktionären Kräften der Geschichte dienstbar.

Im Denkschema des Neopositivismus, wie er in den zwanziger Jahren entwickelt wurde, ist „Wissenschaft" zum zentralen Untersuchungsfeld erhoben: Die Verabsolutierung des sogenannten positiven (empirischen, der „Erfahrung" abstammenden und sich auf „Erfahrung" beschränkenden) Wissens wird im Neopositivismus verknüpft mit dem Postulat von der logischen Analyse als einzig berechtigter Methode der „wissenschaftlichen Philosophie". Die Aufgabe dieses *logischen Empirismus* bestünde einzig und allein in der logischen Analyse der Wissenschaftssprache. Die Positivisten der Wiener Schule (Schlick, Carnap, Kraft und andere) hielten damit an der positivistischen Grundthese fest, daß die Philosophie keinen eigenen Gegenstand außerhalb der wissenschaftlichen Erkenntnis habe und lediglich die (kognitiven) Wissenschaften mit den Mitteln der mathematischen Logik analysieren könne. V. Kraft charakterisiert zum Beispiel Standpunkte und Anliegen des Neopositivismus mit den Worten, dieser habe mit dem älteren Positivismus „die Beschränkung aller positiven Erkenntnis auf die Fachwissenschaften und der Philosophie auf die Wissenschaftstheorie gemein." Das Neue der Auffassungen der Angehörigen des Wiener Kreises habe darin bestanden, daß sie die „neue Logik", die „für den theoretischen Aufbau der Mathematik entwickelt worden" war, nunmehr als „das Mittel für die Wissenschaftstheorie überhaupt" betrachteten und einsetzten.[2]

Mit dieser Orientierung wurde eine Denkhaltung begründet, die („wissenschaftliche") Philosophie, Erkenntnistheorie, Wissenschaftstheorie und Wissenschaftslogik identifizierte. Die Fragen einer so verstandenen Philosophie oder Wissenschaftstheorie oder Wissenschaftslogik „können nur solche nach der logischen Struktur der wissenschaftlichen Erkenntnis sein ...". Wissenschaftstheoretische Untersuchungen bestünden einzig und allein „in der logischen Analyse der Begriffe, Sätze, Beweise, Hypothesen, Theorien der Wissenschaft ..."[3] Jede darüber hinausgehende Aussage der Philosophie oder der Wissenschaftstheorie wäre „metaphysisch", das heißt weltanschaulich und damit „schlechte Philosophie" und unwissenschaftlich. Die Sätze einer weltanschaulich relevanten Wissenschaftstheorie „sind deshalb ohne angebbaren Sinn. Es sind bloße Wortzusammenstellungen,

[2] V. Kraft, Der Wiener Kreis. Der Ursprung des Neopositivismus. Ein Kapitel der jüngsten Philosophiegeschichte, Wien 1950, S. 21.

[3] Ebenda, S. 22.

die so aussehen, als ob sie sinnvolle Sätze wären; es sind bloße Scheinsätze."[4]

Wir halten es an dieser Stelle nicht für erforderlich, uns mit den einzelnen Elementen der neopositivistischen Position auseinanderzusetzen. Es sei zum Beispiel auf die Einschätzung der positivistischen Denkweise in der Wissenschaft verwiesen, die H. Horstmann vorgenommen hat.[5] Eine problemspezifische und zum Teil recht detaillierte Untersuchung der positivistischen Wissenschaftsauffassung legte F. Fiedler vor.[6] Uns geht es hier mehr um konzeptionelle Anliegen der Analyse und Kritik wissenschaftstheoretischer Standpunkte des Neopositivismus, insbesondere hinsichtlich der positivistischen Identifizierung von Philosophie, Wissenschaftstheorie und Wissenschaftslogik. Gerade durch diese Identifizierung erfolgt eine besonders extreme Verlagerung der wissenschaftstheoretischen Thematik, wodurch der Neopositivismus die von uns hier zunächst zu untersuchende abstrakt-erkenntnistheoretische Variante bürgerlicher Wissenschaftstheorie in ihrer höchsten (weil äußerst logizistischen) Zuspitzung repräsentiert.

Aus Gründen einer möglichst klaren Bestimmung der tatsächlichen wissenschaftstheoretischen Probleme und Anliegen sowie in der Überzeugung, daß zwischen Philosophie, Wissenschaftstheorie *und* Wissenschaftslogik *zu unterscheiden* ist, muß betont werden; Wissenschaftslogik oder logische Analyse der Wissenschaftssprache oder sonstwie geartete Analysen der wissenschaftlichen Tätigkeit mit den Mitteln der Mathematik, Logik, Linguistik, Kybernetik usw. sind durchaus berechtigte und notwendige Teilaufgaben der Wissenschaftsforschung. Analysen der genannten Art liefern zweifelsohne Grundlagen für wissenschaftstheoretische Verallgemeinerungen. Wissenschaftstheorie aber – als Theorie über die gesellschaftliche Erscheinung Wissenschaft – ist eine gesellschaftswissenschaftliche Theorie, genauer: das theoretische Resultat interdisziplinärer Erkundung der Wissenschaft und der Erforschung ihrer gesetzmäßigen Entwicklung als gesellschaftlicher Prozeß. Eine *Logik der wissenschaftlichen Forschung* und *die marxistisch-leninistische Wissenschaftstheorie* stehen nach unserer Überzeugung deshalb auch nicht im Verhältnis wie Teil

[4] Ebenda, S. 29.

[5] H. Horstmann, Zur weltanschaulich-ideologischen Funktion des Positivismus und der positivistischen Denkweise in der Wissenschaft, in: DZfPh, 12/1970, S. 1463ff.

[6] F. Fiedler, „Einheitswissenschaft" oder Einheit der Wissenschaft? Berlin 1971.

und Ganzes zueinander, sondern sind voneinander abgrenzbare Gebiete mit unterschiedlichem Charakter und mit unterscheidbarer Bedeutung und Rolle innerhalb einer umfassenden Wissenschaftswissenschaft. Sie müssen deshalb in der Wissenschaftsforschung *bewußt* und *konsequent* auseinandergehalten werden. Das lehren uns die Geschichte und die weltanschaulichen Konsequenzen des Positivismus in der Wissenschaft.

Auch bezüglich der bürgerlichen wissenschaftstheoretischen Versuche gilt selbstverständlich, daß Wissenschaftslogik oder die logische Analyse der Wissenschaftssprache *nicht* als „Wissenschaftstheorie" gelten kann. *Wohl* aber ist ein Aussagesystem wissenschaftstheoretisch, welches die ausschließliche Kompetenz der Logik zur theoretischen Wissenschaftsbestimmung systematisch zu begründen versucht. Die Behauptung und Begründung der ausschließlichen Zuständigkeit der Logik (oder auch Mathematik oder Kybernetik oder einer formalen Systemtheorie) zur theoretischen Bestimmung der Wissenschaft ist selbst philosophischer Natur! Der Neopositivismus, der logische Sprachanalyse und Wissenschaftstheorie identifiziert, vertritt durch diese *Identifizierung* eine philosophische Konzeption. Neopositivismus *ist* eine Variante der bürgerlichen Wissenschaftstheorie in dem von uns bezeichneten Sinne; die Beschränkung auf formale Strukturanalyse und die philosophische (subjektiv-idealistische) Begründung dieser Beschränkung *ist* in diesem Falle *das weltanschaulich relevante wissenschaftstheoretische Konzept*!

Der Neopositivismus ist selbstverständlich nicht in allen Einzelheiten bei den ursprünglich durch die Vertreter des Wiener Kreises formulierten Positionen stehengeblieben. Auch gibt es Nachwirkungen des Neopositivismus nicht nur dort, wo ausdrücklich die Abstammung von ihm betont oder die Bezeichnung Neopositivismus benutzt wird. Mitunter treten, wie wir zeigen werden, positivistische Positionen selbst unter dem Mantel verbaler Polemik gegen positivistische Denkweisen auf.

Wichtig erscheint uns, daß durch den Neopositivismus die *positivistische Denkweise* in Anknüpfung an frühere subjektiv-idealistische, abstrakt-szientistische Positionen erneuert und wachgehalten wurde, daß eine stets neue Anpassung an Bedingungen und Erfordernisse der Wissenschaftsentwicklung und der Ideologie im staatsmonopolistischen Kapitalismus unter subjektivistischen, formalistischen Vorzeichen möglich gemacht wurde und daß schließlich heute kaum eine bürgerliche wissenschaftstheoretische Konzeption besteht, die frei wäre von Spuren neopositivistischer Tradition.

Keineswegs kann also – wie wir zeigen wollen – die von den Theoretikern des Wiener Kreises begründete Tradition positivistischer Wissenschaftstheorie als überwunden und heute wirkungslos angesehen werden. In dem Maße, in dem subjektiv-idealistische Grundpositionen für die Entwicklung ideologischer Konzeptionen des Imperialismus immer mehr an Bedeutung gewinnen, werden bereits vor Jahrzehnten vorgeformte subjektiv-idealistische Wissenschaftsauffassungen nicht nur konserviert, sondern auch zu neuem Leben erweckt und entsprechend den neuen ideologischen Erfordernissen des Imperialismus weiterentwickelt. Wie ehedem stehen dabei auch heute der Kampf gegen das philosophisch-materialistische Wissenschaftsverständnis und damit verbunden der Kampf gegen die wissenschaftliche Weltanschauung im Vordergrund.

Ähnlich wie die Theoretiker des Wiener Kreises Wissenschaft und Wissen als genuine Fragen der Logik auffaßten und die formale, der Mathematik entlehnte Methode der (logischen) Analyse universell auf die Wissenschaften anwandten, versucht man auch heute, die Spezifik und das Wesen der Wissenschaft, ausgehend von Denkansätzen der *Kybernetik* und der *Systemtheorie*, also ebenfalls über die formalen Strukturen des Wissens und der Erkenntnis, zu erfassen. Waren für die Wissenschaftsphilosophen des Wiener Kreises vor allem die Ergebnisse mathematischer und physikalischer Grundlagenforschung faszinierend genug, um die Methoden, die man zu ihrer Gewinnung einsetzte oder neu entwickelte, zu verabsolutieren, so sind es heute vor allem kybernetische Forschungsmethoden. Charakteristisch für das bürgerliche philosophische Denken über Wissenschaft scheint zu sein, daß es vorwiegend wissenschaftliches Erkennen, sofern es von der offiziellen ideologischen Doktrin überhaupt als solches anerkannt wird, nach Maßgabe derjenigen Methoden betrachtet, die besonders erfolgreich bei der Lösung strategischer Aufgaben des Kapitals gewesen sind. Auf philosophischem Gebiet zeigt sich, daß die Verabsolutierung dieser oder jener wissenschaftlichen Forschungsmethode auf eine Umkehr des Verhältnisses von Weltanschauung und Methode hinausläuft. Nicht das theoretisch begriffene Interesse des Kapitals als Weltanschauung, Sozialtheorie oder Wissenschaftsphilosophie erscheint als geistige Basis für die Wahl und Formung der Methode, sondern umgekehrt, die Methode wird zur Basis für die Weltanschauung selbst erklärt. Weltanschauliche Gehalte zeigen sich demnach erst bei der philosophischen Analyse der Methoden, und zwar besonders dort, wo das Monopolkapital Probleme der Auseinandersetzung mit dem Sozialismus als „reine" Wissenschafts- und Methodendiskussion auszugeben sucht, das heißt auf die Frage nach dem methodisch richtig geleiteten wissenschaftlichen Erkennen reduziert. Gleichsam bildet sich darin – vermittelt über viele Glieder – das Bestreben des Monopolkapitals ab, durch Rationalisierung und Effektivierung der Profitproduktion den Kampf mit dem Sozialismus durchzuhalten. Dabei ist gleichgültig, an welche konkreten Inhalte maximaler Profit gebunden ist, auf welche bestimmten „Stoffe" sich profitorientiertes wissenschaftliches Denken bezieht: auf universell einsetzbare Methoden und Algorithmen komme es an.

Reduktion wissenschaftlichen Denkens auf operationale Aspekte[7] der „Verausgabung von Hirn" schlechthin grenzt unberechtigterweise das Denken von der Gesamtheit menschlich-gesellschaftlicher Lebensäußerungen ab, das heißt von der gesellschaftlichen Praxis der Menschen. Denken wird enthistorisiert und entsubstanzialisiert, zur bloßen *Form* degradiert. Die Wirklichkeit erscheint als Objekt rein strukturell-funktionaler Bewährung individuell oder kollektiv vollzogener geistiger Akte, nicht aber als Voraussetzung, Milieu, Inhalt und Ziel des Erkennens. Erkenntnis selbst wird durch „Störungen" im Mensch-Umwelt-Gleichgewicht, vermittelt über „motivationale Spannungszustände" des erkennenden Menschen, erklärt, nicht aber als durch materielle, praktische Tätigkeit kausal bedingte gesellschaftliche Aktion verstanden. Denken sei biologischer Zwang, „operationales Instrument zum Überleben", Reaktion auf im übergreifenden kybernetischen Mensch-Umwelt-System spontan erfolgende Veränderungen.

Diese Grundlagen des von M. Stachowiak entwickelten kybernetisch-systemtheoretischen Modells des wissenschaftlichen Denkens[8] treten nicht explizit mit dem Anspruch auf, *philosophische* Grundlagen zu sein. Vielmehr figurieren sie in der Darstellung dieses Modells *erstens* als Ergebnisse neurophysiologischer, psychologischer, verhaltenswissenschaftlicher, kybernetischer – also einzelwissenschaftlicher bzw. strukturwissenschaftlicher Erkenntnisse, *zweitens* als methodische Vereinfachung für die Explikation des Modells. Insofern sie aber gemäß der Absicht des Autors die Frage nach dem Verhältnis von Wirklichkeit und Erkenntnis, von Denken und Sein nicht nur berühren, sondern auch zu beantworten suchen, sind sie wenigstens

[7] Zum operationalen Denken vgl. die Gesamtdarstellung: A. Rapoport, Philosophie heute und morgen. Einführung ins operationale Denken, Darmstadt 1970.

[8] H. Stachowiak, Denken und Erkennen im kybernetischen Modell, 2. Aufl., Wien/New York 1969.

immanent philosophisch gestellt und analysierbar. Ferner stellen sie Verallgemeinerungen von Ergebnissen einzelwissenschaftlicher Disziplinen dar, die zur Grundlage oder zu Grundannahmen des Modells synthetisch zusammengefaßt werden. Worin besteht aber die die Einheit der Synthesis sichernde Idee?

Die auf die Beantwortung der Frage nach den für die „Erfahrungswissenschaft“ typischen Formen des Zusammenhangs von Denken und Sein zielende Anordnung einzelwissenschaftlicher Aussagen dient zunächst dem Zweck, dem unreflektierten, spontan-materialistischen Weltverständnis Rechnung zu tragen, bzw. ist selbst ein spezifischer Ausdruck dafür. Über neurokybernetische und psychologische Aussagen scheint die Darlegung des Erkenntnisprozesses auf dem unbezweifelbaren, sicheren Fundament einzelwissenschaftlicher Befunde sichergestellt zu sein. Aber bereits dieses von Stachowiak praktizierte Vorgehen, insbesondere die Abstraktion von der gesellschaftlichen Natur des Erkennens, ist selbst schon Mystifikation. Letztere wird durch die *Leugnung* des *Abbildcharakters* des Erkennens zu offenem Idealismus ausgebaut.

Selbstverständlich ist nicht bestreitbar, daß das Denken an materielle Vorgänge in äußerst komplizierten und komplexen organischen Systemen gebunden ist, die mit spezifischen (dem vorliegenden Komplexitätsgrad Rechnung tragenden) Methoden erforschbar sind – die damit von Neurophysiologie und Kybernetik schon erzielten Ergebnisse und Beweise stellen im Lichte der materialistischen Beantwortung der Grundfrage der Philosophie durch den dialektischen und historischen Materialismus wichtige Bestätigungen, aber nichts *philosophisch* grundsätzlich Neues dar. Biologische Strukturen sind prinzipiell Ermöglichungen des Denkens; seine Realität erhält es erst in der gesellschaftlichen Praxis und primär durch sie, durch die praktische Aktion des Menschen selbst. Das Begreifen des Denkens, des Erkennens und der Wissenschaft als durch die materielle gesellschaftliche Praxis bedingte, aus ihr abgeleitete, sekundäre Formen oder Aspekte der *gesamtgesellschaftlichen Tätigkeit* der Menschen unter historisch konkreten Umständen[9] setzt im Sinne der marxistisch-leninistischen Philosophie zugleich die materialistische Beantwortung der Grundfrage der Philosophie voraus. Als Moment der gesamtgesellschaftlichen Praxis richtet sich Erkennen und Wissenschaft auf gesellschaftlich beherrschte bzw. beherrschbare Objekte; sowohl

[9] Vgl. hierzu z. B. R. Mocek, Wissenschaft und Gesellschaft in unserer Epoche, in: DZfPh, Sonderheft 1967, S. 121.

das Erkenntnisobjekt als auch die Gesellschaft gehen dem individuellen sowie dem kollektiven Erkenntnisprozeß voraus. Außerhalb der Gesellschaft gibt es kein Denken, keine Erkenntnis; ebenso ist Erkenntnis ohne Objekt, auf das sie sich bezieht, nicht möglich. Der gesellschaftliche Charakter der Erkenntnis als Prozeß und als Resultat verstanden, ja schon die Tatsache, daß Erkenntnis nur *in* der Gesellschaft möglich und wirklich wird, zwingt zur Aufhebung der These von der primär biologischen Verankerung und Funktionsbestimmung des Denkens und der Wissenschaft. Wissenschaft bzw. Erkenntnis erweisen sich als durchaus mehr denn als logisch-operationale Reaktion auf den „Dauerbefehl zur Arterhaltung".

Selbst wenn man annimmt, daß Erkenntnis an biologisch und kybernetisch aufweisbare Strukturen des Menschen gebunden ist, führt diese Annahme zur primär gesellschaftlichen Natur des Menschen zurück, insofern die Menschen ihr biologisches Leben nur in dem Maße unterhalten können, in dem sie ihr gesellschaftliches Leben zu produzieren und zu reproduzieren vermögen. Selbstredend ist der Doppelcharakter dieses Produzierens nicht außerhalb und unabhängig von der „natürlichen" Umgebung des Menschen und seiner Gesellschaft, er ist vielmehr der „gesellschaftlich-natürliche" Vorgang des Arbeitsprozesses selbst.

Zielgerichtetheit der Arbeit, planvolle Veränderung natürlicher und gesellschaftlicher Umstände zur Befriedigung gesellschaftlicher und individueller Bedürfnisse setzt (neben gesellschaftlichen und individuellen Motiven des Handelns als Motoren praktischer Aktionen des Menschen) *Widerspiegelungen* zu verändernder Objekte voraus. Der gesellschaftliche Charakter des Arbeitsprozesses erfordert vielfältige Kommunikation der praktisch Tätigen untereinander, aber nicht losgelöst vom Objekt, *über das* zum Zwecke seiner Veränderung kommuniziert wird. Handlungsanweisungen, Aufforderungen, Aktionsbefehle usw. entspringen konkreten Situationen des Tätigkeitsprozesses und unterliegen Bedingungen, die widergespiegelt werden müssen, soll die Kommunikation der in die Tätigkeit einbezogenen Menschen nicht abreißen und der Prozeß selbst zum Erlöschen kommen, soll sich sprachliche Kommunikation nicht etwa auf begriffs- und aussageloses Signalgeben reduzieren. Leugnung des Widerspiegelungscharakters unseres Wissens läuft auf Leugnung seines gesellschaftlichen Charakters hinaus, reduziert Wissen und Wissenschaft auf Modelle oder Muster passiven Reagierens auf irgendwelche „überlebensrelevante" Störungen aus der Umwelt. Im Lichte dieser Konzeption scheint der Mensch seine Umwelt nur in dem Maße zu verändern, als sie ihm entgleitet oder zu entgleiten droht; er ist wesensgemäß konservativ und nur an der „Renovierung“ des Status quo interessiert. Entwicklung von Mensch und Gesellschaft sind mithin nur Schein oder werden von außergesellschaftlichen, nicht-menschlichen Mächten erzwungen. Kultur und Zivilisation entstehen gewissermaßen als Folgeprodukte oder Notlösungen im Kampf ums Überleben.

„Operationales Denken“ ist damit bestimmbar als eine besondere und zugleich grundlegende Technologie des intellektuellen Verhaltens, die sich selbst und die von ihr gestützte Praxis auf das fortschrittsfeindliche Wesen, die ahistorische Valenz des Kapitals stützt bzw. von dort ideologisch herleitet. Sie ist zumindest politisch *konservativ*, zugleich aber am Erkenntnisfortschritt der Wissenschaft in *diesem* Sinne interessiert. Damit erweist sich ihre innere Widersprüchlichkeit; denn politischer Konservatismus verträgt sich nicht mit ungehemmtem, optimalem Wissenschaftsfortschritt.

Dieser Widerspruch ist im positivistischen Philosophieren über Wissenschaft nicht auflösbar, er ist (von ihm selbst unreflektiert) konzeptionell in ihm verankert. Scheinbar wird er überwunden durch subjektiv-idealistische Einengung des Erkenntnisobjekts und der Erkenntnisbedingungen der Wissenschaft, insbesondere der Naturwissenschaft, wie sie in der dem Stachowiakschen Erkenntnismodell zugrunde liegenden Konzeption des „Empfindungsraumes“[10] vorgenommen wird. In ihr wird gewissermaßen einer „Partialerkenntnis“ das Wort geredet, die zugleich als einzig wirkliche Form wissenschaftlicher Erkenntnis – im Sinne des Lösens überlebensrelevanter Probleme – hochstilisiert wird. Zwar wird mit dieser Konzeption die Erkennbarkeit der „Außenwelt“ (das heißt der objektiven Realität) bis zu einem gewissen Grade zugestanden, nicht aber im Sinne der materialistischen Erkenntnistheorie. Erkenntniskontakt des Menschen, speziell des Forschers, zur objektiven Realität beruhe nicht auf praktisch-gegenständlichem Handeln, sondern auf „Signalangeboten“ aus der „Außenwelt“ schlechthin. „Der Außenweltbegriff“ – fordert Stachowiak im Sinne einer systemtheoretischen Amputation des lebendigen Erkenntnisprozesses – „ist zunächst dahin zu spezialisieren, daß sich der *Empfindungsraum des Erfahrungswissenschaftlers* auf die Gesamtheit solcher Wahrnehmungselemente und -elementkomplexe reduziert, die, in je zeitlich-räumlicher Abgrenzung, für das jeweils

[10] H. Stachowiak, Denken und Erkennen im kybernetischen Modell, a. a. O., S. 14–18.

zu lösende Problem als (materielle) Eingangsinformation für ihn relevant sind.“[11]

Die Tragfähigkeit der Konzeption des Empfindungsraumes für informationspsychologische Untersuchungen muß hier unerörtert bleiben. Stachowiak benutzt sie jedoch, um ein Modell wissenschaftlichen Erkennens zu entwerfen, das mit einem Allgemeinheitsanspruch, wenigstens für die sogenannten Erfahrungswissenschaften, auftritt, und daher notwendig erkenntnistheoretisch-philosophische Problemstellungen berührt. Aus ihrem einzelwissenschaftlichen Zusammenhang herausgerissen und zu einem erkenntnistheoretischen Modell verdichtet, erweist sich diese Konzeption – philosophisch gesehen – als subjektiv-idealistisch. Ihre prinzipielle dialektisch-materialistische Kritik ist bereits von Lenin vollzogen worden.[12] Wir wollen die von Lenin vorgebrachten Argumente hier nicht wiederholen, möchten aber auf folgende Gesichtspunkte hinweisen:

1. Der Begriff des Empfindungsraumes soll den Begriff der objektiven Realität, der außerhalb und unabhängig vom Bewußtsein existierenden Dinge, Erscheinungen, Strukturen und Prozesse außer Kraft setzen. Über die Wirklichkeit außerhalb meines Bewußtseins, meines Empfindungsraumes kann ich nichts erfahren; alle Wirklichkeit ist mir – in subjektiv-idealistischer Einengung der gesamten Wirklichkeit – nur innerhalb meines Empfindungsraumes gegeben. Was jenseits dieses ist, ist für mich nicht erfahrbar, das heißt nicht erkennbar.

2. Zu lösende Probleme sind über den Empfindungsraum definiert. *Weil* diese oder jene Empfindungen miteinander nicht verträglich sind, *ist* diese oder jene Situation entstanden, also *existiert* dieses oder jenes Problem. Probleme sind, so gesehen, subjektiv. In anderen Empfindungsräumen mögen solche Unverträglichkeiten gewisser Empfindungen nicht auftreten, also auch nicht solche Probleme. Es fragt sich allerdings, inwieweit problemrelevante Informationsgesamtheiten dann noch als *„intersubjektiv anerkannte* Bestände von Nachrichten“[13] betrachtet werden können.

3. Der Begriff des Empfindungsraumes richtet sich gegen den marxistisch-leninistischen Begriff der Praxis, der die wissenschaftliche Tätigkeit als eine besondere Seite des wirklichen Lebensprozesses

[11] Ebenda, S. 97.

[12] W. I. Lenin, Materialismus und Empiriokritizismus, a. a. O., vgl. besonders S. 51f und S. 40–43, S. 122–125.

[13] H. Stachowiak, Denken und Erkennen im kybernetischen Modell, a. a. O., S. 92.

mit umfaßt. Wissenschaftliche Erkenntnis wird nicht aus ihrer Verankerung im gesellschaftlichen Leben der Menschen, in ihrer Determination durch die materiellen Lebensumstände erklärt und untersucht. Zugleich konstruiert Stachowiak mit Hilfe des informationspsychologischen Begriffs des Empfindungsraumes eine abstrakte metaphysische Identität von Subjekt (Bewußtsein) und Objekt (objektive Realität): „... der Empfindungsraum (ist) in informationstheoretischer Ausdrucksweise identisch ... mit der dem Menschen in einem gewissen Zeitintervall dargebotenen *und* von ihm perzipierten *Gesamtheit von Signalen.*"[14] Primär ist in den Voraussetzungen Stachowiaks der Empfindungsraum. Ihm sei die „Wirklichkeit", die dem Menschen ebenfalls nur wieder durch Perzeptionsprozesse zugänglich wurde, „... als dem jeweiligen *Empfindungsraum des Menschen adjungiert* ..."[15] aufzufassen. Der Empfindungsraum erweitere sich so zur „Objektwelt" des Menschen, zu seiner „Außenwelt".

George Berkeley verfügte noch nicht über das knifflige Begriffsinstrumentarium des philosophierenden Systemtheoretikers des 20. Jahrhunderts und formulierte das von Stachowiak mit den Begriffsbeziehungen von Empfindungsraum und Objektwelt umkreiste philosophische Problem daher wesentlich unverhüllter: esse est percipi. Aber gerade die Konstruktion der Wirklichkeit aus dem Bewußtsein des Menschen ist subjektiver Idealismus.

4. Um den Begriff des Empfindungsraumes herum gruppiert Stachowiak alle weiteren von ihm herangezogenen Begriffe für die Konstruktion des kybernetischen Erkenntnis- und Denkmodells. Dieser Begriff wird damit zum konzeptionell tragenden Begriff. Von seinen subjektiv-idealistischen philosophischen Implikationen soll er durch eine geschickte Wahl kybernetischer und anderer formalisierbarer bzw. quantifizierbarer Begriffe befreit werden. Philosophie soll durch Kybernetik ersetzt, letztere bewußt gegen Philosophie in traditionellem Sinne ausgespielt werden. So geht es dem Stachowiakschen Modell überhaupt um die „Überwindung" der Philosophie, um die Ausklammerung des Fragens nach dem Wesen von Wissenschaft und Erkenntnis aus der Philosophie. Soziale, auch sinn- und werthafte Aspekte des Erkenntnisproblems bleiben daher von vornherein unreflektiert oder werden der Wissenschaftler- und Forscherpersönlichkeit als für die Erkenntnis im eigentlichen Sinne irrelevante, aber nun mal mit zur Persönlichkeit gehörende Faktoren angelagert.[16]

[14] Ebenda, S. 4. [15] Ebenda, S. 5.

[16] Vgl. die Darstellung Stachowiaks zum „Modell" des Erfahrungswissenschaftlers, ebenda, S. 95–97.

Hinter den einzelwissenschaftlichen, betont unphilosophischen Voraussetzungen des Erkenntnismodells Stachowiaks formiert sich also eine Mannigfaltigkeit unkontrollierter philosophischer Voraussetzungen und Implikationen. Sie sind in zwei Gruppen einteilbar; mechanisch-materialistische bzw. biologistische und subjektiv-idealistische Voraussetzungen. Beide Gruppen erfüllen bei der Konstruktion des Modells unterschiedliche Funktionen: Die erste Gruppe dient als Basis für das Aufgreifen einzelwissenschaftlicher Befunde. Diese Basis ist aber nicht tragfähig genug für weiterreichende erkenntnistheoretische Verallgemeinerungen. Erkenntnis ist auf ihrer Grundlage nur als Naturvorgang, höchstens als Aktions-Reaktions-Verhältnis des Menschen zu seiner Umwelt, erfaßbar. Grundelemente des Erkenntnisvorganges werden substanziell als physiko-chemische Tatsachen und als informationstheoretisch faßbare strukturelle Transformationen interpretiert. Damit aber können die höchst komplexen Tatbestände wissenschaftlichen Erkennens nicht aufgedeckt werden. Letzteres wäre nur über den Aufweis der Vermittlung natürlicher und gesellschaftlicher Faktoren möglich. Aber Stachowiak geht diesen Weg nicht. Vielmehr benutzt er die zweite Gruppe – ihrem Wesen nach subjektiv-idealistische philosophische Auffassungen – als Verallgemeinerungs- und Konstruktionsprinzip seines Modells. Der auf das Suchen nach technologischen Lösungen, Entwürfen und Konzeptionen eingeengte Erkenntnisvorgang wird als *das* Erkennen einem weitgehend entmaterialisierten und völlig enthistorisierten Subjekt unterschoben. Zweifelsohne reflektiert sich in diesem Vorgehen auf besondere Weise die relative Sonderstellung technologischen Wissens und Könnens bezüglich der Profiterwartungen des Monopolkapitals einerseits, zugleich aber auch die Tendenz des Imperialismus nach Assimilation entsprechend ideologisch zurechtgestutzter Systemlösungen der Technik zur Stabilisierung seines Herrschaftsmechanismus andererseits. Es ist dies ein Vorgang, der unter den historisch bestimmten Bedingungen des Zerfalls imperialistischer Machtpositionen und der sich ständig verschärfenden Diktatur der Monopole selbst unbewußten Gewaltcharakter annimmt, also vom Theoretiker vollzogen wird, auch wenn sich dieser dessen nicht bewußt wird.

Indem das Monopolkapital in seinen eigenen Reproduktionsprozeß technische Entwürfe integriert, werden sie zu fixen Bedingungen der Profitproduktion. Sie werden vom Subjekt „abgezogen", einer vom Subjekt nicht kontrollierbaren und nicht durchschaubaren Macht überantwortet. Beim Theoretiker hinterbleibt jedoch das Bewußtsein, daß es *sein* Entwurf, die von *ihm* gefundene Lösung ist, die sich objektiviert, verdinglicht und verfestigt hat. *Seine* subjektive Potenz erscheint als eherne, notwendige Eigenschaft der Produktionsvorgänge; das Kapital gibt ihm Recht, insofern es nicht anders funktionieren kann als durch fortwährende Integration dieser Potenz.

Der Abstraktionsvorgang, den Stachowiak zugleich als Synthese seines Modells „operationalen Denkens“ der Erfahrungswissenschaften vollzieht, ist eigentlich aber ein Nachvollziehen eines (imperialistischer Wirklichkeit selbst entspringenden) wirklichen Vorganges. Ihm bleibt eigentlich nur die Wahl der Terminologie, ihre Interpretation; die inhaltlichen Bezüge derselben stehen fest. Die Konstruktion des Modells erweist sich als ein illusionärer Versuch, die vom Kapital gewissermaßen selbst vorgenommene Abstraktion zu überwinden, Konkretheit zu gewinnen durch Analyse des schöpferischen Bewußtseins der Menschen, besonders der Naturwissenschaftler und Techniker. Dieser Versuch endet aber selbst wieder in einer Abstraktion, ist *Flucht von einer Abstraktion zu einer anderen.*

Indem das Monopolkapital alle ihm zur Verfügung stehenden Möglichkeiten zu seiner Selbstverewigung mobilisiert, dabei verstärkt nach den geistigen Potenzen des Menschen greift und zugleich den Widerspruch zwischen dem zutiefst gesellschaftlichen Charakter der wissenschaftlichen und wissenschaftlich-technischen Arbeit und ihrer privatkapitalistischen Aneignung verschärft, erscheint die lebendige Tätigkeit des Forschers und Konstrukteurs von besonders großem Gewicht. Dieser Schein weist gewissermaßen die Richtung der Flucht zu neuen Abstraktionen. Überwindbar sind diese Abstraktionen sicher nicht durch ihre Summierung: Das gedanklich Konkrete ist mehr als die Summe seiner abstrakten Momente. Konsequenterweise müßte man die wirkliche Rolle der Wissenschaft, des Forschens, des Erkennens usw. in einer gesellschaftlich bestimmten, historisch-konkreten Umwelt erfassen und analysieren. Und da erweist sich eben im Imperialismus der Widerspruch zwischen geistiger und materieller Produktion, zwischen Theorie und Realität als antagonistisch. Dieser Widerspruch selbst ist verwurzelt in der Anarchie der kapitalistischen Produktionsweise in ihrem Verfallsstadium, drängt zur Auflösung und zerstört vorgefundene Formen der Wissenschaft, gruppiert ihre ursprünglichen Bestandteile neu, fügt neue Elemente hinzu. Tendenziell setzt sich dabei der Fortschritt der Wissenschaft durch, nicht nur quantitativ und inhaltlich, sondern auch als Veränderung der Struktur der Wissenschaften einerseits und der Art und Weise, wie die veränderte Struktur oder die Strukturveränderung selbst von den Wissenschaftlern und Technikern registriert wird, andererseits.

Stachowiak betrachtet Wissenschaft nach Maßgabe der von ihm – und nicht nur von ihm – zum Muster, zum Paradigma erhobenen „computer sciences" oder damit vergleichbarer wissenschaftlicher Disziplinen. Auf das dahinter steckende technologisch-aktivistische Interesse des Kapitals an der Wissenschaft, auf sein Bedachtsein an reinem Funktionieren usw. wurde schon hingewiesen. Durch dieses Interesse zwangsläufig eingeengt, werden die wissenschaftlichen Methoden auf „trial and error", „model building", auf Test-Technologie beschränkt. Auf der Basis dieser Voraussetzungen werden schließlich Theoriebegriffe, Wissenschaftsklassifikationen, Hypothesebildungsverfahren, Verifikationsmethoden usw. bestimmt.

Der „operationale Aufbau" wissenschaftlicher Theorien beispielsweise ist im systemtheoretischen Modell Stachowiaks an „kognitive Konditionierungen" des erfahrungswissenschaftlichen Denkens gebunden. Es sind dies in mehrere Klassen einteilbare „notwendige Grundbedingungen" des erfahrungswissenschaftlichen Denkens, in denen sich kantianische, neopositivistische und ontologische Interpretationen des Erkenntnisvorganges wiederfinden und die durch Ergebnisse logischer Grundlagenforschung ergänzt werden.[17]

Auf dieser philosophisch recht inhomogenen Basis wird bei Dominanz subjektiv-idealistischer Denkmotive der *Modell- bzw. Strukturbegriff zum Zentrum der gesamten Darstellung des Theoriebildungsprozesses* gemacht. Eine Theorie sei dann gebildet, wenn das erstellte Erklärungsmodell wissenschaftssprachlich expliziert ist.[18] Zwar leistet die Theorie „Daseinsbewältigung" (oder soll sie im Sinne einer „finalen Konditionierung" leisten), wird aber nicht als in der gesellschaftlichen Praxis gewonnenes ideelles Abbild der objektiven Realität verstanden. Theorie ist mithin nicht gegenständlich, sondern rein struktural; das Modell selbst ist in Strukturisomorphie gebrachte Information, die durch den Empfindungsraum gefiltert ist. Nicht die *gesellschaftliche* Praxis prüft diesem Schema zufolge die Theorie; ihre Kontrollinstanz ist vielmehr das erfahrungswissenschaftliche Denken.

Primär und daher aller (Erfahrungs-)Wissenschaft *vorgeordnet* sind nach dieser Konzeption diejenigen Wissenschaften, die die Funktionsweise des Denkens unmittelbar zum Gegenstand haben, vornehmlich also Logik und Mathematik. Sie stellen die schlechthin unbedingten Voraussetzungen jeder Wissenschaft dar und sind damit nicht weiter zu begründen. Ihre wissenschaftslogische Struktur

[17] Vgl. ebenda, S. 109ff.
[18] Vgl. ebenda S. 123.

ist streng axiomatisch-deduktiv, weswegen sie Paradigmata für jede andere Wissenschaft sein können. Sie „liefern zum einen der empirischen Forschung ein reichhaltiges methodologisches Instrumentarium für den Aufbau und die Erweiterung erfahrungswissenschaftlicher Theorien, zum anderen generalisieren sie die den verschiedenen theoretischen Resultaten einzelner empirischer Wissenschaften gemeinsamen Struktureigentümlichkeiten zu neuen gedanklichen Systemen, die ihrerseits geeignet sind, der erfahrungswissenschaftlichen Forschung auf einzelnen Gebieten neue Wege des konstruktiven Denkens zu eröffnen".[19]

Die „formal-operationalen" Wissenschaften, also Logik und Mathematik vor allem, sind mithin zugleich *formbildend* für andere Wissenschaften bezüglich deren Methoden, sie sind *strukturanalytisch* und *konstruktivistisch* gegenüber den anderen Wissenschaften oder einiger ihrer Forschungsergebnisse. Daß Logik und Mathematik solche Funktionen gegenüber den anderen Wissenschaften tatsächlich ausüben, ist nicht zu bestreiten und auch keine neue Erkenntnis. Auch daß die Form der Wissenschaft bis zu einem gewissen Grad vom Erkenntnissubjekt selbst hervorgebracht wird, daß also der Logik unseres Denkens die Ordnung im System der Wissenschaften entspricht, ist eine sehr alte philosophische Einsicht. Jedoch darf nicht übersehen werden, daß nicht das Subjekt allein und nicht primär das Subjekt die Struktur des Wissens und der Wissenschaft prägt. Es ist einer der wichtigsten Ansatzpunkte für ein tieferes und umfassenderes philosophisches Wissenschaftsverständnis, daß sich *die Struktur der objektiven Realität selbst in der Struktur des Wissens reproduziert.* Gerade über diesen materialistischen Ansatz legitimierte sich das philosophische Wissenschaftsverständnis seit langem und vermittelte der Entwicklung der Wissenschaft kräftige Impulse. Bemerkenswert und kennzeichnend für eine große Reihe positivistischer Denkansätze – und nicht nur für sie – ist jedoch das Hochspielen der durch das Subjekt bedingten Strukturaspekte der Wissenschaften, verbunden mit starker Betonung ihres konstruktiv-schöpferischen Charakters. Mag man auch in letzterem Umstand eine hohe Wertschätzung der aktiven Rolle des subjektiven Faktors im Erkenntnisprozeß erblicken, so darf doch nicht verkannt werden, daß in den neueren subjektiv-idealistisch fundierten philosophischen Erkenntnis- und Wissenschaftstheorien diese Aktivität über einen entmaterialisierten Strukturbegriff auf ein enthistorisiertes und entwirklichtes Erkenntnissubjekt bezogen wird. Im Sinne des von Marx in seiner ersten These über Feuerbach

[19] Ebenda, S. 127f.

festgestellten und kritisierten Hauptmangels des Idealismus, die Tätigkeit des Menschen ausschließlich subjektiv und unpraktisch zu verstehen und darzustellen, versuchen die modernen Vertreter des Idealismus, diesen Hauptmangel mit neuen Argumenten und wesentlich verfeinerten Konzeptionen fortzusetzen.

Selbstverständlich sind diese Konzeptionen nicht samt und sonders aus der Luft gegriffen. Sie stützen sich auf wirkliche Tendenzen der modernen Wissenschaftsentwicklung zum einen und auf qualitative Wandlungen im Verhältnis von moderner Naturwissenschaft und bürgerlicher Ideologie zum anderen. Letzteres zeigt an, daß der traditionelle Positivismus des Wiener Kreises nicht mehr als *die* Ideologie des Monopolkapitals zur geistigen „Verkraftung" der Entwicklungsprobleme und Ergebnisse der modernen Naturwissenschaft in angeblichem Namen der Wissenschaft selbst ausreicht. Zugleich aber muß beachtet werden, daß mit dem Anwachsen des Allgemeinheits- und Abstraktionsgrades wissenschaftlicher Theorien ihre Beziehungen zur stofflichen Seite des Objekts mittelbarer werden und die Anwendbarkeit der Theorie in hohem Maße durch die Abbildung *invarianter struktureller Merkmale objektiv-realer Erscheinungen* gesichert wird. Es ist dies eine Tendenz der Wissenschaftsentwicklung, die von den modernen Varianten des Positivismus aufgegriffen und im Sinne des philosophischen Subjektivismus als Konstitutionsprinzip der Wissenschaftstheorie ausgenutzt wird.

Durch die Verabsolutierung struktureller Aspekte der Erkenntnis und mit ihnen verknüpfter Methoden schränkt sich die Objektivität wissenschaftlicher Erkenntnisse weitgehend auf ihre quantitativ-strukturelle Seite ein. So werden die Naturwissenschaften von Stachowiak als Erfahrungswissenschaften klassifiziert, die „... aus einer Summe von Beobachtungen und insbesondere mittels des qualitativen oder quantitativ-messenden Experiments durch verallgemeinernde Schlußverfahren zu Sätzen gelangen, die infolge ihres Allgemeinheitsanspruchs über alle unmittelbare Erfahrung hinausgehen. Eine naturwissenschaftliche Theorie ist ein die Voraussage von Ereignissen ermöglichendes System derartiger Sätze, wobei für das Eintreten des prognostizierten Ereignisses eine hinreichend hohe Wahrscheinlichkeit gefordert wird."[20] Grundlegend für den Begriff der Erfahrungswissenschaften werden im Sinne der Stachowiakschen modelltheoretischen Konzeption die Begriffe „System von Sätzen", „quantitativ-messendes Experiment" und „Voraussage von Ereignissen".

[20] Ebenda, S. 128.

Es ist für Stachowiak aber insbesondere die Logik, die den Systemcharakter naturwissenschaftlicher Aussagen bedingt. Die Logik also entscheidet, welche Sätze zum System gehören bzw. nicht gehören oder gehören können; in ihr ist mithin die Möglichkeit der Wissenschaft als System beschlossen. Da nun Stachowiak an keiner Stelle seines Modellentwurfs der erfahrungswissenschaftlichen Erkenntnis die Vermittelung von *Logik und Wirklichkeit* auf materialistischer Grundlage aufweist, bleibt der Schluß zu ziehen, daß die Wissenschaft als *System von Sätzen* selbst nichtgegenständlichen Charakter trägt. Berücksichtigt man ferner, daß laut Stachowiak in den zum Wissenschaftssystem gehörenden Sätzen durch den (subjektiven) „Empfindungsraum" des Wissenschaftlers gefilterte Informationen kodifiziert sind, so folgt, daß auch der Inhalt wissenschaftlicher Sätze nichtgegenständlicher, das heißt letztlich immaterieller Natur ist. Damit aber weist das Stachowiaksche Modell selbst auf seinen Grundwiderspruch hin: Hinter dem Anspruch strenger erfahrungswissenschaftlicher Begründung des Modells wird über die erfahrungswissenschaftliche Seite hinausgegangen und *Wissenschaft über Erfahrung, Praxis und Wirklichkeit gestellt.* Allerdings ist dieser Widerspruch und seine Unauflösbarkeit im Rahmen der gesamten bürgerlichen Philosophie und Ideologie nicht neu. An demselben Widerspruch ist das gesamte gewaltige philosophische System Kants gescheitert, allerdings mit dem Unterschied, daß Kant mit seiner sogenannten Kopernikanischen Wende einerseits und mit einer Vielzahl materialistischer Elemente seiner Philosophie andererseits in allgemeiner Form den Weg wies, wie der Widerspruch aufzulösen ist. Kant reflektierte diesen Widerspruch philosophisch, Stachowiak dogmatisiert ihn systemtheoretisch. Daß die Auflösung dieses Widerspruchs nur in seinen Entstehungsbedingungen zu suchen ist, hat Hegel spekulativ geahnt.[21] Daß diese Entstehungsbedingungen in den wirklichen Lebensumständen der Menschen zu suchen sind und daß über deren Analyse „alle Mysterien der Theorie" geklärt werden können, ist vom dialektischen und historischen Materialismus bewiesen und auch durchgeführt worden.

Analoges läßt sich auch zur „quantitativ-messenden" Seite der Erfahrungswissenschaften sagen. Durch die Hypostasierung dieser Seite wird, wenn auch in sehr vermittelter Weise, dem Wertgesetz des Kapitalismus Rechnung getragen. Wie die Struktur von ihren stofflichen, qualitativ bestimmten Trägern abstrahierbar ist und qualitativ heterogene Dinge hinsichtlich ihrer strukturellen Äqui-

[21] G. W. F. Hegel, Phänomenologie des Geistes, Berlin 1964, S. 72ff.

valenzen identifizierbar werden (wobei wenigstens das Bewußtsein ihrer Komplexität erhalten bleibt), so abstrahiert ausschließlich quantitatives Vorgehen von den qualitativen Bestimmtheiten und Besonderheiten der Dinge. Für den Wertbildungs- und Verwertungsprozeß des Kapitals ist allein die Quantität der von ihm aufgesogenen lebendigen Arbeit sowie deren Verhältnis zur vergegenständlichten Arbeit von Interesse. Zwar ist der quantifizierende Charakter naturwissenschaftlicher Denkmethodik keineswegs allein an die Existenz des Kapitals gebunden, wie gelegentlich von Vertretern einer romantisierenden Wissenschaftskritik behauptet wird. Unter den Bedingungen profitorientierter Produktion erscheint quantitatives Operieren allerdings als für die Wissenschaft merkmalsbestimmend. Es ist dies eine Ideologie, die – vom Kapital selbst initiiert – das Wissenschaftsverständnis im Sinne profitorientierter Wertungen kanalisiert. Karl Marx stellte einmal bildhaft fest, daß im Gegensatz zu Francis Bacon, in dessen philosophischem System die Natur „in poetisch-sinnlichem Glanze den ganzen Menschen anlacht“, Thomas Hobbes die Welt „zur abstrakten Sinnlichkeit des Geometers“ macht.[22] Mit Hobbes wird die Materie abstrakt, tot; die Qualitäten, das Wesen materieller Gegenstände, werden gegen ihre quantitativen, strukturellen und funktionalen Beziehungen ausgetauscht, also gerade gegen das, was für die vom Kapital beherrschte *maschinelle* Produktion *zunächst an der Natur* wichtig war. Der französische Materialismus trieb diese Konzeption zum Exzeß; das Bild Lamettries vom Menschen als einer Maschine war einerseits die Konsequenz des Hobbesschen Systems, andererseits ideologischer Ausdruck des Anspruchs des Kapitals auf totale, profitorientierte *Beherrschung von Mensch und Natur*.

Dieser Anspruch des Kapitals gilt besonders heute in der Phase seiner Auseinandersetzung mit dem Sozialismus. Allerdings mit einem Unterschied: er ist heute radikaler und daher reaktionärer als früher. Ging es ehemals vorwiegend um den Griff nach der Physis des Menschen, um ihre Integration in die Maschine, so geht es heute dem Monopolkapital auch um den Griff nach den geistigen Potenzen der Menschen und ihre Integration in das imperialistische System. Zugleich sind seine Konzeptionen auf die Funktionstüchtigkeit des gesamten Gesellschaftssystems ausgerichtet. Auch hierbei dominieren quantitative Betrachtungen und die Ausarbeitung praktikabler Techniken. Das aber sind gerade die Bedingungen, unter denen Stachowiak

[22] K. Marx und F. Engels, Die heilige Familie, in: Marx/Engels, Werke, Bd. 2, Berlin 1958, S. 136f.

Wissenschaftlichkeit überhaupt wertet. So seien die „anthropologischen Wissenschaften" zwar „zum nicht geringen Teil noch um ihre methodologische Formation bemüht, ... auf dem Wege, über bereits entwickelte, oft nur locker miteinander verbundene Partialmodelle zu umfassenden Erklärungsmodellen und leistungsfähigen Theorien zu gelangen ... Tatsächlich gelingt es heute schon in vielen Fällen, das Verhalten von Menschengruppen unter Einschränkung auf bestimmte Fragestellungen mit hoher Wahrscheinlichkeit vorauszusagen".[23] In der Entstehung der Unternehmensforschung, der Ausarbeitung von Planungstheorien, kybernetischer, modell- und spieltheoretischer Methoden sieht Stachowiak Vorgänge, die die „anthropologischen Wissenschaften" in den Rang wirklicher Erfahrungswissenschaften heben.

Quantitative und strukturelle Aspekte der Wissenschaften werden – unter dem Blickpunkt der hier vorgenommenen Analyse – zu *ideologischen* Kriterien für die Klassifikation der Wissenschaften, für die ideologische Begründung und Rechtfertigung der *Spaltung* des Systems der Wissenschaften. Exakte Charakterisierung einzelner Ereignisse sowie das Aufdecken von Regelmäßigkeiten in größeren Ereignisgruppen seien zwar auch für die „Kulturwissenschaften" zutreffend. Da sie es aber mit der „menschlich-geschichtlichen Welt" und mit „Menschenwerken und ihren Sinngehalten"[24] zu tun haben, mangele es ihnen an der Eigenschaft, prognostizierbar zu sein, und sie fallen daher aus dem Stachowiakschen Modellgrundriß heraus. Anders formuliert, könnten der Sinn menschlichen Tuns und das Ziel geschichtlicher Aktionen nicht Gegenstand erfahrungswissenschaftlicher und ernstzunehmender Untersuchungen sein. Hier gibt es keine Intersubjektivität. „Obgleich mit ausgewähltem Tatsachenmaterial bestückt, offenbart sich in ihnen bei näherem Zusehen mehr der nötigende Charakter des wertideologischen Appells als die nüchterne Objektivität wissenschaftlicher, rein sachbezogener, erfahrungsverankerter Forschung."[25]

Nimmt man den Inhalt der eben zitierten Stelle als Maß für Wissenschaftlichkeit und legt dieses Maß dem Stachowiakschen Modellentwurf selber an, so erscheint letzterer zwangsläufig als nicht wissenschaftlich. In einer Fülle „ausgewählten Tatsachenmaterials" offenbaren sich

[23] H. Stachowiak, Denken und Erkennen im kybernetischen Modell, a. a. O., S. 129.
[24] Ebenda.
[25] Ebenda, S. 96.

„wertideologische Appelle“, die keineswegs mit einer erfahrungswissenschaftlichen Erforschung des wissenschaftlichen Erkennens in Stachowiakschem Sinne zur Deckung zu bringen sind.

Der ideologische Sinn des Stachowiakschen Modellentwurfs wissenschaftlichen Erkennens besteht nun allerdings nicht offen und vordergründig darin, die Ziele wissenschaftlichen Erkennens samt und sonders unter die Belange des Monopolkapitals geistig zu subsumieren. Er ist jedoch *nach dieser Seite hin geöffnet* und kann (vermittelt durch umfassendere ideologische Kontexte) als manipulatives Mittel zur geistigen Steuerung der Verhaltensweise der Naturwissenschaftler und Techniker im Sinne durchaus offen dem Monopolkapital dienender Ziele aktiviert werden. Stachowiaks Darlegungen sind zunächst primäre Formulierungen des ideologischen Credos des vorsichtigen, nach Selbstverständigung strebenden bürgerlichen Intellektuellen, der sein Fachgebiet beherrscht und mit den Mitteln des ihm zugehörenden geistigen Rüstzeuges bemüht ist, in die geistige Auseinandersetzung unserer Zeit einzugreifen.[26]

3.2 Der „kritische Rationalismus“ und sein theoretischer Anspruch auf Modernität

Der „kritische Rationalismus“, wie er von K. R. Popper entwickelt und von H. Albert gepflegt und verfochten wird, ist eine Variante positivistischer Philosophie und Wissenschaftstheorie, die sich zwar zum Teil sehr stark speziellen Erkenntnisproblemen der Sozialwissenschaft zuwendet[27], ihre eigentliche Problematik jedoch – soweit es um explizite wissenschaftstheoretische Fragen geht – in allgemeinen, abstrakt gefaßten gnoseologischen (epistemologisch-logizistischen) Themenbereichen ansiedelt. Es gäbe allerdings noch einen weiteren Grund zu fragen, ob es angesichts der ausgesprochen gesellschaftstheoretischen Natur zahlreicher Publikationen der genannten

[26] H. Stachowiak, Rationalismus im Ursprung, Wien/New York 1971, S. 8.

[27] Vgl. etwa: H. Albert, Probleme der Wissenschaftslehre in der Sozialforschung, in: Handbuch der empirischen Sozialforschung, hrsg. von R. König, Stuttgart 1962; ferner: K. R. Popper, Die Logik der Sozialwissenschaften, in: Kölner Zeitschrift für Soziologie und Sozialpsychologie, 2/1962.

Autoren[28] gerechtfertigt erscheint, ihre Wissenschaftsauffassung dem abstrakt-erkenntnistheoretischen Problemtyp zuzuordnen. Es gibt unseres Erachtens zwar einen inneren, logischen Zusammenhang zwischen Poppers bzw. Alberts Wissenschaftsauffassung und ihren gesellschaftstheoretischen Positionen und Modellen, was allerdings nichts an der Tatsache ändert, daß beide ihre „Wissenschaftstheorie" *unter Ausschluß gesellschaftlicher Fragestellung* betreiben. H. Albert sieht selbst einen deutlichen Unterschied zwischen diesen beiden Wirkungsfeldern: Man habe Popper „nicht nur einen Neuansatz in der Wissenschaftslehre, sondern unter anderem auch eine Philosophie der offenen Gesellschaft" zu verdanken.[29]

Der kritische Rationalismus reduziert Erkenntnistheorie auf logisch-methodologische Fragen und identifiziert diese eingeengte Erkenntnislogik (in der die Frage nach den wirklichen Quellen unserer Erkenntnis ausgeklammert bleibt) mit „Wissenschaftstheorie".[30] Wir haben es hier also ebenfalls mit einer typischen Variante abstrakterkenntnistheoretisch konzipierter Wissenschaftstheorie zu tun.

Hier muß nun die Frage auftreten, worin denn die spezifische Eigenart der von Popper und Albert vertretenen Wissenschaftstheorie besteht und was es mit dem Namen „kritischer Rationalismus" auf sich hat. Popper wählte diese Bezeichnung offensichtlich in Abgrenzung von der Konzeption des „logischen Empirismus", wie sie durch die Anhänger des Neopositivismus der Wiener Schule entwickelt und vertreten wurde. Tatsächlich ist die von Popper entwickelte Konzeption nicht empiristisch im Sinne des älteren Positivismus, und sie ist in vielerlei Feinheiten von der Position des logischen Empirismus unterschieden.[31] Dies gibt sowohl Popper als auch Albert immer wieder Veranlassung, ihre Standpunkte als von dem des *Positivismus*

[28] Vgl. K. R. Popper, Die offene Gesellschaft und ihre Feinde, Bern, Bd. 1, 1957 und Bd. 2, 1958. – Eine marxistisch-leninistische Analyse hierzu gibt: L. N. Danilova, Zur Theorie der offenen Gesellschaft, Berlin 1968; siehe ferner: M. Cornforth, Marxistische Wissenschaft und antimarxistisches Dogma, Frankfurt/M. 1970.

[29] H. Albert, Plädoyer für kritischen Rationalismus, in: Das 198. Jahrzehnt, a. a. O., S. 293.

[30] Vgl. hierzu die sorgfältige und kritische Analyse von E. Hahn: Historischer Materialismus und marxistische Soziologie, Berlin 1968, S. 30f.

[31] Vgl. G. Domin, Wissenschaftstheorie und Wissenschaftsbegriff in der Sicht des Neopositivismus, in: Marxistisch-leninistische Wissenschafts-

überhaupt unterschieden vorzugeben und sich gegen den *Positivismusvorwurf* zu verteidigen.[32]

Es gibt keinen Zweifel darüber, daß die Popper/Albertsche Konzeption tatsächlich eine besondere Variante neopositivistischer Wissenschaftstheorie darstellt. Die prinzipiellen weltanschaulichen Grundpositionen des kritischen Rationalismus unterscheiden sich nicht von denen des logischen Empirismus: Das betrifft die Antworten, die Popper und Albert auf die Grundfrage der Philosophie (insbesondere die zweite Seite der Grundfrage der Philosophie) geben; es betrifft Fragen der objektiven Gesetzmäßigkeit und insgesamt den Denkstil, methodische Fragen in das Zentrum zu rücken und eine Art Wissenschaftseinheit am Modell der Naturwissenschaft zu begründen, wie überhaupt „modernes" Denken in der Wissenschaft ausschließlich an einem positivistisch geschneiderten naturwissenschaftlichen Methodenmuster zu werten. H. Albert schließt seinen Beitrag mit einem Satz ab, in dessen Zentrum die Losung gestellt ist: „An ihren Methoden sollt ihr sie erkennen ..."[33] Ein „naturwissenschaftlicher Denkstil" sei die „typische Wissensform der modernen Industriegesellschaft".[34] Schauen wir uns also an, was im Sinne des kritischen Rationalismus als „modern" gilt.

Eine erste, globale Antwort gibt Albert mit einer Bemerkung, die zugleich die *ideologische Valenz* der Wissenschaftskonzeption des kritischen Rationalismus vorweist; diese Antwort macht sowohl den einseitig-erkenntnistheoretischen Grundcharakter der Theorie von Popper und Albert deutlich als auch ihre politische Interessiertheit und ihr gesellschaftstheoretisches Engagement: „Der kritische Ratio-

theorie. Grundlegung und Gegenstand. Kolloquienreihe des Instituts für Wissenschaftstheorie und -organisation der AdW der DDR, 1/1971, S. 70 und S. 72.

[32] Vgl. z. B. H. Albert, Plädoyer für kritischen Rationalismus, a. a. O., S. 286. – Insbesondere sei aber auf die Auseinandersetzung verwiesen, die gerade bezüglich positivistischer Grundinhalte des sog. kritischen Rationalismus geführt wurde: Th. W. Adorno, H. Albert, R. Dahrendorf, J. Habermas, J. Pillot und K. Popper, Der Positivismusstreit in der deutschen Soziologie, Neuwied 1969.
Siehe hierzu die gründliche marxistische Analyse und Bewertung von H. Ley und Th. Müller, Kritische Vernunft und Revolution. Zur Kontroverse zwischen Hans Albert und Jürgen Habermas, Köln 1971.

[33] H. Albert, Plädoyer für kritischen Rationalismus, a. a. O., S. 292.

[34] Ebenda, S. 289.

nalismus ist eine Theorie der Fehlbarkeit menschlicher Vernunft, die ... politische Konsequenzen hat, vor allem die Konsequenz, daß die Ordnung der Gesellschaft dieser Fehlbarkeit Rechnung tragen muß. Sie zeigt, daß es, wie in der Wissenschaft, so auch im sozialen und politischen Leben keine perfekten und daher unrevidierbaren Problemlösungen geben kann ..."[35]

Der Begriff der „Fehlbarkeit" wird im System der Begründung der Theorie des kritischen Rationalismus in vielfacher Weise modifiziert.[36] Er gipfelt in dem Prinzip der Falsifikation, das der Popperschen Theorie den zusätzlichen Namen „*Falsifikationstheorie*" einbrachte: „Insofern sich die Sätze einer Wissenschaft auf die Wirklichkeit beziehen, müssen sie falsifizierbar sein, und sofern sie nicht falsifizierbar sind, beziehen sie sich nicht auf die Wirklichkeit."[37] In dieser Feststellung wird die philosophische Position angedeutet, von der ausgehend Wissenschaftslehre entwickelt werden soll: Es handelt sich um die spezifisch kritisch-rationalistische Form der (verbalen) Ablehnung weltanschaulicher Wertungen, ganz besonders um die Ablehnung des philosophischen Materialismus. Hierin zeigt sich in erster Linie die positivistische Grundhaltung der Verfechter dieser „Theorie".

Bereits der erste Denkansatz des sogenannten kritisch-rationalistischen Vorgehens schließt materialistische Bestimmung der Wissenschaft wie der Erkenntnis überhaupt aus: Jede auf Widerspiegelung der Welt in unserem Denken gerichtete Interpretation wird abgelehnt. Es ist nicht die Außenwelt, die über Empfindungen und ihre gedankliche Verarbeitung Denkinhalte in uns erzeugt – überhaupt ist nicht das Wahrnehmen das genetisch Primäre im Erkenntnisprozeß; Popper nennt Auffassungen, nach denen „wir zunächst einmal Wahrnehmungen haben müssen, bevor wir über die Welt etwas wissen können", ablehnend „Kübeltheorie der Wissenschaft": „... niemals aber bilden die Wahrnehmungen nach der hier zu vertretenden Ansicht das Material – im Sinne der Kübeltheorie –, aus dem sich die Erfahrung oder die Wissenschaft aufbaut."[38]

[35] Ebenda, S. 296.

[36] Siehe zur Kritik der Fehlbarkeits-Konzeption insbesondere H. Wessel, Philosophie des Stückwerks. Eine Auseinandersetzung mit dem neopositivistischen „kritischen Rationalismus", Berlin 1971.

[37] K. R. Popper, Logik der Forschung, Tübingen 1966, S. 259.

[38] K. R. Popper, Naturgesetze und theoretische Systeme, in: Theorie und Realität. Ausgewählte Aufsätze zur Wissenschaftslehre der Sozialwissenschaften, hrsg. v. H. Albert, Tübingen 1964, S. 88.

Nach dieser prinzipiellen Ausschließung jedweder Berechtigung einer materialistischen Erkenntnis- und Wissenschaftstheorie begründet Popper seine sogenannte „Scheinwerfertheorie"; danach ist das theoretische *Denken*, die theoretische Erwartung das *Primäre* im Erkenntnisprozeß. Er behauptet, „daß die Hypothese, oder Erwartung oder Theorie ... der Beobachtung vorausgeht ... die Hypothese wird zum Führer zu neuen Beobachtungsresultaten".[39]

Nun wird die Rolle des theoretischen Denkens, der methodologischen Funktion theoretischer Standorte und hypothetischer Annahmen in dialektisch-materialistischer Erkenntnistheorie und damit auch in marxistisch-leninistischer Wissenschaftstheorie keineswegs bestritten. Nur sind die Denkvoraussetzungen und die Denkkonsequenzen einer solchen Bestimmung der Rolle der Theorie in der weiteren Erkenntnis grundsätzlich anders als bei Popper, nämlich dialektisch und materialistisch bestimmt. Empirismus und Rationalismus sind – wie die Lösung der erkenntnistheoretischen Grundprobleme durch den dialektischen Materialismus zeigt – keine Alternativen in echtem Sinne. Beide Positionen sind Ausdrucksformen der Verabsolutierung eines Aspekts in der tatsächlichen dialektischen Verflechtung von empirischem und theoretischem Vorgehen im wissenschaftlichen Erkenntnisprozeß.

Der tatsächliche Stellenwert und der jeweilige Platz von empirischen und theoretischen Momenten in der Erkenntnis wird durch die grundlegende Funktion der *Praxis* im Erkenntnisprozeß bestimmt. Die Dialektik von Empirischem und Theoretischem muß in jedem Falle – wenn eine adäquate Bestimmung der Erkenntnis erfolgen soll – voll in ein philosophisch-materialistisches Weltbild integriert sein. Entscheidend ist also auch im Kampf um die erkenntnistheoretischen Positionen die Beantwortung der Grundfrage der Philosophie. *Der logische Empirismus und der kritische Rationalismus geben auf die Grundfrage der Philosophie gleichermaßen eine eindeutig subjektiv-idealistische Antwort.*

Popper glaubt, der „kritische Rationalismus" sei eine Alternative zum Empirismus; ja er behauptet sogar, seine erkenntnis- bzw. wissenschaftstheoretische Position sei jedwedem Positivismus entgegengesetzt.[40] Er begründet dieses damit, daß er Hypothesen (und nicht „Erfahrungstatsachen") an den Anfang[41] des Erkenntnisvorganges

[39] Ebenda, S. 91.

[40] Ebenda, S. 98.

[41] Was von einer solchen Konzeption insgesamt zu halten ist, kann aus der folgenden Formulierung Poppers herausgelesen werden: Wissen-

stellt: Es seien überhaupt stets Hypothesen, Theorien usw., jedenfalls theoretische Gebilde, die dem Erkennenden „neue Beobachtungsgebiete aufschließen“.[42] Während der logische Empirismus auf die Verifikation von Hypothesen auf der Grundlage von „Erfahrungstatsachen“ mit Hilfe der Logik orientiert, behauptet Popper die alleinige Berechtigung der Falsifikation von Hypothesen, und zwar durch Anwendung der Hypothesen (des „Erwartungshorizontes“) auf die Erfahrungstatsachen und die Prüfung ihrer Falsifizierbarkeit mit den Mitteln der Logik. In beiden Fällen handelt es sich um die Erklärung der genetischen *Ausgangspunkte des Erkennens* von einem subjektiven Moment, *von einer Bewußtseinstatsache* her, und in beiden Fällen ist die *Logik oberstes Erkenntnis- bzw. Erklärungskriterium.* Die auf kritisch-rationalistischer Position stehende Erkenntnislogik oder Wissenschaftslehre habe nicht die Wege zur Verifikation einer Hypothese zu untersuchen und darzustellen, sondern müsse auf die Falsifikation der Ausgangshypothesen (als wissenschaftliche Form des Erwartungshorizontes) orientieren.[43] Die Konsequenzen, zu denen Popper in der weiteren Ausführung dieser Position gelangt, weisen seinen „kritischen Rationalismus“ (gegenüber dem logischen Empirismus) zwar als einen „umgekrempelten“ Positivismus, aber auf jeden Fall als *Positivismus* aus.

Popper formuliert: „Durch die Falsifikation unserer Annahmen bekommen wir tatsächlich Kontakt mit der ‚Wirklichkeit‘“.[44] Die Bemühung des Wissenschaftlers gehe „auf die Entdeckung oder, vielleicht besser, Erfindung von prüfbaren Theorien – und auf ihre Prüfung oder Falsifikation“ hinaus.[45] Die verschämte Anwendung des Wortes „Wirklichkeit“ und die Deutung der theoretischen Erkenntnis als Erfindung von Theorien belegen hinlänglich genug den

schaft beginne „niemals vom Nichts ... sie setzt in jedem Moment einen Erwartungshorizont voraus ... und die älteste Wissenschaft baut auf vorwissenschaftlichen Mythen auf, und diese schließlich auf älteren Erwartungen. Ontogenetisch kommen wir so zum Kleinkind, phylogenetisch zu den einzelligen Organismen ... Von der Amöbe zu Einstein ist, sozusagen, nur ein Schritt.“ (Ebenda, S. 92.)

[42] Ebenda, S. 99.

[43] Ebenda, S. 90.

[44] Ebenda, S. 102.
Der zitierte Satz ist im Original hervorgehoben; das Wort „Wirklichkeit“ steht auch im Original in Anführungszeichen.

[45] Ebenda.

Subjektivismus Popperscher Konzeption. An anderer Stelle formuliert er – gleichsam mit den eigenen Konstruktionen kokettierend –: Falsifikationen „lehren uns wieder, daß unsere Theorien, obwohl sie von uns selbst aufgestellt wurden, obwohl sie unsere eigene Erfindung sind, dennoch echte Aussagen über die Welt sind; denn sie können mit etwas zusammenstoßen, sie können an etwas scheitern, das wir nicht selbst erfunden haben.“[46]

Immerhin ist hier von einer Welt die Rede, die „wir nicht selbst erfunden“ haben, eine Welt, mit der unsere Theorie „zusammenstoßen“ kann. Allerdings muß man sich fragen, wie denn eine „Theorie“ mit der „Welt“ kollidieren kann. Wie ist eine Theorie über die Welt anders als in der *gesellschaftlichen Praxis*, durch die aktive materielle Lebenstätigkeit von Menschen, zu überprüfen? Bedingung allerdings dafür, daß sich die Theorie als richtig, als adäquate Abbildung der objektiven Realität erweist, ist, daß sie Resultat der *erkennenden Tätigkeit* des Menschen ist, die selbst *in der Praxis ihren Ausgang nimmt*. Davon ist bei Popper aber keine Rede und kann auch keine Rede sein. Seine Konzeption läßt darüber nur staunen, daß die von uns selbst „erfundene“ Gedankenkonstruktion, daß unser „Erwartungshorizont“ überhaupt mit der „Welt“ kollidieren kann – und so muß man fragen, *wie* wir nach Poppers Ansicht zu den *Erfindungen von Hypothesen* kommen und wie schließlich der Verweis auf die „Welt“ zu verstehen ist. Auf jeden Fall ist nach Popper die Welt *nicht* objektive Realität; und auf jeden Fall ist es Popper zufolge *nicht* der materiell (also praktisch) tätige und sich von theoretischen Erfahrungen und Hypothesen leiten lassende gesellschaftliche Mensch, der in seiner *praktischen Tätigkeit* Erfahrungen erwirbt, so daß er auch *in* dieser (materiellen!) Praxis *Theorie und Realität* gegenüberstellen kann. Poppers Wissenschaftslehre wäre nicht „kritischer Rationalismus“ bzw. „Falsifikationstheorie“, würde sie die Kategorien objektive Realität, Praxis, Mensch, Gesellschaft und Theorie in ihrem reichen, philosophisch-materialistischen Inhalt akzeptieren. Und so kann für Popper die wissenschaftliche Theorie auch nicht als Widerspiegelung der objektiven Realität auf der Grundlage der gesellschaftlichen Praxis verstanden werden; als Triebkraft der Wissenschaftsentwicklung kann er demzufolge auch nicht gesellschaftliche, praktische Prozesse anerkennen.

[46] K. R. Popper, Die Zielsetzung der Erfahrungswissenschaft, in: Theorie und Realität, a. a. O., S. 78.

Das *Ziel* der Wissenschaft formuliert Popper als ihr selbst innewohnendes Prinzip: Es gehe in der (empirischen) Wissenschaft um „befriedigende Erklärungen“, und Erklärung sei „eine Klasse von Sätzen“ (beschreibende und erklärende Aussagen).[47] Befriedigend sei eine Erklärung, wenn sie „mit Hilfe von prüfbaren und falsifizierbaren universellen Gesetzen und Anfangsbedingungen“ gegeben werde.[48] Und hier kommt Popper auf zentrale, für seine Konzeption *ausschlaggebende weltanschauliche Fragen* zu sprechen. Es handelt sich darum, ob die Wissenschaft fähig ist, wesentliche Aussagen über die Welt zu machen, ob also wissenschaftliche Erkenntnis Wesenserkenntnis ist, folglich darum, ob wissenschaftliche, theoretische Aussage eine begriffliche Widerspiegelung objektiver, allgemeiner, notwendiger Zusammenhänge ist. Popper versucht gelegentlich, um eine eindeutige Verneinung dieser Fragen herumzukommen, gibt aber schließlich doch eine negative (also *positivistische*, *agnostizistische*, *skeptizistische*) Antwort auf diese weltanschaulichen Grundfragen jeder Wissenschaftstheorie.

Ausgangspunkt der Begründung seiner Position ist ihm hier eine Polemik gegen den sogenannten Essentialismus einerseits und den Instrumentalismus andererseits. Instrumentalisten, die empirische Theorien nur als „Werkzeuge zur Vorhersage, ohne jede erklärende Kraft“ interpretieren, lehnt Popper ab.[49] Die „Erklärung“ ist ja überhaupt Ziel der Wissenschaft im Selbstverständnis des „kritischen Rationalismus“. Die Frage ist also, welchen weltanschaulichen Gehalt er den wissenschaftlichen Erklärungen unterlegt. Dies wird in seiner Interpretation des „essentialistischen“ Standpunktes deutlich: Der Essentialismus vertrete die Ansicht, daß Wissenschaft „letzte Erklärungen in der Form *essentieller* oder *wesentlicher* Eigenschaften suchen muß . . .“[50] Popper wendet sich mit Recht gegen den Standpunkt, daß Wissenschaft es mit der „letzten“ Wesenserkenntnis, mit ein für allemal gefundenen Wahrheiten oder letzten „Wesenheiten“ zu tun habe. Er benutzt aber die Polemik gegen solche metaphysische (antidialektische) Erkenntnis- und Wahrheitsauffassung, um schließlich Wesenserkenntnis *überhaupt* in Frage zu stellen. Von der Ablehnung des Essentialismus führt seine Schlußkette scheinplausibel (folglich demagogisch) zu positivistischen Positionen. Es

47 Ebenda, S. 73.
48 Ebenda, S. 75.
49 Ebenda, S. 76.
50 Ebenda.

gäbe, so heißt es bei ihm weiter, neben der instrumentalistischen und der essentialistischen eine (eine!) „dritte Möglichkeit", den wissenschaftstheoretischen Wert von Erklärungen zu bestimmen: „Diese ‚dritte Auffassung' – es ist die, die ich vertrete –", schreibt Popper, „modifiziert den Essentialismus auf radikale Weise. Zuerst vor allem durch das Aufgeben der Idee einer letzten Erklärung".[51]

So weit, so gut. Wissenschaftsverständnis, das nur „letzte Erklärungen" erwartet, ist tatsächlich mit den Erfahrungen der letzten Jahrhunderte der Wissenschaftsgeschichte unvereinbar. Aber Popper verbindet diese seine Abgrenzung vom Essentialismus und die „Begründung" seines „modifizierten Essentialismus" mit einer *Abweisung jeder materialistischen Wissenschaftskonzeption:* „Zweitens müssen wir ‚Was ist?'-Fragen aufgeben: Fragen, die danach fragen, was ein Ding ist, was seine wesentliche Eigenschaft oder Beschaffenheit ist." Wir müssen die „Ansicht aufgeben, nach der es einen wesentlichen Bestandteil, eine inhärente Beschaffenheit oder ein innewohnendes Prinzip in jedem Ding gibt ... die ‚Natur' des Dinges, die es begründet oder erklärt, daß es ist, was es ist, und sich daher auf seine besondere Weise verhält."[52] Und drittens folgert Popper: „Wir müssen die ... Anschauung aufgeben, daß man sich auf die *jedem individuellen* oder *einzelnen Ding* inhärenten wesentlichen Eigenschaften berufen kann, um das Verhalten des Dinges zu erklären. Denn dieser Anschauung gelingt es durchaus nicht, Licht auf das Problem zu werfen, warum verschiedene individuelle Dinge sich auf ähnliche Weise verhalten sollen ... Selbst heutzutage ... erklären (wir) Ähnlichkeiten hauptsächlich *genetisch*; und wenn wir daraus ein metaphysisches System machen, so neigt es dazu, eine historizistische Philosophie zu werden."[53]

Auf diese Weise demonstriert also Popper am deutlichsten seine *prinzipielle Übereinstimmung mit den Positionen des logischen Empirismus* oder sonstwie gearteten Positivismus und Subjektivismus. Seine Polemik gegen den Essentialismus aber erweist sich als Schuß ins Leere; bestenfalls die Theologie behauptet, „letzte Erklärungen" für das Wesen (oder die „letzten Wesenheiten") zu geben.

Es gibt zu allen subjektivistischen (*und* objektiv-idealistischen) Erkenntnisdeutungen nur *eine konsequente Alternative*, die von allen einseitigen und mystifizierenden Traditionen gleich wie gearteter

[51] Ebenda, S. 77.
[52] Ebenda.
[53] Ebenda, S. 77f

idealistischer Deutung frei ist – die Erkenntnis- und Wissenschaftstheorie auf der Grundlage des dialektischen und historischen Materialismus.

Was die „letzten Erklärungen" betrifft, so hat Lenin alles, was wirklich kritisch dazu zu sagen ist, gesagt – in sauberen, wohldurchdachten und wohlbegründeten Kategorien: Insbesondere mit Hilfe der Wahrheitskategorie, wobei Anerkennung der Relativität der Wahrheit und das Aufsteigen von relativer Wahrheit niederer Ordnung zu relativen Wahrheiten höherer Ordnung die objektive Wahrheit nicht ausschließt, sondern sie voraussetzt. Dialektisch-materialistische Erkenntnistheorie begründet auf diese Weise, daß es nicht die Aufgabe der Wissenschaft sein kann, irgendwelche absoluten und letzten Wahrheiten zu finden, sondern in einem stetigen Entwicklungsprozeß die objektive Gesetzmäßigkeit in der Natur, in der Gesellschaft und im menschlichen Denken zu erforschen. Die größte Differenz der marxistisch-leninistischen Konzeption zum „modifizierten Essentialismus" Poppers besteht aber gerade darin, daß der Marxismus-Leninismus das Allgemeine *im* Einzelnen anerkennt, also objektiv Allgemeines voraussetzt und damit den objektiven Charakter der Gesetze der Natur und der Gesellschaft behauptet – einschließlich der objektiven Entwicklungsgesetze in der menschlichen Gesellschaft. Für Popper aber sind Gesetze nur die Form, in der wir etwas erklären: „Die Gesetze ... erklären daher Regelmäßigkeiten oder Ähnlichkeiten individueller Dinge oder individueller Tatsachen oder Ereignisse. Und diese *Gesetze sind nicht den einzelnen Dingen inhärent.*"[54]

Popper identifiziert also die Ablehnung des Essentialismus mit der Ablehnung des Wesentlichen an und in den Dingen, des Allgemeinen in den Dingen und der *objektiven Gesetzmäßigkeit*, der alle einzelnen Dinge unterworfen sind und die als Allgemeines eben nirgendwo anders als *in* den einzelnen Dingen und *durch* die einzelnen Dinge existieren kann. Insbesondere leugnet Popper die vom Marxismus konstatierte und durch die wissenschaftliche wie auch jede andere Form gesellschaftlicher Tätigkeit immer wieder bestätigte Tatsache, daß das Allgemeine „eine Seite oder das Wesen des Einzelnen" ist, insbesondere aber, daß das Einzelne „nicht anders als in dem Zusammenhang (existiert), der zum Allgemeinen führt".[55] Wir erkennen also das *Wesen* der Dinge, wenn wir den allgemeinen Zu-

[54] Ebenda, S. 78 (Hervorhebung von uns – d. V.).
[55] W. I. Lenin, Zur Frage der Dialektik, in: Werke, Bd. 38, Berlin 1964, S. 340.

sammenhang ergründen, in welchem diese Dinge existieren. Wir erkennen das den Dingen inhärente Wesentliche, Allgemeine und zugleich Notwendige – obwohl selbstverständlich kein Marxist jedem Ding ein und *nur ein* „Wesen" (etwa als „Seinsqualität an und für sich") zuerkennt, ebenso wie kein Marxist annimmt, daß jedes Ding nur in einem einzigen allgemeinen Zusammenhang mit anderen existiert, daß jedes Ding nur in einem einzigen Zusammenhang stünde, der zum Allgemeinen hinführt. Das Wesen der Dinge (und jedes einzelnen Dinges) ist selbstverständlich dialektisch mannigfaltig und widersprüchlich. Jedoch erkennen wir eben *wesentliche Eigenschaften an den und in den Dingen*, wenn wir in der Praxis überprüfte *Gesetzmäßigkeiten* formulieren, wir erkennen (nach Marx eben vom sinnlich Konkreten zum Abstrakten und vom Abstrakten zum geistig erfaßten Konkreten aufsteigend) mit der objektiven Gesetzmäßigkeit das, was den Dingen *notwendig und allgemein* (nicht in zufälliger Allgemeinheit selbstverständlich) zukommt. Leugnung des objektiven Charakters der wesentlichen Eigenschaften in den Dingen, der objektiven Gesetzmäßigkeit in den Dingen und durch die Dinge ist Subjektivismus, Skeptizismus, letztlich: Positivismus!

Das Poppersche Argument, daß Ähnlichkeit nicht zu Schlüssen über gemeinsame Genesis führen dürfe, ist zweifelsohne berechtigt, aber Popper verknüpft diese Feststellung mit der Leugnung der den einzelnen Dingen innewohnenden wesentlichen Eigenschaften, und er lehnt an dieses Argument bereits seine Gegnerschaft zur historischen Betrachtungsweise an. Die weltanschauliche Begründung historischer Gesetzmäßigkeit, die nichts mit der „genetischen Deutung von Ähnlichkeiten" zu tun hat, belegt Popper mit seinem positivistischen Abwertungsurteil: Historizismus! Insbesondere hier zeigt sich die Begrenztheit der Popperschen wissenschaftstheoretischen Argumentation, die seiner erklärten Gegnerschaft zum Marxismus-Leninismus und zur materialistischen Geschichtsauffassung entspringt.[56]

Wie eng Poppers ahistorische (metaphysische, antidialektische) Gesellschaftsauffassung mit der „kritisch-rationalistischen" Wissenschaftskonzeption verknotet ist, zeigt übrigens gerade sein Begriff von „Fortschritt". Von der Begründung der „Aufgabe der Wissenschaft" als „Erfindung stets besser prüfbarer Theorien" ausgehend, schreibt er, daß gerade diese Bestimmung „es uns ermöglicht, zu

[56] Vgl. die bereits erwähnten Bände von K. R. Popper, Die offene Gesellschaft und ihre Feinde; ferner: K. R. Popper, Das Elend des Historizismus, Tübingen 1965.

sagen, was in der Wissenschaft als Fortschritt zu betrachten ist; denn in der Wissenschaft – im Gegensatz zu den meisten anderen menschlichen Tätigkeiten ... – gibt es wirklich so etwas wie einen Fortschritt".[57] Von dem reichen Strom der Wissenschaftsentwicklung, der von der Entwicklung des materiellen Lebensprozesses der menschlichen Gesellschaft getragen ist und damit zugleich alle Dialektik evolutionärer und revolutionärer Bestimmungen der Geschichte einschließt, läßt Popper am Ende nichts weiter übrig als eine Zunahme der „Grade der Prüfbarkeit von Theorien".[58]

Popper bringt zur Aufklärung der Erkenntnisprozesse – wie wir sehen – nichts Neues außer einer „originellen" Worthülle und einer *neuen Variante positivistischer Denkweise in der Wissenschaft*! Und das bedeutet, daß er nur neue Verwirrung und demagogische Polemik in die Wissenschaftstheorie hineinträgt.

Popper nennt seinen Standpunkt „modifizierten Essentialismus" und bedingt „realistisch" und versucht, dieses glaubwürdig zu machen, indem er die zitierten Positionen in scheinrealistische Zwischenerläuterungen einfügt. Theorien der Wissenschaft seien „Aussagen über strukturelle oder relationale Eigenschaften der Welt", heißt es zum Beispiel in dem einen der hier behandelten Popperschen Aufsätze.[59]

Solche und ähnliche Bemerkungen dürfen aber nicht darüber hinwegtäuschen, daß sie im Rahmen einer *prinzipiell subjektiv-idealistischen Konzeption* gemacht wurden und gemacht werden. An gleicher Stelle zum Beispiel heißt es, daß unsere Aussagen über diese „Eigenschaften der Welt" eine „gewisse intuitive Einheitlichkeit und Geschlossenheit ... des beschriebenen Sachverhalts" erforderlich machten (wohlgemerkt: eine intuitive Einheitlichkeit usw. des beschriebenen Sachverhaltes!).[60] Und Popper bemerkt hinsichtlich methodologischer Konsequenzen: „Ich glaube nicht, daß wir viel mehr tun können, als hier auf eine intuitive Idee zu verweisen".[61] Spätestens hier wird deutlich, daß „kritischer Rationalismus" als Gegenteil dessen zu

57 K. R. Popper, Naturgesetze und theoretische Systeme, a. a. O., S. 99.

58 Ebenda; vgl. zum Begriff des wissenschaftlichen Fortschritts bei Popper auch E. G. Lejkin, Zur Kritik der kumulativen Konzeptionen der Wissenschaftsentwicklung, in: Wissenschaft. Studien zu ihrer Geschichte, Theorie und Organisation, hrsg. v. G. Kröber u. H. Steiner, Berlin 1972, S. 167.

59 K. R. Popper, Die Zielsetzung der Erfahrungswissenschaft, a. a. O., S. 79.

60 Ebenda.

61 Ebenda.

verstehen ist, als was er von seinen Schöpfern ausgegeben wird: Die weltanschaulichen Positionen Poppers (und Alberts) sind deutlich als „Öffnen des Rationalismus für den Irrationalismus“[62] faßbar. Popper formuliert: „Die Aufgabe der empirischen Wissenschaft, die ... darin besteht, befriedigende Erklärungen zu finden, kann kaum verstanden werden, wenn wir nicht Realisten sind.“[63] Jedoch mag sich jeder selber denken, was für einen Realismus Popper hier meint. Eines steht fest: den philosophischen Materialismus lehnt er ab – das belegen alle seine Teilauffassungen und seine Gesamtpositionen. In positivistischer Terminologie befangen, nennt er den philosophischen Materialismus „metaphysischen Realismus“. Sein methodologisches Hauptprinzip bekennt er in der folgenden Abgrenzung von materialistischer Position hinlänglich: „... nachdem uns einmal gesagt worden ist, daß das Ziel der empirischen Wissenschaft ist, zu erklären, und daß die befriedigendsten Erklärungen die am strengsten prüfbaren und am strengsten geprüften sind, ist uns alles gesagt worden, was wir als Methodologen brauchen. Daß das Ziel realisierbar ist, können wir nicht behaupten, weder mit noch ohne Hilfe des metaphysischen Realismus.“[64] Popper will hier also genau das begründet wissen, was H. Albert (wie wir weiter oben sahen) meinte, als er den auch von ihm verfochtenen kritischen Rationalismus „eine Theorie der Fehlbarkeit menschlicher Vernunft“ nannte. Eine „rationale“ Entwicklung der Methodologie, meint Popper, hänge „nicht von der metaphysischen und höchstwahrscheinlich falschen Annahme ab, daß die wahre strukturelle Theorie der Welt (falls es sie gibt) in menschlicher Sprache ausdrückbar sei.“[65] So ist es auch nicht verwunderlich, daß Popper an anderer Stelle[66] Wissenschaft zwar als „Suchen nach Wahrheit“ akzeptiert, jedoch dieses Suchen als „aufs Spiel setzen“ des „kühnen Gedankens“ interpretiert, was nie zu echtem Besitz von Wahrheit führen könne. Gleiches vermerkt auch H. Albert mit den Worten, in Poppers und in seiner Auffassung sei „die Idee eines unmittelbaren Zugangs zur Wahrheit und einer Wahrheitsgarantie aufgegeben worden“. Theorien, so meint Albert, trügen nur Hypothesencharakter.[67]

[62] G. Witschel, Wertvorstellung im Werk Karl R. Poppers, Bonn 1971, S. 48.
[63] K. R. Popper, Die Zielsetzung der Erfahrungswissenschaft, a. a. O., S. 85.
[64] Ebenda. [65] Ebenda.
[66] K. R. Popper, Logik der Forschung, Tübingen 1966, insb. S. 223.
[67] H. Albert, Probleme der Theorienbildung, Entwicklung, Struktur und Anwendung sozialwissenschaftlicher Theorien, in: Theorie und Realität, a. a. O., S. 17.

In diesen Maschen muß sich unseres Erachtens eine Wissenschaftslehre notwendig verfangen, zu diesen erkenntnispessimistischen und subjektivistischen Positionen muß sie unweigerlich gelangen, wenn sie bei der theoretischen Bestimmung der Wissenschaft *nichts weiter anzuerkennen bereit ist als methodische, formale Prinzipien*; eine wissenschaftlich gewiß berechtigte Skepsis, wie sie als Stimulans des weiteren Vordringens in die objektiven Gesetze der Realität und damit der Wahrheitsfindung wirksam werden kann, wird hier zum obersten methodologischen Prinzip erhoben, das heißt verabsolutiert und der Skeptizismus damit zur Weltanschauung gekürt.

Es braucht nicht explizit nachgewiesen zu werden, daß diese Position nur einer reaktionären Klasse dienlich werden kann. Modern aber kann eine solche Theorie keineswegs genannt werden.

3.3 Die phänomenologisch-positivistische Konzeption zeitgenössischer bürgerlicher Wissenschaftstheorie

Positivistische Denkhaltung in der Wissenschaft zeigt sich heute in vielerart Varianten. Eine dieser Varianten vertritt die – in den letzten Jahren mit beachtlichem publizistischen Aufwand aufgetretene – Gruppe des Düsseldorfer Philosophen A. Diemer. Wir möchten mit A. Diemer den Hauptrepräsentanten einer Gruppe von Wissenschaftstheoretikern in der BRD vorstellen, die zwar in gewisser Hinsicht eine Art gesellschaftlicher Verwurzelung der Wissenschaft anerkennen, aber sich ganz akzentuiert auf Probleme orientieren, die wir in unserer Klassifikation als *abstrakt-erkenntnistheoretisch* kennzeichneten.

Diemer ist der Initiator einer wissenschaftstheoretischen Studiengruppe der Fritz-Thyssen-Stiftung und Herausgeber ihrer Diskussionsbände[68] sowie Mitherausgeber und eigentlicher Begründer der „Zeitschrift für allgemeine Wissenschaftstheorie", deren erstes Heft 1970 erschien.[69] Die philosophisch-weltanschauliche Standortbestimmung der durch ihn repräsentierten Richtung in der Wissenschaftstheorie ist verhältnismäßig leicht: Es gibt in den Publikationen

[68] Vgl. Studien zur Wissenschaftstheorie. Forschungsunternehmen der Fritz-Thyssen-Stiftung. Arbeitskreis „Wissenschaftstheorie", hrsg. von A. Diemer, Meisenheim am Glan.
Der Band 4 der Schriftenreihe erschien 1970 unter dem Titel: Der Wissenschaftsbegriff. Historische und systematische Untersuchungen.

[69] Zeitschrift für allgemeine Wissenschaftstheorie. Journal for General Philosophy of Science, hrsg. von A. Diemer, L. Geldsetzer, G. König. Band 1, Heft 1 (1970), Wiesbaden.

Diemers zahlreiche Selbstbestimmungen seiner Position (die man zweifelsohne nicht immer wörtlich nehmen darf, sondern in vielen Fällen erst dialektisch nacharbeiten muß); und es gibt in der Bevorzugung begrifflicher Wendungen bzw. Plazierungen deutliche Hinweise auf seinen Standort.

In einem Aufsatz, den Diemer im zweiten Heft der genannten Zeitschrift veröffentlichte, heißt es: „Es kann keine durch eine bestimmte Weltanschauung bzw. Metaphysik vorbestimmte Wissenschaftskonzeption als verbindlich angesehen werden; in unserem Sinne kann es keinen positivistischen oder marxistischen oder christlichen usw. allgemeinen Wissenschaftsbegriff geben ... Entweder wird dies anerkannt, oder alle Diskussion um ‚Wissenschaft' ist sinnlos und daher zu unterlassen."[70]

Mit diesen Bemerkungen wird der tatsächliche Standpunkt Diemers, wird die eigentliche eigene weltanschauliche Vorbestimmung seiner Wissenschaftskonzeption bereits ausdrücklich festgelegt: Diemer zählt zu den Wissenschaftstheoretikern, die den Positivismus zwar verbal kritisieren, de facto jedoch selber konzeptionell von positivistischen Denkhaltungen ausgehen. Es ist nicht zuletzt die Forderung nach weltanschauungsfreier Wissenschaftskonzeption, die positivistische Grundhaltung verrät, wie G. Kröber die Position Diemers charakterisierte.[71]

Tatsächlich versteht Diemer seine Wissenschaftstheorie als eine gewisse Erneuerung – also modifizierte Fortsetzung! – der neopositivistischen Tradition. Er verlangt – um sich nicht Angriffen wegen positivistischer Denkhaltung auszusetzen – eine Unterscheidung von „methodischem" und „metaphysischem" Positivismus. In einer Veröffentlichung aus dem Jahre 1964 formuliert Diemer das philosophische Programm, das seinen wissenschaftstheoretischen Überlegungen zugrunde liegt.

Zunächst stellt Diemer durchaus richtig fest, daß der Positivismus „im Grunde selbst eine Metaphysik darstellt", weil „Antimetaphysik ... grundsätzlich Metaphysik" ist.[72] Der Positivismus müsse

[70] A. Diemer, Zur Grundlegung eines allgemeinen Wissenschaftsbegriffs, in: Zeitschrift für allgemeine Wissenschaftstheorie, Band 1, Heft 2 (1970), S. 211.

[71] G. Kröber, Ist Wissenschaftstheorie weltanschauungsfrei möglich? In: Zur bürgerlichen Wissenschaftstheorie. Analyse und Kritik. Kolloquienreihe des Instituts für Wissenschaftstheorie und -organisation der DAW zu Berlin, 4/1971, S. 39.

[72] A. Diemer, Was heißt Wissenschaft? Meisenheim am Glan 1964, S. 34.

deshalb aufhören, sich als Antimetaphysik zu verstehen. *Wissenschaft* aber, heißt es dann bei Diemer, müsse von „Metaphysik" freigehalten werden. Diemers Philosophie oder Wissenschaftstheorie behauptet deshalb lediglich die „Metaphysikfreiheit" – nicht die „Metaphysikfeindlichkeit" wissenschaftlicher Konzeption. Damit allerdings endet die Korrektur des Positivismus und die Kritik an ihm – positivistisches Denken bleibt als „methodisches Prinzip".

Es müsse möglich sein, schreibt Diemer, die Frage nach der Wirklichkeit (die im Positivismus ja als „metaphysische" Frage gilt und damit als Frage ohne sinnvollen Inhalt charakterisiert ist) in einer nichtmetaphysischen Weise zu stellen und zu klären. In derBegründung dieser Art des Herangehens an die philosophischen Voraussetzungen von Wissenschaftstheorie zeigt sich deutlich der positivistische Grundstandpunkt Diemers. Diemer akzeptiert nicht die Frage, was Wirklichkeit *ist*, sondern bestenfalls, was wir „meinen", wenn wir von der Wirklichkeit sprechen. Und hier verbindet Diemer seinen positivistischen Denkansatz mit einer weiteren Anknüpfung an die philosophische Tradition: „Eine Antwort auf den Fragenkomplex kann nach Meinung des Verfassers nur durch eine transzendental-phänomenologische Erhellung der Gesamtproblematik gegeben werden."[73]

Diemer verspricht an gleicher Stelle (1964) eine „Neue Phänomenologie", nachdem er schon 1956 E. Husserls Gesamtwerk ausführlich gewürdigt hatte und dabei betonte, daß „das Philosophieren Husserls immer wieder von neuem in Atem hält: Es ist das sich aus dem philosophischen Fragen nach dem ‚Sinn und Sein' des Seienden erhellende *Prinzip der Intentionalität*".[74] Und im Vorwort zur zweiten Auflage seiner Husserl-Würdigung (1965) bekennt sich Diemer voll zu „Husserls Phänomenologie", die eine „lebendige Philosophie darstellt, an der gearbeitet wird und bei der sich der Verfasser selbst als Mitarbeiter fühlt."[75]

Hinsichtlich der Konzipierung einer Wissenschaftstheorie beruft sich Diemer insbesondere auf E. Husserls Buch „Die Krisis der europäischen Wissenschaften und die transzendentale Phänomenologie", worin Husserl in Anknüpfung an Descartes seine „egologische" Kategorie der *Lebenswelt* als Grundlage der Wissenschaft begründet, um

[73] Ebenda, S. 52.

[74] A. Diemer, E. Husserls Versuch einer systematischen Darstellung seiner Phänomenologie, Meisenheim am Glan 1956; zitiert nach der gleichnamigen verbesserten 2. Auflage 1965, S. 5.

[75] Ebenda, Vorwort zur zweiten Auflage, S. 1.

von diesem „Reich ‚anonym' gebliebener subjektiver Phänomene"[76] schließlich zum Begriff der *Intersubjektivität* zu gelangen, womit unseres Erachtens ein Versuch gemacht wurde, die notwendig solipsistischen Konsequenzen jedweden Subjektivismus zu einer neuen Art „Objektivität" zu führen. Husserls Philosophie ist somit als Versuch zu werten, aus dem Dilemma positivistischer Einseitigkeiten herauszukommen, ohne den ihr innewohnenden Subjektivismus aufzugeben. Diemer erweist sich als Fortsetzer dieser subjektivistischen „Neukonstruktion der Welt".[77] Damit reiht sich Diemer in den Reigen der zeitgenössischen bürgerlichen Theoretiker ein, die eine Art Husserl-Renaissance[78] einleiten, um auf dem Wege der vermeintlichen wechselseitigen Korrektur herkömmlicher idealistischer Philosophien zu einem philosophischen Selbstverständnis zu gelangen, das dem Marxismus-Leninismus Konkurrenz machen soll.

Diemer deutet bereits die Richtung an, in der die „neue Phänomenologie" entwickelt werden soll. Zugleich demonstriert Diemer damit die weltanschaulichen Ausgangspunkte, die für ihn wie für den Positivismus eindeutig *subjektivistisch* sind und deshalb als „Nicht-Weltanschauung" gelten sollen. Es ist laut Diemer erlaubt, nach der Wirklichkeit zu fragen; aber – wie schon der „klassische" Positivismus postulierte – es könne damit nicht das Erfassen des *Wesens* der uns umgebenden Dinge gemeint sein, sondern lediglich das „Wesentliche an den Phänomenen", wie wir sie „verstehen", wie wir die Bedingungen ihrer Möglichkeit bestimmen: „*Philosophieren* ist nur in der Form des transzendentalen Rückfragens nach Bedeutung und Bedeutungsinhalt sowie den Bedingungen der Möglichkeit der jeweiligen Gegebenheit möglich. In dieser Form ist es (das Philosophieren, d. Verf.) weder Bekenntnis noch Weltanschauung, es ist weltanschauungsfrei ... *Wissenschaftliches* Wissen im Sinne moderner Wissenschaftlichkeit ist die Weise der Erforschung und Deutung des Gegebenen,

[76] E. Husserl, Die Krisis der europäischen Wissenschaften und die transzendentale Phänomenologie. Eine Einleitung in die phänomenologische Philosophie, hrsg. von Walter Biemel. Husserliana, Band VI., Haag 1954, S. 114ff.

[77] Ebenda, S. 187ff.

[78] Vgl. z. B. : A. Schütz, Der sinnhafte Aufbau der sozialen Welt, Wien 1960 (2. Auflage); ferner: P. L. Berger und T. Luckmann, Die gesellschaftliche Konstruktion der Wirklichkeit, Frankfurt/M. 1966. – Direkten Bezug zur Wissenschaftstheorie von phänomenologischen Grundannahmen aus stellt her: H. Seiffert, Einführung in die Wissenschaftstheorie (2.), München 1970.

sei es der Welt, sei es anderer Gegebenheiten, für die ... Kriterien gelten."[79] Auf diese Weise verbindet Diemer (zunächst in der Andeutung) Positivismus und Phänomenologie und schafft sich damit die (von ihm später selbst strikt geleugneten) philosophischen Denkvoraussetzungen seiner Wissenschaftstheorie.[80]

Offensichtlich hofft Diemer, durch die Anknüpfung an Husserl (und damit, wie er meint, durch „wissensmäßige" Lösung der Fragen der Philosophie und mithin durch „Überwindung" metaphysischer Spekulation) die theoretischen Schwierigkeiten zu mildern, die sich bürgerlichen Wissenschaftstheoretikern *prinzipiell* ergeben, wenn sie auf dem Boden der im Kapitalismus *herrschenden* weltanschaulich-ideologischen Enge eine tragfähige Wissenschaftskonzeption entwickeln wollen.

Eine Lösung bringt aber auch die positivistisch-phänomenologische, mithin eklektische Konstruktion nicht und kann sie auch nicht bringen. Eine Alternative zu aller Einseitigkeit des bürgerlich-wissenschaftstheoretischen Denkens ist nur von den weltanschaulichen Positionen der Arbeiterklasse her möglich, das heißt nur auf der Grundlage eines konsequent materialistischen (was bedeutet: dialektisch und historisch materialistischen) Herangehens an die Lösung der aufgeworfenen Fragen, das heißt durch Anerkennung der *objektiv-realen* Welt, Anerkennung der Erkenntnis als der *Widerspiegelung* dieser Realität und mithin Anerkennung der *objektiven Wahrheit*. Das schließt die Anerkennung der *Praxis* als *Grundlage, Kriterium und Ziel* der Erkenntnis ein, die Hinwendung schließlich zur *materialistischen Geschichtsauffassung*, ohne die eine richtige, die gesellschaftliche Entwicklungsgesetzlichkeit der Wissenschaft berücksichtigende Abbildung der wissenschaftlichen Tätigkeit nicht möglich ist. Da dieses aber offene Parteinahme erfordert, die der bürgerlichen Ideologie *entgegengesetzt* ist, bleiben bürgerliche Wissenschaftskonzeptionen notwendig abstrakt, einseitig, vermögen sie nur einzelne Seiten der Wissenschaft systematisch zu erfassen. Gerade dafür liefert Diemers positivistisch-phänomenologisches Wissenschaftsverständnis ein anschauliches Beispiel.

[79] A. Diemer, Was heißt Wissenschaft? A. a. O., S. 83.

[80] Vgl. zu dieser positivistisch-phänomenologischen Position Diemers auch den Abschnitt: Der Wissenschaftsbegriff der Phänomenologie, in: Die Wissenschaft von der Wissenschaft, a. a. O., S. 63ff; zu den Bedingungen derartiger Verbindungen zwischen ursprünglich unterschiedenen philosophischen Konzepten vgl. auch den Abschnitt 3.4: Zur positivistisch-pragmatischen Wissenschaftskonzeption.

Wenngleich Diemer Wissenschaft auch als einen „Bereich der Kultur" und als „anthropologische Kategorie" anerkennt, befaßt er sich mit dem gesellschaftlichen Thema der Wissenschaft nur nebenbei. Diemer tangiert gewissermaßen einige Hauptaspekte der Wissenschaft und ihre Entwicklung, indem er erwähnt, Wissenschaft könne „ein Gesamt von Menschen" bezeichnen (Individuen und Gruppen), Institutionen, Apparate usw., ferner auch als „menschliche Aktivität" verstanden werden. Jedoch alle diese Bestimmungen sind auf eine andere zurückführbar, die er als „den inneren Kristallisationspunkt" der vorgenannten kennzeichnet.[81] Damit aber verschenkt Diemer die entscheidende Chance, zum Kern wissenschaftstheoretischer Problematik vorzustoßen, obwohl er zunächst einige Voraussetzungen hierfür erkennt. Im Mittelpunkt seines Interesses steht schließlich eine völlig abstrakte, jeden konkreten Gehaltes entleerte Wissenschaftskategorie, die er als eigentlich „theoretisch" anerkennt und für die er die Bezeichnung „propositional" bevorzugt: Diemer will damit hervorheben, daß „moderne Wissenschaft" in erster Linie als Satz-System zu bestimmen ist. So schrieb er 1964: „Wissenschaft ist ein Gesamt von Sätzen über einen thematischen Bereich, die mit diesem in einem Begründungszusammenhang stehen. Sie zerfallen in die Klasse der Basis- und die der theoretischen Sätze; von den ersten wird gefordert, daß sie wissenschaftlich wahr, von den zweiten, daß sie berechtigt sind."[82] Sprach Diemer damals wenigstens den sogenannten Basissätzen Wahrheitscharakter zu, so geht er später auch davon immer mehr ab: 1968 schließt er einen Vortrag mit den Worten: „Kulminierte die klassische Konzeption im Begriff des absoluten kategorisch-deduktiven Systems (von Erkenntnissen bzw. Wahrheiten), so die moderne im Begriff des konditionalen hypothetisch-deduktiven Systems (von Sätzen)".[83] Wenig später grenzt er sich noch deutlicher von der „klassischen" Konzeption ab: „... handelt es bei der Wissenschaft sich zunächst um Wahrheiten, dann um Erkenntnisse, so heute um Aussagen."[84]

[81] A. Diemer, Zur Grundlegung eines allgemeinen Wissenschaftsbegriffs, a. a. O., S. 214f. [82] A. Diemer, Was heißt Wissenschaft? A. a. O., S. 67.

[83] A. Diemer, Die Begründung des Wissenschaftscharakters der Wissenschaft im 19. Jahrhundert. Die Wissenschaftstheorie zwischen klassischer und moderner Wissenschaftskonzeption, in: Beiträge zur Entwicklung der Wissenschaftstheorie im 19. Jahrhundert. Studien zur Wissenschaftstheorie, Bd. 1. Meisenheim am Glan 1968, S. 62.

[84] A. Diemer, Der Wissenschaftsbegriff in historischem und systematischem Zusammenhang, in: Der Wissenschaftsbegriff. Historische und systematische Untersuchungen, a. a. O., S. 11.

An gleicher Stelle formuliert er schließlich, Wissenschaft sei im „modernen" Verständnis ein „hypothetisch-deduktives System konditioneller Sätze, die ein bestimmtes als Wissenschaftskriterium fungierendes ‚Sinnkriterium' erfüllen müssen, um als wissenschaftlich sinnvolle Sätze anerkannt zu werden."[85]

Damit wären wir wieder beim Ausgangspunkt angelangt: Bei der neopositivistischen Sinn-Bestimmung der Wissenschaft, die, subjektiv-idealistisch konzipiert, „Wissenschaftlichkeit" von der realen Welt absondert, sie auf methodische Kriterien beschränkt, Wahrheitsaussagen ausschließt und von der lebendigen wissenschaftlichen Tätigkeit gesellschaftlicher Individuen und Kollektive nichts weiter übrig läßt als ein nacktes Gerüst abstrakter Kategorien. „Wissenschaft" wird mit konstruktiv festgelegten wissenschaftsinternen Kriterien identifiziert und damit ausschließlich auf subjektive Faktoren zurückgeführt. Ganz in positivistischer Denkweise befangen und in der Interpretation sowie in der begrifflichen Fassung von „Wissenschaftskriterien" wiederholt auf Husserl zurückgreifend, zählt Diemer die Grundsätze auf, die er für die bestimmenden in der Wissenschaft hält: „... die Positivierung, die Entmetaphysierung, die Autonomisierung, die Operationalisierung, die Problematisierung, die Konditionalisierung, die Hypothetisierung, die Propositionalisierung und die Intersubjektivierung".[86]

Hier ist mit der Aufzählung vermeintlicher Merkmale, die der modernen Wissenschaft wesenseigen sein sollen, ein wissenschaftstheoretisches Programm und eine Konzeption in hochkonzentrierter Form vorgelegt, die eine Problemorientierung deutlich machen, welche wir abstrakt-erkenntnistheoretisch nannten. Dieses Programm und diese Konzeption sind Ausdruck zwar für das Interesse, bestimmte Seiten der wissenschaftlichen Tätigkeit zu erschließen, zugleich aber auch ein besonders krasser Ausdruck der Grenzen, die bürgerlichem Verständnis über die gesellschaftliche Erscheinung Wissenschaft gesetzt sind. Die konzeptionelle Enge dieses Programms zeigt, daß es im Zusammenhang mit dem objektiven Prozeß der Vergesellschaftung der Wissenschaft, im Zusammenhang mit der staatsmonopolistischen Integration und Formierung der Wissenschaft notwendig zur Herausbildung einer zweiten Linie, das heißt eines anderen Problemtyps der Wissenschaftstheorie kommen mußte. Es entstand zwangsläufig das Bedürfnis, neben den methodentheoretisch-epistemologisch konzi-

[85] Ebenda, S. 5.
[86] Ebenda, S. 15.

pierten Wissenschaftslehren immer stärker auch philosophisch-soziologische und sozialwissenschaftlich konzipierte Denksysteme über Wissenschaft zu entwickeln und einzusetzen. Zunächst geschieht das in Anknüpfung an gnoseologische Themen. Diese Versuche wollen wir nun verfolgen.

3.4 Zur positivistisch-pragmatistischen Wissenschaftskonzeption

In dem widerspruchsvollen Prozeß, in welchem die unterschiedlichsten philosophischen Richtungen als geistige Mittel des Monopolkapitals zur Bewältigung der Probleme zeitgenössischer Wissenschaft herangezogen werden, findet unter anderem auch eine *pragmatistische Ergänzung* und sogar Substitution der traditionellen positivistischen Wissenschaftstheorie statt. Man kann sagen, daß die neueren im Imperialismus entstehenden Wissenschaftskonzeptionen und -theorien, sofern sie auf philosophisch-subjektivistischen Prinzipien aufbauen, philosophiehistorisch weitestgehend im Gefolge des Neopositivismus zum einen und des (amerikanischen) Pragmatismus zum anderen stehen. Die dabei vollzogenen Synthesen der relativ unabhängig voneinander entstandenen subjektiv-idealistischen Richtungen versuchen vor allem, die diesen beiden Richtungen eigentümlichen Einseitigkeiten auszugleichen. Zweifelsohne drückt sich darin das ideologische Bedürfnis des Monopolkapitals aus, der komplexen Ganzheit der Wissenschaftsentwicklung und ihrem Zusammenhang mit dem revolutionären Weltprozeß auch theoretisch, durch komplexere philosophische Entwürfe, in einer Art konzeptionellen Anpassung gerecht zu werden.

3.4.1 Der philosophische Pragmatismus als Erbe

Um einige Aspekte der Synthese von Neopositivismus und Pragmatismus zu diskutieren, so wie sie für die sogenannte „operationale Philosophie“ wichtig geworden sind, wollen wir zunächst die wissenschaftstheoretischen Ambitionen des amerikanischen Pragmatisten George H. Mead skizzieren. Auf den ersten Blick scheint hier eine akzeptable Position vorzuliegen. Konstitutiv für die Meadsche pragmatistische Philosophie ist der Ansatz, daß zwischen „wissenschaftlichem Fortschritt“ und „sozialem Fortschritt“ enge Beziehungen bestehen, und zwar derart, daß mit dem Erkenntnisfortschritt zugleich

Fortschritte im Bereich des gesamten sozialen Lebens verbunden seien. Wissenschaftliche Erkenntnisse stünden im Dienste der Lösung vor allem sozialer Probleme. Andererseits sind es zu lösende soziale Probleme, die den allgemeinen Rahmen, die Richtung und die notwendigen Bedingungen des wissenschaftlichen Erkennens angeben – ursprüngliche Erkenntnismöglichkeiten existieren Mead zufolge nur im Rahmen sozialer Probleme. Wissenschaft scheint somit von vornherein als mit der Praxis der Gesellschaft, vor allem mit dem gesellschaftlichen Fortschritt verknüpft. Allerdings gilt dies mit zwei wichtigen Einschränkungen: Erstens gelangen nach Meadscher Konzeption die Menschen nicht durch wirkliche Tätigkeit (deren entscheidende Sphäre ja die materielle Produktion ist) zu Wissen und zu Wissenschaft, zweitens wird Praxis implizit als *spontanes* Handeln verstanden. Daraus folgt, daß Wissenschaft selbst spontan entsteht und zugleich – da sie mit dem „Handeln" schlechthin verknüpft ist – die Gesamtheit aller menschlichen Erscheinungen umgreift. Damit Wissenschaft wirklich entsteht, müssen „Zwänge" auftreten, die dem „unmittelbaren Erlebnisstrom" und dem „spontanen Handlungsablauf" entgegenstehen. Nach Mead führen Hindernisse zu Handlungskonflikten und Problemstellungen. Die Menschen, deren Dasein solchermaßen konfligierend geworden sei, versuchen der Situation dadurch Herr zu werden, daß sie unter Aktivierung ihrer praktischen Vernunft (Philosophie) und ihrer theoretischen Vernunft (Wissenschaft) Handlungskonzepte entwerfen, mit denen sie die sie belastenden Zwänge überwinden können. Wissenschaft und Philosophie entspringen also menschlichen Konfliktsituationen, sind mithin zwei eng miteinander verwobene Erscheinungsweisen menschlicher Intelligenz.

Für die Logik des Meadschen Systems hat diese Auffassung die Konsequenz, daß Wissenschaft und Philosophie (oder Sachurteil und Werturteil) eine Einheit bilden müssen, Wissenschaft und Philosophie also nicht auseinandergerissen werden. Beide sind jedoch nicht identisch sowohl dem Inhalt als auch der Funktion nach. So stellt Mead über das Verhältnis von traditioneller, nicht-pragmatistischer Philosophie einerseits und Wissenschaft (vor allem der am Modell Newtonscher Physik orientierten Naturwissenschaft) andererseits fest: „Ich glaube, daß die Aufgabe der Rationalisierung die Philosophie dazu zwang, aus der Welt ein Problem zu machen, welche für die Wissenschaft einfach da war, und zwar als Voraussetzung des Problems, welches die Wissenschaft zu lösen versuchte ... Die Philosophie mußte also die Welt redefinieren, welche für die Wissenschaft unerschüttert blieb, und der Erfolg der Wissenschaft zwang die Philosophie, die

Resultate der wissenschaftlichen Analyse dabei zu verwenden."[87] Philosophie und Wissenschaft sind danach also spezielle Formen der Reflexion von Problemen und Hemmnissen im „konfligierenden menschlichen Dasein". Indem die Aufgabe der Philosophie derart sei, daß sie die „Welt der Wissenschaft" als Ganzes problematisiere, begründet und entwickelt sie die Handlungskonzepte der Wissenschaft weiter. Nun aber ist tatsächlich der „Dauerkonflikt" im menschlichen Handeln, der sich in der bürgerlichen Gesellschaft im bellum omnium contra omnes oder eben im sozial-ökonomisch verankerten struggle of life manifestiert, die für das bürgerliche Bewußtsein einzig denkbare reale Basis des sozialen Fortschritts. Wenn Mead der Philosophie die Aufgabe zuerkennt, von der Wissenschaft entworfene Handlungskonzepte weiterzuführen, so bedeutet dies nichts anderes, als daß die Wissenschaft als strategisches Potential direkt in den Kampf der Interessen einbezogen und zur *Verewigung des struggle of life auf seiner eigenen kapitalistischen Basis* herangezogen werden soll. Aufgabe der Philosophie ist es, die Welt nach Maßgabe des kapitalistischen Klasseninteresses zu problematisieren und die Welt der Wissenschaft in eben diesem Sinne zu „redefinieren". Grundaufgabe der pragmatistischen Philosophie ist es, diese erträumte Harmonie von Wissenschaft und bürgerlichem Klasseninteresse programmatisch durchzuführen – eine Aufgabe, die objektiv unlösbar ist, deren Formulierung aber zwecks Eindämmung der wachsenden Einsicht vom unversöhnlichen Widerspruch zwischen Kapitalismus und modernem Stand der Wissenschaftsentwicklung eine suggestive Kraft ausübt.

Philosophische Probleme sind nach pragmatistischem Konzept nur insofern sinnvoll definierbar, als sie im Handlungsfeld jeweiliger Interessenkonstellationen im struggle of life gestellt und ihnen entsprechende Entwürfe der theoretischen Vernunft (Wissenschaft) subsumierbar sind. Dieses Programm schließt – etwa im Gegensatz zu traditionellen positivistischen Auffassungen – keineswegs axiologische Funktionen der Philosophie in ihrem Verhältnis zur Wissenschaft aus, sondern erfordert diese geradezu. Wesentlich wird für Mead in diesem Zusammenhang der *rationale Aspekt* der praktischen Vernunft (Philosophie), der sie nicht nur schlechthin von der „Metaphysik" abhebe, sondern die direkte Brücke zur „Welt der Wissenschaft" darstelle. Gleichwohl stellt die „Metaphysik" im pragmatistischen System Meads eine wichtige Form der ideellen Aneignung der Erfahrungswelt des Menschen dar. Mead versteht nämlich unter

[87] G. H. Mead, Philosophie der Sozialität, Frankfurt/M. 1969, S. 43.

Metaphysik nicht nur eine wissenschaftlich unbegründete, spekulative Betrachtung der Welt, sondern er definiert sie als ein Ideensystem, in welchem mit Begriffen oder auch in nichtbegrifflicher, psychologischer Form bislang ungelöste Probleme *festgehalten* werden. Gelingt es, in metaphysischen Systemen gespeicherte Probleme in Termini ihnen zugehöriger vergangener Erfahrungen und Problemlösungen darzustellen, so ergibt sich die Möglichkeit der Systematisierungen von Problemsituationen mit den Mitteln der *deduktiven Logik*. Gelingt dies nicht, so ist das in seinem Handeln blockierte Individuum auf eigene subjektive Erfahrungen und auf die eigene Überprüfung von Hypothesen angewiesen. Die dabei ablaufenden Akte haben Mead zufolge zunächst nur subjektive Gültigkeit und gehören in den Bereich *psychologischer Forschung*. Alle Versuche jedoch, die sich aus konkreten Handlungssituationen ergebenden neuen Bedeutungsinhalte in neue allgemeine Aussagen zu transformieren, fallen in den Bereich der *induktiven Logik* mit ihren Methoden des experimentellen Testens von Hypothesen. Die Lösung eines – auch metaphysisch vorbedachten – Problems zeigt sich nach Mead in allen Fällen darin, ob die durch dieses Problem aufgetretenen Handlungshemmungen des Individuums aufgehoben sind, die Handlung selbst weitergeführt und *erfolgreich* zu Ende gebracht werden kann.

Mead räumt also der Metaphysik als Erfahrungsspeicher und Speicher bislang noch ungelöster Probleme einen wichtigen Platz im Verhältnis der kapitalistischen Gesellschaft zur Wissenschaft ein. Zunächst einmal ist die Metaphysik, so wie sie Mead versteht, die geistige Basis zur illusionären Überwindung des Interessenkonflikts von (in der ökonomischen Anarchie des Kapitalismus) agierenden Individuen. Sie ist weitgehend definierbar als allgemeine Durchschnitts- und Integrationsideologie ökonomischen und anderen gesellschaftlichen Zwängen ausgelieferter Individuen. In dieser Form vermittele sie das Individuum zur gegebenen Gesellschaft und letztere zu ihrer eigenen Geschichte. Auf ihr beruhe letztlich die Einheit der Wissenschaft, die Systematik der Wissenschaft und ihrer Methoden, zugleich vermittele sie die wissenschaftliche Tätigkeit mit den ehernen Werten der (bürgerlichen) Gesellschaft. Der oberste Wert, an den die Metaphysik das problemlösende Verhalten des Individuums koppelt, sei der *Erfolg* individuellen Handelns.

Meads Wissenschaftskonzeption ist eng verknüpft mit seiner Philosophie des Menschen und der Gesellschaft.[88] Damit unterscheidet

[88] Ebenda, S. 280.

sie sich erheblich von den traditionellen positivistischen Auffassungen zur Wissenschaft. Selbstverständlich geht es bei der Entwicklung dieser speziellen Form der bürgerlichen Wissenschaftstheorie aber ebenfalls nicht ohne Mystifikation in ihren Grundvoraussetzungen ab, deren Wirksamkeit sich bis hinein in die Erörterung methodologischer, erkenntnistheoretischer und ähnlicher Fragen bemerkbar macht. Die von Mead vollzogenen wichtigsten Mystifikationen realer Zusammenhänge zwischen Gesellschaft, Mensch und Wissenschaft sind folgende:

1. Mead geht von der falschen Annahme aus, daß das intellektuelle, wissenschaftliche Verhalten der Menschen aller wirklichen, gegenständlichen Tätigkeit des Menschen *vorgeordnet* ist. Diese Annahme impliziert ein ahistorisches und antimaterialistisches Verständnis von Wissenschaft, Mensch und Gesellschaft.

2. Mead reduziert die Gesamtheit wissenschaftlicher Tätigkeit des Menschen einseitig auf problemlösendes Verhalten, dem zudem eine primär subjektive Gültigkeit zuerkannt wird. Die Gegenständlichkeit des Wissens wird daher auf subjektive Anerkennung und auf den subjektiven Erfolg eingeschränkt.

3. Der Begriff der „Praxis" des Pragmatismus ist dem marxistisch-leninistischen Praxisbegriff direkt entgegengesetzt. Der pragmatistische Praxisbegriff geht undifferenziert vom „problemlösenden Handeln" schlechthin aus, „Handeln" wird mit „Praxis" identifiziert. Damit wird zwangsläufig die materialistische Grundposition ignoriert und eine spezifische Form der idealistischen Praxiskonzeption entwickelt. Zudem trägt die pragmatistische „Praxis" nicht von vornherein gesellschaftlichen Charakter; Praxis gewinne ihn erst in dem Maße, in dem sich das subjektive Wissen über Handlungserfolge verallgemeinert und objektiviert. Die Praxis entspringe aus dem Wissen und aus der Wissenschaft, nicht umgekehrt.

Um das Problem der Wahrheit im Sinne der subjektivistischen Handlungskonzeption zu lösen, geht Mead zunächst auf die Bedeutung des „wissenschaftlichen Datums" zurück. Diese Bedeutung liege in ihrem Widerspruch zu einer Theorie oder in genialen wissenschaftlichen Konstruktionen oder in der Theorie des historischen Prozesses.[89] Die wissenschaftlichen Daten „gehören allein den Erfahrungen an, denen sie entstammen."[90] Wahrheit erscheint also primär als eine Funktion subjektiver Erfahrungen, sie ist an singuläre, psychische

[89] Ebenda, S. 45.
[90] Ebenda, S. 46.

Ereignisse gebunden. Da die Wahrheit also der Sphäre der Subjektivität entspringt oder in stärkerem Maße „von den Begriffen der von uns vorgelegten Hypothese“ abhängt, reduziert sich ihre Gegenständlichkeit, ihre Objektivität auf „die Fähigkeit zu handeln, wo handeln vorher blockiert war“.[91] Oder wissenschaftstheoretischer formuliert: „Die Wahrheit jedes relationalen Komplexes ... liegt in seiner wirksamen Anwendung bei der Konstruktion von Arbeitshypothesen. Sie müssen selbst kohärent sein, um effektiv angewandt werden zu können, aber Kohärenz ist nicht Wahrheit. Nicht die Kohärenz der Theorie macht ihre Wahrheit aus, sondern ihre Überzeugungskraft, und Überzeugungskraft ist immer auf den Bereich des Handelns bezogen.“[92] Berücksichtigt man, daß „Handeln“ selbst subjektiv-idealistisch gefaßt war, so wird die Pseudowissenschaftlichkeit dieser Konzeption offensichtlich.

Verallgemeinernd können wir sagen, daß auf der Grundlage eines idealistisch umgestülpten Praxisbegriffs die subjektiv-idealistische Interpretation der wissenschaftlichen Wahrheit eine wesentliche Bedingung für die Ausformulierung des pragmatistischen Wissenschaftsverständnisses ist. Wissenschaftliche Inhalte, ausgedrückt in singulären Urteilen, Theorien und Hypothesen, erweisen sich genau dann als wahr, wenn sie als Interpretationsschemata gelten können, um Erfahrungen, die mit dem Gewohnten in Widerspruch stehen, wieder mit der „Welt“ in Übereinstimmung zu bringen, so daß ein gestoppter Handlungsablauf des Individuums fortgeführt werden kann.

Diese Auffassung hat infolge des zugrunde liegenden Subjektivismus weitere Konsequenzen. Mead setzt immer einzelne Individuen als handelnd voraus. Man könnte also annehmen, daß ihr jeweiliges Handeln durch völlig verschiedene Umstände unterbrochen und die Bedingungen für die Handlungsfortführung individuell verschieden realisiert werden können. Konsequenterweise wären ideelle Konzeptionen zur Überwindung von Handlungsunterbrechungen nicht intersubjektiv überprüfbar (von objektiver Prüfung ganz zu schweigen): Der Erfolg, den ein bestimmtes Individuum zu haben glaubt, brauchte von einem anderen Individuum nicht als solcher akzeptiert zu werden. Übereinstimmung in der Bewertung des Resultats des Handelns wäre mithin nur möglich, indem auf eine Menge allgemein anerkannter Werte rekurriert werden könnte. Eben aus diesem Grunde schließt Mead, im Gegensatz zum traditionellen Positivismus, die Theorie

[91] Ebenda, S. 49.
[92] Ebenda, S. 51.

der Werte, also die „Metaphysik“, aus seinen wissenschaftstheoretischen Überlegungen nicht aus. Mead stellt fest: „Es steht jedoch außer Frage, daß es sehr wohl sinnvoll ist, die Welt als Ganzes zu sehen; doch der Ansatz, der die meiste Aufklärung über die Welt verspricht, besteht darin, sie einzugrenzen, d. h. festzustellen, was sie nicht ist.“[93] Diese negative Bestimmung der Welt ist im Prinzip ideologisch programmatisch. Sie läßt die „Welt“ als Leerstelle offen, die nach den jeweiligen ideologischen Bedürfnissen des bürgerlichen Herrschaftssystems ausgefüllt werden kann und zugleich weiten Raum für eine auf das Individuum bezogene subjektive Interpretation zuläßt. Der negative Weltbegriff Meads ist zugleich konzeptiv für eine *Absage an die wissenschaftliche Erforschbarkeit der Geschichte* im Zeichen einer „Verwissenschaftlichung“ der Geschichtsbetrachtung, die im Gegensatz zum traditionellen (westeuropäischen) Positivismus die hermeneutische Methode geschichtlicher Forschungen zu retten versucht: „Geschichte ist die Interpretation der Vergangenheit in Begriffen der Gegenwart, ebenso wie sie die Interpretation der Gegenwart in Begriffen der Vergangenheit ist ... Vergangenheit und Zukunft richten sich in der Tat nach der Gegenwart ... In einem gewissen Sinne bringt jede unvergleichliche Gegenwart die Vergangenheit hervor, welche für ihre Erklärung logisch erforderlich ist.“[94] Deutung der Geschichte nach Maßgabe der Kategorien der Gegenwart soll verbunden werden mit den logischen Prinzipien (natur-)wissenschaftlicher Erklärung. Das erzwingt de facto ein sich ständig wandelndes, auf individuelle Zielsetzungen sich einpegelndes Geschichtsbewußtsein, dessen wissenschaftlicher Ausdruck allerdings keineswegs exakt formulierte historische Gesetzmäßigkeiten sind, welche der materiellen gesellschaftlichen Praxis standhalten, sondern *Hypothesen, die zur Verwirklichung subjektiver Zielsetzungen dienen* und deren *Wahrheit am subjektiven Erfolg geprüft* wird. So zeigt sich, daß die Wahrheit historischer Theorien oder die Gegenständlichkeit des Wissens von der Geschichte nicht aus dem wirklichen Verlauf der Geschichte abstrahiert ist, sondern dem logisch-hypothetischen Räsonnement des subjektiven Zielen nachjagenden Individuums überantwortet ist. Geschichtliche Theorie wird damit auf subjektive Interpretationen historisch-singulären Tatsachenmaterials eingeengt, dessen innere Gesetzmäßigkeit geleugnet und durch den deduktiv-hypothetischen Schluß von der Gegenwart auf die Vergangenheit ersetzt.

93 Ebenda, S. 56.
94 Ebenda, S. 57.

Dieser Exkurs über die Geschichtsphilosophie des Pragmatisten Mead sollte zeigen, worin die prinzipielle Grenze der Meadschen Wissenschaftsauffassung besteht, die, obwohl von Mead als Teil seiner Sozialauffassung konzipiert, vor der wirklichen Erforschung des Sozialen und seiner Geschichte haltmacht. Diese prinzipielle Begrenzung ergibt sich aus drei Umständen:

1. aus der Trennung von Mensch und Gesellschaft in dem Sinne, daß die Gesellschaft und ihre Geschichte nicht als das Produkt des praktisch-gegenständlichen Handelns der Menschen begriffen wird, sondern als Abfolge gelöster und noch zu lösender Probleme, über deren ideelle Verarbeitung sich der Mensch erst sozialisiert;

2. aus der Eingrenzung wissenschaftlicher Tätigkeit auf problemlösendes Verhalten in dem Sinne, daß die Wahrheit der Theorie auf die Praktikabilität einer nach subjektiven Erwartungen konstruierten Hypothese reduziert wird;

3. aus der versuchten eklektischen Kombination der logisch-positivistischen Methode mit der hermeneutischen, die sich während der (west-europäischen) Geschichte der Philosophie und Methodologie herausgebildet haben und die wegen der in ihnen vorgenommenen Verabsolutierungen nicht dialektisch miteinander zu vereinen sind.

Der Pragmatismus muß die „Objektivität" der Theorie auf eine mögliche Intersubjektivität der methodischen Problembehandlung bzw. -lösung eingrenzen. Intersubjektivität aber ist nicht Objektivität; setzt letztere vor allem den Bezug der Theorie auf die praktisch-gegenständliche Veränderung natürlicher und gesellschaftlicher Lebensumstände des Menschen durch den Menschen selbst voraus, also in erster Linie die Produktion des materiellen Lebens der Gesellschaft durch wirkliche, historisch-konkret agierende Menschen, so kann es erstere beim liberalen Konsensus bewenden lassen. Dann aber bleiben die gesellschaftlichen Grundlagen der jeweiligen vom Individuum vollzogenen Handlungen unerfaßt, dann wird nicht nach ihrem Wesen, ihrem inneren Widerspruch und ihren gesetzmäßigen Zusammenhängen und Veränderungen gefragt. Die Gegenwart – dies ist eine wissenschaftstheoretisch verbrämte geschichtsphilosophische Konsequenz – wird so gewissermaßen zu einer in sich widerspruchsfreien Prämisse für den strategischen Handlungsentwurf. Allerdings ist diese Prämisse ideologisch gefiltert nach Maßgabe der Welt der Werte, in der das handelnde Individuum zu leben vermeint. Dem logischen Ausgangspunkt der Handlung kommt mithin ein nur abgeschwächt theoretischer Wert, also ein hypothetischer Wert zu. Die historisch-konkret bestimmte Struktur der Handlungen der Menschen wird dadurch auf eine ideologisch gestützte hypothetisch-deduktive Struktur abgebildet und vereinseitigt, die Logik des Handlungsentwurfs letztlich mit der Handlung selbst identifiziert. Damit kennzeichnet der Pragmatismus das menschliche Handeln als logische Verallgemeinerung der wissenschaftlichen Methode, betrachtet also die Gesellschaft und ihre vermeintliche Elementarzelle, die individuelle Handlung, nach Maßgabe des *pragmatistisch gedeuteten* naturwissenschaftlichen Experiments und seiner Beschreibung in den Termini der Logik: Ebenso wie der Experimentator die Voraussetzungen seines Experiments nicht bestreite und die zu verifizierende Hypothese selbst festlege, gehe nun auch der pragmatisch handelnde Mensch vor. „Wenn der Pragmatismus eine logische Verallgemeinerung der wissenschaftlichen Methode darstellt, so kann er das Problem, welches das Denken beschäftigt, nicht in ein umfassenderes Problem aufgehen lassen, das die Gültigkeit der Bedingungen bestreitet, die die notwendigen Prüfsteine der Lösung sind, welche das Denken anstrebt."[95] So charakterisiert Mead seine gesellschafts- und wissenschaftstheoretisch relevante Interpretation der experimentellen Methode der Naturwissenschaften. Allerdings, so meinen wir, liegt gerade im *Bestreiten der Bedingungen,* in der theoretischen und praktischen *Kritik der Voraussetzungen* ein Aspekt sowohl des naturwissenschaftlichen als auch des gesellschaftlichen Fortschritts begründet, was übrigens keineswegs der naturwissenschaftlichen Methode Abbruch tut. Hätten etwa die Physiker nicht die theoretischen Voraussetzungen des Michelson-Experiments bestritten, so hätte die Relativitätstheorie wohl noch lange auf sich warten lassen müssen; die Kritik der hypothetischen Annahmen und des Denkstils, die ein wissenschaftliches Vorgehen stets wesentlich bestimmen, ist insbesondere in revolutionären Perioden der Wissenschaftsentwicklung ein wichtiger Erkenntnisfaktor. Der erste Teil der Implikation, mit der Mead seine Philosophie in Beziehung zur wissenschaftlichen Methode bringt, bleibt also zu bestreiten. Vielmehr scheint der Pragmatismus eine konservative Interpretation der wissenschaftlichen Methode zu sein, so wie sie für die Funktionsweise des bürgerlich-imperialistischen Machtsystems sinnvoll erscheint: „Das Problem, dem sich der Pragmatismus gegenübersieht, ist also das Problem der Erhaltung von Werten (der bürgerlichen Gesellschaft, d. Verf.) durch eine Methode, anstelle einer Struktur."[96] Und diese Methode soll eben gerade die

[95] Ebenda, S. 55.
[96] Ebenda, S. 67.

pragmatistisch gedeutete Methode des naturwissenschaftlichen Erkennens sein.

Der Pragmatismus G. H. Meads ist eine spezifische Erscheinung der herrschenden Ideologie in den USA. In dem Maße, in dem sich der USA-Imperialismus entwickelte, die Diktatur der Monopole auf das gesamte gesellschaftliche Leben ausgedehnt wurde, entstand die Notwendigkeit, die neuen Erscheinungen vom Standpunkt der herrschenden Klasse philosophisch zu verarbeiten. Dem Pragmatismus ist von vornherein die extreme Betonung des technologisch-aktivistischen Verhaltens im Sinne rationeller, an subjektiven Zielsetzungen orientierter Strategieentwürfe zum „Überleben" eigen. In vermittelter Weise diente der Pragmatismus dazu, die Erfolge der Wissenschaft technologisch-aktivistisch zu interpretieren, sie in die allgemeine Durchschnittsideologie einzubeziehen und sie sozusagen auf dem Boden der US-amerikanischen Massengesellschaft festzumachen. Die Erfolge der nordamerikanischen Naturwissenschaft und Technik seit der Jahrhundertwende schienen diese Konzeption vollauf zu bestätigen. Selbstverständlich konnte die pragmatistische Philosophie der Wissenschaft, so, wie sie von Mead entwickelt wurde, bis heute nicht unmodifiziert als ideologische bzw. philosophische Plattform der Bewältigung der Wissenschaftsentwicklung im Imperialismus erhalten werden. Daß nicht zuletzt auch durch die Entwicklung der Wissenschaften die praktische Negation des Kapitalismus und die Herausbildung des Sozialismus als einer realen ökonomischen, sozialen, politischen und geistigen Macht gefördert wurde, hatte Mead nicht vorausgesehen. Die Umstände, unter denen der heutige Imperialismus die Wissenschaftsentwicklung bewältigen muß, haben sich gewandelt. Sie sind hauptsächlich durch die Auseinandersetzung mit dem Sozialismus geprägt, der auch auf dem Gebiet der wissenschaftlich-technischen Auseinandersetzung mit dem Kapitalismus eine umfassende Offensive eingeleitet hat. Im Zentrum dieser Offensive steht die Umwandlung der Wissenschaft in eine unmittelbare Produktivkraft, die sich organisch in den Gesamtprozeß der umfassenden Entwicklung des Sozialismus eingliedert und der Befriedigung der rasch wachsenden Bedürfnisse der gesamten Bevölkerung dient.

Darauf muß sich auch die vom Imperialismus geführte geistige Auseinandersetzung um Wissenschaft und Technik einstellen. Die traditionellen Leitlinien des bürgerlichen Wissenschaftsverständnisses reichen bei weitem nicht aus, dem Sozialismus/Kommunismus geistig gerüstet gegenüberzutreten, geschweige denn in dieser Auseinandersetzung die Initiative zu übernehmen. Eine wesentliche

Voraussetzung hierfür ist die umfassende Mobilisierung der aus der Tradition überkommenen geistigen Konzeptionen, ihre Reaktivierung und Mobilisierung einerseits sowie die Entwicklung neuer Konzepte andererseits. Wie brüchig diese theoretische Basis ist, ergibt sich notwendig daraus, daß die Betrachtung der Wissenschaftsentwicklung in allen diesen Konzepten im Spiegel illusionärer Zukunftserwartungen des Monopolkapitals erfolgt. Beim Positivismus äußert sich dies darin, daß die formale Funktionsweise des vom Monopolkapital usurpierten wissenschaftlichen Erkenntnisprozesses als Basis der Auseinandersetzung mit dem Sozialismus und als Garant zum „Überleben" entwickelt wird; beim Pragmatismus steht die Subsumtion wissenschaftlicher Tätigkeit unter die Welt der „Werte" der kapitalistischen Gesellschaft im Vordergrund.

3.4.2 Das „operationale Denken" als wissenschaftstheoretisches Konzept

Beide traditionellen Leitlinien bürgerlichen Wissenschaftsverständnisses versucht – wie wir zu diesem Abschnitt einleitend feststellten – die philosophische Konzeption des „operationalen Denkens" zusammenzufassen. Hierbei handelt es sich um eine philosophische Modeströmung, die eine der ersten umfassenden Darstellungen bereits in den 50er Jahren durch Anatol Rapoport in „Operational Philosophy – Integrating Knowledge and Action" erfuhr.[97] Die deutschsprachige Übersetzung dieses Buches wird 1970 durch Karl Steinbuch mit den emphatischen Worten eingeleitet, es finde sich „kaum ein anderes Buch, das hier und jetzt dringender gebraucht wird: Erstens gibt es Antworten oder Hilfen für brennende Fragen unserer siebziger Jahre. Zweitens gibt es eine Darstellung philosophischen Denkens, die sich sehr wohltuend von hier entstandenen Büchern unterscheidet. Drittens gibt es eine Philosophie für den handelnden Menschen, für Entscheidende in Staat, Wirtschaft und Wissenschaft, für Naturwissenschaftler und Ingenieure."[98]

Es würde zu weit führen, die von Steinbuch zugleich für die Wichtigkeit des operationalen Denkens geltend gemachten Argumente auf

[97] A. Rapoport, Operational Philosophy – Integrating Knowledge and Action, New York 1953. (Dt. Ausg.: A. Rapoport, Philosophie heute und morgen, übersetzt und herausgegeben von G. Schwarz, Darmstadt 1970).

[98] Ebenda, S. XX.

ihre Stichhaltigkeit zu überprüfen. Steinbuchs Einstellung zur operationalen Philosophie ist sicher nicht unwesentlich dadurch motiviert, daß er diese Philosophie als Philosophie der Kybernetik ansieht.

In der Tat redet Rapoport der Philosophie als „Experimentieren mit Gedanken" das Wort, das das Versagen der traditionellen (bürgerlichen) Philosophie vor den Problemen der Gegenwart und der Zukunft überwinden soll. Es fragt sich allerdings, wie diese Überwindung geschehen soll und durch wen die Probleme „unserer" siebziger Jahre praktisch gelöst werden sollen.

Folgt man den Darstellungen Rapoports, so sind es unter anderem folgende Probleme, die vordringlich gelöst werden müssen:
- die Befreiung der Menschheit vom „verdummenden Einfluß verknöcherter Ideologien", „um die Menschheit von den heutigen Bedrohungen zu befreien, die ihren Fortbestand gefährden"[99]
- der Abbau des Zerstörungspotentials der Waffentechnik,
- die Überwindung der Bürokratie, der Verselbständigung von Entscheidungsinstitutionen, die zum Selbstzweck geworden sind.

Es ist nicht zu bestreiten, daß eine Vielzahl solcher Probleme gelöst werden muß. Ebenso ist klar, daß zu dieser Lösung nicht nur der „gute Wille" benötigt wird, sondern daß klare Programme erforderlich sind, die sich auf wissenschaftlich fundierte Einsichten in das Wesen dieser Probleme stützen und zugleich die sozialen Kräfte benennen und mobilisieren, die die Wurzel dieser Übel beseitigen können. Marxistisch-leninistische Analysen weisen überzeugend nach, daß die einzelnen angeführten Probleme Folgeerscheinungen des sich immer mehr ausprägenden Grundwiderspruchs des Imperialismus sind und durchaus nicht „systemneutrale" Probleme darstellen. Zum Beispiel kann sehr wohl und ausschließlich von einem verdummenden Einfluß der imperialistischen Ideologie die Rede sein; auch ist die Entwicklung „sich selbst genügender Institutionen" eine Erscheinung, die dem staatsmonopolistischen Kapitalismus wesenseigen ist und sich gegen die Interessen der überwiegenden Mehrheit der Menschen richtet. Keineswegs aber sind das Probleme der 70er Jahre schlechthin. Die von Rapoport vorgenommene Auswahl „operational" zu lösender Probleme ist reichlich oberflächlich, inkonsequent und einseitig. Es sind in der Tat vordergründig solche Probleme, an deren Zustandekommen die bedingungslos unter die Profitrealisierung gezwungene Wissenschaft einen nicht unerheblichen Anteil hat, und die – illusionären Konzeptionen zufolge – in erster Linie eine

[99] Ebenda, S. XV.

Wissenschaft korrigieren könnte, die außerhalb und unabhängig von politischen Systemen agieren müsse. Eine solche Wissenschaft gibt es aber nicht. Wohl gibt es hingegen Denkinhalte, Denkformen und Methoden, die, für sich genommen, von politischem Inhalt abgelöst sind und damit scheinbar außerhalb sozialökonomischer Determination stehen. Die „Operationale Philosophie" spekuliert mit diesen Denkinhalten, Denkformen und Methoden, wobei sie gerade diejenigen ideologischen Sublimate zu ihrer Basis macht, die im Zuge der Wechselwirkung von Wissenschaft und Kapital entstanden sind. So formuliert Anatol Rapoport sein Anliegen wie folgt: „Mir schwebte die Operationale Philosophie als Verschmelzung dreier Richtungen vor: 1. der in die positivistische semantische Analyse eingebetteten Philosophie der Naturwissenschaft, 2. der von den Anhängern der Allgemeinen Semantik empfohlenen Internalisierung dieser Philosophie, und 3. der von Dewey (und übrigens auch von Marx) vertretenen Ansicht, daß das Bewußtsein und folglich auch das Wissen aus dem Handeln erwächst, nicht aus der passiven Betrachtung dessen, ‚was ist'. Kurz, ich sah in der Operationalen Philosophie die problemlösende Methode des Denkens, Fühlens und Handelns, d. h. als eine Verschmelzung des Gedankens mit dem Willen und der Tat."[100]

Rapoports Auffassung zufolge soll das Versagen der traditionellen Philosophie vor den Problemen der Gegenwart und der Zukunft dadurch überwunden werden, daß Bruchstücke solcher Philosophien, die traditionell sind und sich vordergründig auf die Naturwissenschaften bezogen, neu zusammengefügt werden. Die Operationale Philosophie bricht vor allem aus den traditionellen Philosophien die in ihnen formulierten ideologisch gedeuteten Auffassungen des wissenschaftlichen Denkens heraus. Zugleich ist sie bemüht, die in diesen traditionellen Philosophien vorhandenen Überbewertungen des naturwissenschaftlichen Denkens, soweit sie am Detail der naturwissenschaftlichen Tatsache oder der Theorie orientiert sind, zu relativieren. „Heute sehen wir deutlicher als je zuvor, daß eine durch und durch wissenschaftliche Haltung gegenüber bestimmten Einzelproblemen sehr wohl mit Niedertracht und geistiger Blindheit einhergehen kann. Ja es scheint, daß der naturwissenschaftliche Standpunkt eine zwar unerläßliche, aber keineswegs ausreichende Vorbedingung für das Heranreifen des menschlichen Verantwortungsbewußtseins ist."[101] Dennoch aber sei die naturwissenschaftliche Denkhaltung

[100] Ebenda, S. XIV.
[101] Ebenda, S. XIX.

das eigentlich Wertvolle, das es auf ein neues Niveau zu heben gelte: „Nach meiner Meinung kann ein wissenschaftlicher Mensch beides zugleich sein: peinlichst objektiv und leidenschaftlich für bestimmte Werte engagiert.“ [102]

Die von der Operationalen Philosophie beabsichtigte Synthese von wissenschaftlicher Objektivität und Leidenschaftlichkeit ist eigentlich die Wiederaufnahme der pragmatistischen Programmatik, wissenschaftliches Handeln mit den Werten der bürgerlichen Klassengesellschaft zu vereinen. Zugleich stellt diese Forderung eine ideologische Reaktion bürgerlicher Provenienz auf die dem Marxismus-Leninismus wesenseigene und in ihm realisierte Einheit von Wissenschaftlichkeit und Parteilichkeit dar, auf deren Grundlage auch die Entwicklung der Naturwissenschaft im Sozialismus mit größtem Erfolg verläuft. Allerdings ist der Boden, Wissenschaftlichkeit und Parteilichkeit organisch zu verbinden, keineswegs zugleich der Boden einer Operationalen Philosophie. Die reale Grundlage, Wissenschaftlichkeit und Parteilichkeit zu einer unauflöslichen Einheit zu verschmelzen, ist für den Marxismus-Leninismus vor allem der Klassenkampf der Arbeiterklasse, der gesetzmäßig den Kommunismus herbeiführt. Gemessen an der welthistorischen Perspektive des Klassenkampfes erweist sich das wissenschaftliche Erkennen als eine wesentliche Bedingung für den Sieg der kommunistischen Gesellschaft. Es bedarf hier keiner „autonomen“ Werte wissenschaftlichen Erkennens, für die man sich in einer „gesonderten Leidenschaftlichkeit“ engagieren müßte. Der real existierende Sozialismus beweist die unauflösliche Einheit von Wissenschaft und revolutionärem Interesse der Arbeiterklasse.

Die Vermittlung von Leidenschaftlichkeit und Objektivität in der Operationalen Philosophie muß zwangsläufig gesonderte und anders geartete Werte definieren, die sich gewissermaßen aus den Gebrechen der spätbürgerlichen Gesellschaft ableiten und so angelegt sind, daß das Intelligenzpotential sich in Bahnen realisiert, die dem Imperialismus nicht gefährlich werden und nach Möglichkeit seine anachronistische Existenz verlängern helfen. Zugleich müssen spezifisch sozialistische Zielstellungen vermieden, ja abgewiesen werden. Dazu bedarf es zudem des Aufweisens einer „sozialen“ Kraft, die zwischen Monopolkapital und Arbeiterbewegung steht und gewissermaßen „systemneutral“ ist sowie in dieser Illusion gehalten werden soll. Die wertethische Appellation der Operationalen Philosophie zielt scheinbar folgerichtig auf Teile der Intelligenz – ein Zielobjekt,

[102] Ebenda, S. XVIII.

das zum Beispiel auch Karl Steinbuch, wie seine Veröffentlichungen seit geraumer Zeit ausweisen, akzeptiert. Von dieser Seite her gesehen, stellt die Operationale Philosophie ihrem sozialen Inhalt nach nichts anderes dar als eine systemtolerante, intelligenz-technokratische gesellschaftstheoretische Konzeption.

Die wertethische Appellation der Operationalen Philosophie ist, wie wir schon feststellten, die Fortsetzung der pragmatistischen Wissenschaftskonzeption unter veränderten Bedingungen. Aber es haben sich nicht nur objektive Bedingungen gewandelt, sondern auch ideelle. Der Positivismus hat seine Entwicklung vor allem in der Gestalt der Analytischen Philosophie fortgesetzt, seine ursprünglichen wissenschaftstheoretischen Auffassungen modifiziert und verfeinert. Wichtige Vorstellungen der Analytischen Philosophie sind zu Bestandteilen der Operationalen Philosophie geworden.

Für die in der Operationalen Philosophie erfolgende Rezeption positivistischen Gedankenmaterials ist wichtig, daß sie unter Beibehaltung des subjektiv-idealistischen Grundprinzips erfolgt und zugleich den axiologischen Forderungen des Operationalen Denkens genügt. Da für den Operationalen Philosophen die Forderung besteht, „peinliche Objektivität“ mit leidenschaftlichem Engagement zu verbinden, wird das Objektivitätsproblem für die gesamte Operationale Philosophie wesentlich. Gemäß vorgegebener traditioneller philosophischer Leitlinien ergibt sich Objektivität hierin nicht aus der materiell-praktischen Tätigkeit des gesellschaftlichen Menschen. Vielmehr müsse der Operationale Philosoph die Frage nach der von unseren Wahrnehmungen unabhängigen Außenwelt umgehen. Objektivität unseres Wissens ergäbe sich vielmehr aus der relativen Übereinstimmung der Wahrnehmungen verschiedener Erkenntnissubjekte. Nicht in der praktischen Anwendung des Wissens offenbare sich seine Objektivität, sondern im informationellen Austausch der Wahrnehmungen. Ziel dieses Austausches sei die Aufdeckung von Invarianzen in den Wahrnehmungen, deren Gesamtheit das ausmacht, was wir von der Welt überhaupt wissen können. Diese Form der Objektivität fordere nun Engagement, also Leidenschaft in der Diskussion, ihrer habhaft zu werden. Es geht also auch hier keineswegs um wirkliche Veränderung wirklicher Umstände; daher sind die „großen Probleme“ der Operationalen Philosophie auch solche, deren leidenschaftliche Diskussion *an der realen Praxis des Imperialismus überhaupt nichts ändert*. Daß in diesem Rahmen ein auf praktische Veränderungen abzielendes Problembewußtsein erzeugt werden kann, ist kaum zu erwarten.

Operationale Philosophie etabliert sich als Spiel mit Gedanken. Dieser Intention folgend, wird auch die traditionelle positivistische Wahrheitsauffassung umgestaltet. Rapoport führt einen operationalen Wahrheitsbegriff ein, der sich gegen zweierlei richtet: *erstens* gegen den materialistischen Standpunkt vom Abbildcharakter unseres Wissens, und *zweitens* gegen den Ausschließlichkeitsanspruch des formallogischen Wahrheitsbegriffs: „Eine Behauptung ist operational wahr, wenn alle drei der folgenden Bedingungen erfüllt sind: 1. die Behauptung enthält Vorhersagen, die sich durch denkbare Operationen nachprüfen lassen. 2. Es wurden Operationen ausgeführt, um die Vorhersagen zu prüfen. 3. Die Vorhersagen wurden durch die Operationen bestätigt."[103] Wahrheit und Tätigkeit scheinen somit unmittelbar miteinander verbunden, aber den prinzipiellen Voraussetzungen der Operationalen Philosophie gemäß ist die Tätigkeit auf die theoretische eingeschränkt. Zugleich erfüllt die operationale Definition der Wahrheit den für die gesamte Operationale Philosophie wesentlichen Zweck, sich *in wissenschaftstheoretischer Absicht den Wertsystemen der spätbürgerlichen Gesellschaft verstärkt zu öffnen,* diese Werte zu „verwissenschaftlichen" und sie der wissenschaftlichen Tätigkeit zu unterlegen.

Es liegt nahe zu fragen, unter welchen Umständen die sich in der Operationalen Philosophie vollziehende Synthese von Positivismus und Pragmatismus verursacht wird. Es ist davon auszugehen, daß sowohl Positivismus als auch Pragmatismus zwei grundlegende Varianten des subjektiven Idealismus sind, die traditionell gewisse Erfahrungen haben, das wissenschaftliche Denken mit den jeweiligen Zielstellungen des imperialistischen Systems scheinbar vereinbar zu machen. Auf dieser Grundlage gibt es eine Reihe ideologischer und auch objektiver Bedingungen dafür, daß beide Richtungen zu einer Konzeption verschmelzen. Die wichtigste ideologische Bedingung ist die, daß unter der Offensive der marxistisch-leninistischen Ideologie die imperialistische Ideologie einen komplizierten Prozeß ihrer eigenen Umorganisierung durchläuft. Dabei tritt der Streit der verschiedenen philosophischen Schulen und Modeströmungen zugunsten der Formierung einer antikommunistischen und antimaterialistischen „Einheitsideologie" zurück. Scheinbare oder auch wirkliche Widersprüche zwischen den einzelnen philosophischen Systemen werden abgebaut, der philosophische Pluralismus wird von Tendenzen zur Herausbildung eines Uniformismus überlagert. Diese Tendenz scheint sich so weit steigern zu können, daß sogar philosophische Strömungen,

[103] Ebenda, S. 55.

die auf recht verschiedener idealistischer Beantwortung der Grundfrage der Philosophie beruhten, mehr und mehr zusammenwachsen können. Wir sahen dieses ja auch am Beispiel der versuchten Synthese von Positivismus und Phänomenologie in Form des Diemerschen Ansatzes einer Wissenschaftstheorie. Auch die pragmatische Philosophie der Werte läßt sich so synthetisch mit dem Positivismus, der ehemals die Werte überhaupt aus wissenschaftstheoretisch angelegten Untersuchungen ausschloß, vereinigen. Diese Synthese also ist das Programm der Operationalen Philosophie. Voraussetzung hierfür ist lediglich ein gemeinsames Klassenanliegen dieser Philosophie und eine gemeinsame synthetische Idee.

Für die Herausbildung derartiger Hybriden gibt es jedoch vor allem auch objektive, sozialökonomische Gründe. Für die Synthese von Positivismus und Pragmatismus in der Operationalen Philosophie treffen auf alle Fälle folgende Bedingungen zu:

1. Die im staatsmonopolistischen Kapitalismus herrschenden Klassenkräfte sind gezwungen, auch die Wissenschaftsentwicklung im eigenen System unter den Bedingungen seiner Auseinandersetzung mit dem Sozialismus nach komplexen theoretischen Entwürfen zu leiten. Da die Wissenschaftsentwicklung immer offensichtlicher in Widerspruch mit den strategischen Zielstellungen des Imperialismus geraten ist, müssen auch die theoretischen Verklärungsmanöver gegenüber der Wissenschaft raffinierter und kompakter werden. Das zwingt zum Beispiel zum Abbau der traditionell gezogenen Grenzen zwischen Wissenschaft, Politik und „Metaphysik". Im konkreten Fall drückt sich dies in der Überwindung der „logischen Selbstbeschränkung" der Wissenschaftstheorie aus, etwa in der werttheoretischen Ergänzung des Positivismus.

2. In dem Maße, in dem der Imperialismus immer größere Schwierigkeiten in seinem eigenen System zu überwinden hat, wächst sein Bestreben, Mittel der Wissenschaft, ihre Ergebnisse und Methoden unmittelbar zur Systemerhaltung einzusetzen. Die dabei erwachenden Tendenzen zur Herausbildung eines dem Imperialismus dienlichen Typs der Wissenschaft zwingen zur ideologischen Integration, die durch die theoretische Bearbeitung in synthetischen Philosophien vom Typ der Operationalen Philosophie eingeleitet und gefördert wird. Die Aufnahme werttheoretischer Aspekte in diese Philosophien in wissenschaftstheoretischer Absicht soll insbesondere die Integration zwischen Natur- und Sozialwissenschaft fördern.

3. Es ist offensichtlich, daß sich die Stellung der Intelligenz im modernen Imperialismus nicht nur quantitativ, sondern auch quali-

tativ gewandelt hat; sie hat heutzutage wesentliche Vorleistungen zur Aufrechterhaltung des Systems zu leisten, die durch komplexe Ideologien gerechtfertigt werden müssen. Andererseits aber sind die Beziehungen auch der wissenschaftlichen Intelligenz zu den vielfältigen gesellschaftlichen Erscheinungen reicher geworden, was zur verstärkten Aufnahme von erkenntnistheoretischen, ethischen, soziologischen, naturphilosophischen usw. Diskussionen führt. Für die systemkonforme Führung solcher Diskussionen hatte der Positivismus keinen Vorlauf geschaffen.

4. Schließlich ist zu berücksichtigen, daß die Entstehung der Operationalen Philosophie und deren Verbreitung auch in Europa gewissen historischen Besonderheiten der Entwicklung der Wissenschaft im kapitalistischen Teil der Welt Rechnung trägt. Da die USA die wissenschaftlich-technische Führungsmacht im Imperialismus sind, sind die Aufwertung solcher wissenschaftstheoretischer Konzeptionen, mit denen die Organisation der Big science augenscheinlich erfolgte, und ihre konzeptionelle Verknüpfung mit anderen, wesensverwandten Philosophien der Wissenschaft nicht ausgeschlossen.

Die Operationale Philosophie als Konzept einer positivistisch-pragmatischen Wissenschaftstheorie vermag unter den genannten Bedingungen durchaus, eine integrative Rolle im Sinne bourgeoiser Interessen zu spielen. Vor allem deuten sich hier bereits Themen und Problemsichten an, die den positivistischen Wissenschaftslehren der Vergangenheit weitestgehend fremd waren. Wir werden sehen, wie gesellschaftliche Thematik immer stärker in den Vordergrund wissenschaftstheoretischer Konzeptionen der Bourgeoisie tritt.

3.5 Der „Konstruktivismus" und der „Rückzug" der Wissenschaftslehre

Hier soll von der Wissenschaftskonzeption die Rede sein, wie sie durch den Westberliner Psychologen Klaus Holzkamp insbesondere in Anlehnung an Popper und – wie er vorgibt – in konsequenter Weiterführung der Popperschen Wissenschaftslehre entwickelt wurde.

Nun hat Holzkamp seine Gesamtauffassung gerade in der letzten Zeit einschneidend modifiziert – und zwar in einer Weise und in einer Richtung, wie man es bei Kenntnis seiner konstruktivistischen Grundthesen überhaupt nicht für möglich gehalten hätte –, in Richtung nämlich auf eine „Einbettung" der agnostizistisch-subjektivistischen Position in ... die Geschichtsauffassung von Karl Marx. Daß hierbei weder der sogenannte Konstruktivismus noch die marxistisch-leninistische Wissenschaftskonzeption erhalten bleiben, braucht nicht erst besonders betont zu werden. Wir werden auf diese „Einbettung" in einem gesonderten Abschnitt eingehen.

Wenden wir uns hier zunächst der „reinen" konstruktivistisch konzipierten Wissenschaftstheorie zu. Ihrem Problemtypus nach ist sie einseitig erkenntnis-methodentheoretisch.

3.5.1 Wissenschaft als „Streben nach Eindeutigkeit"

Holzkamp hatte bereits vor mehreren Jahren ein Buch vorgelegt, das „*Wissenschaft als Handlung*" kennzeichnete und mit dem eine „neue Grundlegung der Wissenschaftslehre" angekündigt wurde.[104] Holzkamp selber bekennt sich in diesem Buch (neben der schon erwähnten Anlehnung an Popper) zu H. Dingler und E. May als seinen eigentlichen geistigen Vätern. Auch der „Operationismus" sei seiner Auffassung verwandt, allerdings ein „Operationismus" besonderer Art.[105]

Nun ist aber der auf diese Traditionen gezimmerte Handlungsbegriff in Holzkamps Konstruktivismus nur in einer sehr bedingten Weise konzeptionell wirksam geworden, zumal er ohnehin keineswegs dem Begriff der marxistisch-leninistischen Wissenschaftstheorie von der Wissenschaft als Form gesellschaftlicher Tätigkeit nahekommt.

In gewisser Berührung zu dem subjektivistischen Husserlschen Begriff der „Lebenswelt"[106] (Lebenswelt als dem alltäglichen subjektiven Erlebnisgrund des Menschen, in dem laut Husserl auch Wissenschaft wurzelt), kennzeichnet Holzkamp Wissenschaft zunächst als eine Handlung oder „*als eine Weise menschlichen* Strebens"[107], die sich von dem Alltag abhebt. „Die erste nähere Bestimmung des wissenschaftlichen Strebens ist schon dadurch, daß wir es überhaupt vom Alltagshandeln unterscheiden, mitgesetzt: *Wissenschaft ist Streben über den Alltag hinaus.*"[108] „Wissenschaft ist Fragen über den Alltag hinaus", und es werde in der Wissenschaft „*noch weiter-*

[104] K. Holzkamp, Wissenschaft als Handlung. Versuch einer neuen Grundlegung der Wissenschaftslehre, Westberlin 1968.
[105] Ebenda, S. 7.
[106] Ebenda, S. 11.
[107] Ebenda, S. 23.
[108] Ebenda.

gefragt, wo es vom Standpunkt des täglichen Lebens gar nichts mehr zu fragen gibt. Wissenschaftliche Fragen sind vom Alltagsstandpunkt aus gesehen sinnlos, sie sind losgelöst, verselbständigt, sie stehen in anderen Bezügen als denen der täglichen Lebensbewältigung."[109]

Wir zitieren diese Sätze, um zunächst einmal die unüberbrückbare Differenz zum marxistisch-leninistischen Begriff der Wissenschaft als Form gesellschaftlicher Tätigkeit auszuweisen.[110]

Die Berechtigung, die konstruktivistischen Gedankengänge trotz dieses (wenn auch entleerten) Handlungsbegriffs als einseitig-gnoseologisch zu kennzeichnen, wird sich bald erweisen. Wissenschaftlicher Fortschritt nämlich, den Holzkamp im Sinne Poppers akzeptiert, sei „nicht ein Fortschritt zu immer größeren ‚Wahrheiten', sondern ein Fortschritt zu *immer souveränerer Beherrschung der Methoden*".[111] Zwar ist nach konstruktivistischem Ansatz hier nicht an „Erkenntnismethoden" im üblichen Sinne gedacht – Erkenntnis als Wahrheitsfindung wird ja, wie wir sehen, definitionsgemäß aus der Wissenschaft ausgeklammert, da es nur um methodisch gesichertes Fragen gehen könne –, aber es ist auch hier wie in den anderen vorgenannten Varianten des behandelten Problemtypus ein abstrakt-gnoseologisches Anliegen, das in Form einer Wissenschaftslehre vorgetragen wird.

Wir wollen den Konstruktivismus Holzkamps hier in seiner letzten Form – wie sie bis zu ihrer quasimarxistischen Selbstamputation vertreten wurde – vorstellen. Dabei stützen wir uns auf einen Beitrag, den K. Holzkamp in der von ihm mitbegründeten „Zeitschrift für Sozialpsychologie" 1970 veröffentlichte, und in dessen zweitem Fortsetzungsteil dann die „Einbettung" in den Marxismus proklamiert wird. Hier aber soll zunächst der erste Teil[112] interessieren,

[109] Ebenda, S. 24.

[110] Vgl. zu dieser Differenz: G. Kröber, Ist Wissenschaftstheorie weltanschauungsfrei möglich? A. a. O., S. 40f. Kröber schreibt: Bei Holzkamp wird „die Spezifik wissenschaftlicher Tätigkeit ... durch Kriterien bestimmt, denen *das Wissen* genügen muß, um wissenschaftlich zu sein.
Dieser Ansatz unterscheidet sich also ganz offensichtlich von dem Marx'schen Ansatz, der wissenschaftliche Tätigkeit als allgemeine Arbeit begreift und von hier aus ... das Verständnis der sozialökonomischen Determiniertheit der Wissenschaft einschließt."

[111] K. Holzkamp, Wissenschaft als Handlung, a. a. O., S. 241.

[112] K. Holzkamp, Wissenschaftstheoretische Voraussetzungen kritisch-emanzipatorischer Psychologie (Teil I), in: Zeitschrift für Sozialpsychologie, Bd. 1, 1970, H. 1, S. 5–21.

wo die Denkvoraussetzungen abstrakt-erkenntnistheoretischer Varianten bürgerlicher Wissenschaftstheorie in besonders markanter Weise demonstriert und zu einigen Schlußkonsequenzen geführt werden.

Holzkamp kennzeichnet die konzeptionelle Entwicklung, wie sie sich seit J. S. Mill in den wissenschaftstheoretischen Ansätzen vollzog, als einen „Rückzug der modernen Wissenschaftslehre".[113] Galt für den „frühen Empirismus" Wissenschaft als eine „Institution zur Gewinnung von wahren Erkenntnissen", wobei sie „im günstigsten Falle zur Entdeckung von Naturgesetzen" führte, so sei moderne Wissenschaftslehre Schritt um Schritt von dieser Überzeugung abgegangen. Der „Rückzug" der Wissenschaftslehre sei eine Preisgabe der Überzeugung, daß Wissenschaft zur Wahrheitsfindung befähigt sei und zur Entdeckung objektiver Gesetze führen könne.

Den ersten „entscheidenden Bruch" mit der erkenntnisoptimistischen Überzeugung in der Wissenschaftstheorie (eine Überzeugung, die Holzkamp „naiv empiristisch" nennt) habe der logische Empirismus vollzogen: Naturgesetze seien als „Annahmen über die Natur", nicht mehr aber als „Naturgegebenheiten"[114] akzeptiert worden.

Dann verweist Holzkamp auf das logisch-empiristisch begründete Verfahren der Verifikation von Hypothesen, welches sich als unhaltbar erwiesen habe. Den weiteren Schritt beim „Rückzug" von den Positionen des „naiven Empirismus" habe K. R. Popper vollzogen: „Aufgrund der Kritik am Induktions-Prinzip in seiner Geltungsversion, das dem Verfahren der ‚Verifikation von Hypothesen' zugrundeliegt, kommt Popper zu einer radikalen Zurückweisung des Anspruchs der Wissenschaft, Erkenntnisse oder Wahrheiten liefern zu können."[115] Holzkamp meint, man werde die Auffassung Poppers, Wissenschaft könne nicht zu Wissen führen, „akzeptieren müssen".[116]

Holzkamp diskutiert an dieser Stelle insbesondere die Poppersche Position, daß aus sogenannten Basissätzen nicht zu übergeordneten Satzsystemen übergegangen werden könne. „Das bedeutet, daß mit der Verifikation von singulären Urteilen schlechterdings nichts über den Verifiziertheitsgrad von allgemeinen Sätzen gesagt ist."[117]

Das Anliegen Poppers sieht Holzkamp darin, Bedingungen für die „Bewährung" einer Theorie zu formulieren: „Sofern ein ... über-

[113] Ebenda, S. 9.
[114] Ebenda, S. 10.
[115] Ebenda, S. 12.
[116] Ebenda.
[117] Ebenda, S. 13.

prüfbarer Basissatz gefunden ist, wird das als eine Erhöhung der Falsifiziertheit der Theorie, mit der dieser Basissatz in Widerspruch steht, interpretiert. In dem Maße, in dem eine Einigung über die Zurückweisung von Basissätzen, die der Theorie widersprechen, erzielt werden kann, ist die Theorie als – vorläufig – empirisch bewährt zu betrachten."[118]

Holzkamp ist aber auch mit diesem weiteren „Rückzug" der „modernen" Wissenschaftslehre, mit diesem weiteren *Verzicht auf einen Erkenntnisanspruch der Wissenschaft*, noch nicht zufrieden. Er akzeptiert das Anliegen Poppers, den Wahrheitscharakter der wissenschaftlichen Aussage anzuzweifeln; er will mit dem *Konstruktivismus* jedoch diesen Zweifel und diesen Verzicht noch weiter zuspitzen: Erst der Konstruktivismus sei „der vorläufige Endpunkt des genannten Rückzuges der Wissenschaftslehre."[119]

Es ist angebracht, hier in kurzer Skizze die konstruktivistische Position, die den Anspruch erhebt, die *Konsequenz aller bisherigen Wissenschaftstheorie zu sein*, vorzustellen. Im Grunde führt sich diese Rückzugslinie mit der Holzkampschen „Endabrechnung" bürgerlicher wissenschaftstheoretischer Traditionen logizistischen Typus selbst ad absurdum. Holzkamp hat diese Linie in der Absicht der Weiterführung skeptizistischer Positionen verfolgt und spürte schließlich selbst, daß er zu einer Selbstauflösung der bürgerlichen Wissenschaftstheorie des genannten Charakters gelangt. Diese Konsequenzen führten Holzkamp schließlich zu einer quasimarxistischen Haltung, und er rief damit die Verfechter des positivistischen Lagers erst recht in die Schlacht der Polemik. Aber darüber soll weiter unten noch berichtet werden. Hier kurz die konstruktivistische Konzeption Holzkamps in ihrer „höchsten" Phase – in der Phase, die unmittelbar zu ihrer Selbstauflösung hinführt.

Einig weiß sich Holzkamp (im Rahmen seines Konstruktivismus) mit Popper in der These vom Primat des Theoretischen, worin Holzkamp sogar den eigentlichen „Grundansatz der konstruktivistischen Konzeption" sieht.[120] Ähnliches gelte auch für die „Ablehnung des Induktionsprinzips als Mittel zur Geltungsbegründung von Allgemeinaussagen".[121] Jedoch betrachtet Holzkamp Poppers Falsifikationsprinzip als eine Art Inkonsequenz der von ihm bezogenen skeptizistischen wissenschaftstheoretischen Konzeption. In diesem

[118] Ebenda.
[119] Ebenda, S. 21.
[120] Ebenda, S. 16.
[121] Ebenda, S. 14f.

Punkt trennt sich Holzkamp vom „kritischen Rationalismus“ und entwickelt den besagten „Endpunkt“ der Rückzugsoperation der Wissenschaftslehre. Entscheidende Stützen sind ihm hierbei insbesondere die von H. Dingler entwickelten Kategorien der Exhaustion, der Realisation sowie das Prinzip der Eindeutigkeit.

Das sogenannte *Exhaustionsverfahren* besteht darin, eine Theorie auch dann beizubehalten, wenn die empirischen Befunde gegen sie sprechen, indem man „die theoriedivergenten Daten auf ‚störende Umstände‘ zurückführt ... Wir halten ... das Exhaustionsverfahren, dessen Kennzeichnung auf Dingler zurückgeht, für ein wichtiges Moment des wissenschaftlichen Forschungsprozesses.“ [122]

Als Hauptmotiv wissenschaftlicher Methodik sieht Holzkamp – ebenfalls in Anlehnung an Dingler – den „Willen zur Eindeutigkeit“ an. Hier wird der Subjektivismus der Holzkampschen Konzeption erneut deutlich: „Das Streben nach *systemimmanenter Eindeutigkeit* ist in dem Maße verwirklicht, als ein wissenschaftliches Sprachsystem logisch widerspruchsfrei so aufgebaut ist, daß in einer Hierarchie von Sätzen sich die speziellen Sätze zwingend aus den allgemeineren Sätzen herleiten lassen ...“ Eine *systemtranszendente* Eindeutigkeit liege dann vor, wenn „reale Verhältnisse ausgewählt oder hergestellt werden können, die mit der Theorie in Einklang stehen.“ [123]

Holzkamp erläutert: „Dieses Auswahl- bzw. Herstellungsverfahren wird ... *Realisation* genannt“; damit sei „die passivistische Position des Sensualismus endgültig verlassen: Der Forscher bildet dieser Konzeption nach nicht die Realität in seinen Theorien ab, sondern er versucht umgekehrt in aktivem Handeln reale Verhältnisse auszuwählen (‚Beobachtung‘) oder herauszustellen (‚Experiment‘), die seinen Theorien entsprechen. Das Realisationsprinzip ist, wie ersichtlich, eine Konsequenz aus dem Prinzip vom Primat des Theoretischen. Das Realisations-Prinzip ist das eigentliche ‚Gegen-Prinzip‘, das vom Konstruktivismus dem empirischen Prinzip der Induktion konfrontiert wird.“ [124]

Wir sehen also, wie unter dem Mantel scheinbarer Konsequenzen der Wissenschaftsentwicklung und der „logischen Strenge“ eine Konzeption entstand, die – obwohl oder gerade weil sie das Moment des „aktiven Handelns“ des Forschers betont [125] und auf „Realisation“

[122] Ebenda, S. 15.

[123] Ebenda, S. 17.

[124] Ebenda.

[125] Der Handlungsbegriff, wie er sich schon in der pragmatistischen Konzeption von Mead zeigte, wird in seinen auch hier zum Ausdruck

richtet – die *Abbildfunktion der Wissenschaft völlig aufgibt* und Wissenschaft auf das reine Konstruieren von Theorien einengt. Es liegt uns hier eine pseudorealistische, eine angeblich gegen kontemplative Betrachtung gerichtete Wissenschaftstheorie vor, die ausschließlich logizistisch-methodentheoretisch operiert, obwohl sie mit dem zur Schau gestellten Handlungsbegriff eine neue wissenschaftstheoretische Linie vortäuscht.

Nach Holzkamp kann die gegebenenfalls „durch Realisation erreichte Übereinstimmung zwischen den Festlegungen einer Theorie und den Jetzt-und-hier-Aussagen erfaßten empirischen Daten ... niemals in irgend einem Sinne als ‚Erkenntnis' interpretiert werden, weil theoretische Annahmen stets nur in dem Maße gelten, als der Forscher die in den theoretischen Annahmen formulierte Realität sozusagen selber geschaffen hat."[126] Deshalb, so meint Holzkamp, seien hier die empirischen Daten konsequenter als in Poppers Falsifikationstheorie „als von der übergeordneten Theorie abhängig betrachtet"[127]. Damit sei „weder das Streben nach Wahrheit noch das Streben nach Falschheit" Richtlinie für wissenschaftliches Handeln, sondern *„das Streben nach systemimmanenter und systemtranszendenter Eindeutigkeit"*.[128]

Hiermit sieht Holzkamp den Rückzug der modernen Wissenschaftslehre, das heißt den Prozeß des Verzichtens auf Erkenntnis, Wahrheitsstreben und auf Erfüllung der adäquaten Abbildungsfunktion der Wissenschaft als abgeschlossen. Ausdrücklich vermerkt er, daß dieser Konstruktivismus in dieser Form von ihm selbst entwickelt wurde.[129] Es ist eine Konzeption, die tatsächlich folgerichtig am Ende abstrakt-erkenntnistheoretischer Ausbildungen bürgerlicher Wissenschaftstheorie stehen muß. Sie repräsentiert absoluten Skeptizismus und absoluten Subjektivismus.

Holzkamp orientiert seine Polemiken verbal insbesondere gegen einen einseitigen Empirismus. In Wirklichkeit ist der Konstruktivismus gegen die dialektisch-materialistische Erkenntnistheorie gerichtet, gegen den Erkenntnisoptimismus der Philosophie und Wissenschaftstheorie des Marxismus-Leninismus. Empirismus ist aber im Marxismus-Leninismus durch dialektische und materialistische Wider-

kommenden subjektivistischen Voraussetzungen insbesondere im Abschnitt 3. 7 diskutiert.

126 Ebenda, S. 20.

127 Ebenda.

128 Ebenda, S. 21.

129 Ebenda, S. 14.

spiegelungstheorie überwunden; kontemplative (passivistische) Positionen sind durch Marx' Kritik an Feuerbachs Auffassungen weit zurückgelassen und wissenschaftstheoretisch folglich kein aktuelles Lösungsproblem mehr. Vor allem ist aber marxistisch-leninistische Wissenschaftstheorie auf der Grundlage der Anerkennung objektiver Gesetzmäßigkeit konzipiert, deren theoretische Widerspiegelung zwecks praktischer Beherrschung der Prozesse in Natur und Gesellschaft als Aufgabe der Wissenschaft gesehen ist.

Holzkamp nimmt mit der hier vorgestellten Form seines Konstruktivismus in dem zitierten Teil seines Artikels gewissermaßen Abschied von seiner ursprünglichen Konzeption. Immer wieder betont er in diesem Artikel, daß Wissenschaftstheorie nicht ausschließlich als logisch-methodologische Reflexion betrieben werden solle[130], sondern durch „eine wissenschaftstheoretische Reflexion über Forschungsinhalte und Forschungsinteressen ergänzt und modifiziert werden müsse ..."[131]

Dieses ist ja nun ein sehr vernünftiger Ausgangsgedanke, der auch als eine der Schlußfolgerungen unserer Untersuchungen zum abstrakterkenntnistheoretischen Problemtypus bürgerlicher Wissenschaftstheorie formuliert werden könnte. Wissenschaft ist eine gesellschaftliche Erscheinung und muß *in erster Linie* in ihren gesellschaftlichen Bindungen, Verwurzelungen und als gesellschaftliche Aktivität sowie als Resultat wie als Mittel materieller gesellschaftlicher Praxis betrachtet werden. Wir zeigten schon, daß dieses nicht ohne Beachtung der sozialökonomischen Grundlagen und nicht ohne Anerkennung objektiv-gesetzmäßiger Entwicklung der Gesellschaft (und *mit und in ihr* der Wissenschaft) möglich ist. Wir wollen nun zeigen, wohin Holzkamp gelangt, indem er vorgibt, seinen Konstruktivismus der Marxschen Gesellschaftskonzeption einzuverleiben.

3.5.2 Die „Einbettung" des Konstruktivismus in die marxistische Gesellschaftslehre – ein gescheiterter Versuch

Wir erinnern an die konstruktivistischen Hauptthesen Holzkamps: In Anknüpfung an den Popperschen Standpunkt von dem Primat der Theorie und an seinen falsifikationstheoretisch begründeten Agnostizismus und Skeptizismus sowie in Weiterführung der Dinglerschen

[130] Vgl. z. B. ebenda, S. 11, S. 14 u. a.
[131] Ebenda, S. 14.

Vorstellungen von Exhaustion und Realisation glaubt Holzkamp, den „Rückzug" der Wissenschaftslehre vollenden zu müssen. Unter absolutem Verzicht auf die Auffassung von Wissenschaft als Erkenntnis und Wahrheitssuche formuliert er wissenschaftliches Handeln als Streben nach (systemimmanenter und systemtranszendenter) *Eindeutigkeit*. Danach gäbe es die Möglichkeit einer Übereinstimmung von Theorie und empirischen Daten in dem Falle, in dem es gelingt, theoretische Konstruktionen zu realisieren. Im Grunde handelt es sich hierbei um die Verabsolutierung des zweiten Teiles der Leninschen These, daß das Bewußtsein der Menschen die Welt nicht nur widerspiegelt, sondern sie auch schafft.[132] Holzkamp lehnt die Widerspiegelungsmöglichkeit völlig ab, weil er seinen Konstruktivismus als Fortsetzung und Vollendung des Agnostizismus und Skeptizismus versteht und eine subjektivistische Position zu der uns umgebenden objektiven Welt bezieht.

Im zweiten Teil des bereits zitierten Artikels nun versucht Holzkamp, sich von den Fesseln dieses Subjektivismus zu befreien, indem er seinen Konstruktivismus in die marxistische Gesellschaftslehre hineinzuzwängen sucht. Er gibt seinem Artikelteil den Untertitel „Die kritisch-emanzipatorische Wendung des Konstruktivismus"[133], und er deutet mit dieser Formulierung bereits an, in welche Richtung diese Wende führen soll.

Holzkamp spricht davon, daß durch seine Überlegungen „die Wissenschaftstheorie des Konstruktivismus in die umfassendere Marx'sche Gesellschaftstheorie eingebettet wird".[174] Das Wort „Einbettung" ist sicher nicht zufällig gewählt, denn tatsächlich erweist sich beim näheren Studium seiner Darlegungen, daß er die Hauptaussagen seiner konstruktivistischen Lehre in eine Reihe von Grundaussagen des historischen Materialismus hineinformuliert und dann danach fragt, in welcher Weise und in welcher Beziehung der Konstruktivismus dabei modifiziert bzw. relativiert wird. Holzkamp formuliert nicht explizite die Frage, was vom Marxismus noch übrigbleibt, nachdem er seinen Subjektivismus mit einzelnen Thesen historisch-materialistischer Gesellschaftslehre „verknüpft" hat – aber er demonstriert die Konsequenzen augenfällig. Es geht Holzkamp also nicht

[132] W. I. Lenin, Philosophische Hefte, in: W. I. Lenin, Werke, Bd. 38, Berlin 1964, S. 203.

[133] K. Holzkamp, Wissenschaftstheoretische Voraussetzungen kritisch-emanzipatorischer Psychologie (Teil 2), in: Zeitschrift für Sozialpsychologie, Bd 1, 1970, H. 2, S. 109.

[134] Ebenda.

um die Entwicklung einer Alternative zu jedweder bürgerlicher Wissenschaftstheorie (obwohl er immer wieder seine Differenz zum „bürgerlichen" Standpunkt in der Wissenschaft hervorhebt), es geht ihm nicht um die Lossagung vom subjektivistischen Standpunkt und die Ausarbeitung einer Wissenschaftstheorie *auf der Grundlage der Gesellschaftslehre von Marx*, sondern um das *Hineinstellen außerhalb marxistischer Gesellschaftsauffassung entwickelter und ihr prinzipiell widersprechender Wissenschaftsauffassungen in die marxistische Gesellschaftsauffassung*. Schon damit zeigt Holzkamp, daß es keine marxistische Wissenschaftstheorie sein kann, die er da vorstellt – denn die marxistische Gesellschaftsauffassung ist notwendiger, *unerläßlicher* Ausgangspunkt der marxistischen Wissenschaftsauffassung.

Wie gesagt: Holzkamp empfindet selbst die Unhaltbarkeit seiner subjektivistischen Wissenschaftskonzeption. Anstatt sich aber von ihr zu lösen und sich ganz der marxistisch-leninistischen Gesellschafts- und Wissenschaftsauffassung zuzuwenden, bemüht er sich um eklektische Vermischung von Marxismus und Konstruktivismus. Das Produkt ist dementsprechend. Zwischen den Fronten kann man offensichtlich auch in der Wissenschaftstheorie nicht stehenbleiben. Obwohl Holzkamp unzählbare Zitate aus den Werken von Marx und Engels benutzt, um den Rahmen abzustecken, in den er den Konstruktivismus zu stellen sich bemüht, *verzichtet er darauf, den marxistischen Standpunkt zur Wissenschaft zu erfassen und wiederzugeben*. Es geht ihm eindeutig um das „Hinüberretten" des Konstruktivismus an das Ufer der Glaubwürdigkeit – und er benutzt den Marxismus als „Vehikel" (um einen Ausdruck zu gebrauchen, der von dem – Holzkamp politisch doch wohl fernstehenden – Marx-Verfälscher H. Marcuse so gern benutzt wird). Das Ergebnis ist ein in manchen Punkten etwas relativierter Konstruktivismus, der jedoch prinzipiell Konstruktivismus und damit Subjektivismus, Skeptizismus und Agnostizismus bleibt! Von einer marxistischen Wissenschaftsauffassung kann selbstverständlich überhaupt nicht die Rede sein!

Holzkamp sagt es selbst, welchen konzeptionellen Ansatz in der Wissenschaftstheorie er nach wie vor vertritt: Er expliziert seine Position an seinem eigenen Fachgebiet, der Psychologie, und schreibt, der Konstruktivismus behaupte „seinen Wert" auch dadurch, „daß er optimale Möglichkeiten bietet, den rationellen Kern der bürgerlichen Psychologie bei ihrer kritisch-emanzipatorischen Transformation zu bewahren."[135]

[135] Ebenda, S. 110.

Wir wollen es uns hier ersparen, alle Schritte Holzkampscher „Überwindung“ der bürgerlichen Wissenschaftstheorie zu verfolgen. Wir wollen auch nicht auf die Reaktionen eingehen, die Holzkamp im Lager derjenigen hervorrief, auf die er sich bei der Begründung seines Konstruktivismus mit besonderer Vorliebe berief.[136]

H. Albert, der um die „Reinhaltung“ und Verteidigung der Positionen seines Gesinnungsfreundes Popper bemüht ist, mußte selbstverständlich sofort feststellen, daß eine auffällige Verwandtschaft zwischen Holzkamps „gemäßigtem“ Konstruktivismus und den Positionen der traditionellen Rivalen des Popper/Albertschen Positivismus besteht: den Vertretern der „kritischen Theorie“, die mehr als nur den Begriff der „emanzipatorischen Praxis“[137] mit Holzkamp gemeinsam haben. Es bedurfte keines großen Scharfsinns, um die Nähe von pseudomarxistischem Konstruktivismus und pseudomarxistischer „kritischer Theorie“ zu konstatieren, obwohl Holzkamp sich nicht ausdrücklich auf die „Frankfurter Schule“ bezieht.

Wir wollen hier in der gebotenen Kürze nur das skizzieren, was aus der versuchten Transformation des Konstruktivismus herauskam.

1. Die kapitalistische Gesellschaft erscheint als nur ungenau in ihrer Klassenstruktur bestimmbar; mit der „einfachen Unterscheidung von Ausbeutern und Ausgebeuteten“ sei „nicht mehr viel auszurichten“ usw.

2. Die These der auf „Rückzug“ bedachten Wissenschaftslehre, daß „die ‚Realität‘ als solche niemals allgemeine Gesetze enthalten kann“, bleibe „unanfechtbar“.

3. Die konstruktivistisch-subjektivistische Kategorie der „Realisation“ wird mit einem verwaschenen Praxis-Begriff verwoben. Der marxistische Praxisbegriff (als materielle, zweckgerichtete und verändernde Tätigkeit des Menschen) wird verstümmelt, der Praxis ihre geschichtsbildende Funktion abgesprochen.

4. Es wird im Prinzip die These vom Primat der Theorie im konstruktivistischen Sinne in ihrem „rationalen Kern bewahrt“. Diese These wird nur dadurch „relativiert“, daß das „Theoretische“ nunmehr nicht mehr unerklärbar bleibt, sondern „rational durchschaubar“ wird.

136 Die schärfsten Angriffe gegen den modifizierten, quasimarxistischen Konstruktivismus kamen aus dem Lager des „kritischen Rationalismus“. Vgl. H. Albert, Konstruktivismus oder Realismus? Anmerkungen zu Holzkamps Dialektischer Überwindung der modernen Wissenschaftslehre, in: Zeitschrift für Sozialpsychologie, Bd. 2/1971, H. 1, S. 5–21.

137 Vgl. den nächsten Abschnitt unserer Analyse.

5. Die Möglichkeit von Erkenntnis wird nach wie vor abgestritten: Erkenntnistheoretischer Optimismus wird als „Wahrheits"- oder „Erkenntnis"-Ideologie abgestempelt und verurteilt.

6. Wissenschaft wird als „exemplarische Praxis", als „Sonderfall" von Praxis dargestellt; empirische Forschung wird als „Probieren für die außerwissenschaftliche Praxis" bestimmt – das tatsächliche Verhältnis von Wissenschaft und Praxis zugunsten von Wissenschaft verschoben.

7. Wissenschaft habe emanzipatorische Funktion: Am Beispiel der Psychologie wird „kritische" Position zu den bestehenden Verhältnissen als Bedingung für ihre „emanzipatorische" Rolle formuliert. Wissenschaft müsse sich durch „Aufklärung weitgehend an die unterdrückten Klassen wenden" und damit schließlich zum Ausgangspunkt emanzipatorischer Veränderungen werden.[138]

Die Nähe und die weitgehende Identität zu den Positionen der „Frankfurter Schule" ist also offensichtlich, wenn auch die Begründung zunächst andere Bezugspunkte findet und der begriffliche Apparat von den besonderen Ausgangskonzeptionen Holzkamps her aufgebaut ist.

Die kritische Analyse der konstruktivistischen Positionen sowie unsere Auseinandersetzung mit den Grundeinstellungen der „Frankfurter Schule" gilt summarisch folglich auch für diese modifizierte Fortsetzung Holzkampscher Konzeption. Wir haben es in der vorliegenden „Wendung des Konstruktivismus" mit einer Verknüpfung bürgerlicher Wissenschaftstheorie mit Elementen der marxistischen Geschichtsauffassung zu tun.

3.6 Zur Wissenschaftskonzeption von Jürgen Habermas als Repräsentant der „Frankfurter Schule"

Der von Jürgen Habermas entwickelte Wissenschaftsbegriff ist innerhalb der Debatten um die Beziehung von „Wissenschaft" und „Gesellschaft", die verstärkt seit Beginn der sechziger Jahre in der BRD geführt werden, von besonderer Wirkung.

Als Vertreter der „kritischen Theorie" (Horkheimer, Adorno, Marcuse und andere), einer besonderen Spielart später bürgerlicher Hegelrezeption, geht es Habermas vor allem um eine „kritische Distanz" zu den der imperialistischen sozial-ökonomischen Entwick-

[138] Vgl. K. Holzkamp, Wissenschaftstheoretische Voraussetzungen kritisch-emanzipatorischer Psychologie, a. a. O., S. 120ff.

lung eigenen Erscheinungsform der „Entfremdung“, um eine Untersuchung von Gründen für die im Imperialismus nicht realisierte allgemein-menschliche Emanzipation, für die damit verbundenen zwischenmenschlichen Kontakt- und Kommunikationsschwierigkeiten und -verluste. Insofern ist sein Bemühen um Reflexion der gesellschaftlichen Wirklichkeit des Imperialismus „kritisch-theoretisch“. Diese Reflexion blieb aber insgesamt in der „vornehmen Höhe“ philosophisch-kategorialer Abstraktion; vor allem aber stellt sie eine spezifische Variante der zeitgenössischen bürgerlichen Marx-Verfälschung dar, weil sie Marxsche Kategorien unhistorisch auf ihren Hegelschen Ursprung begrenzt und dabei insbesondere von der politökonomischen inhaltlichen Präzisierung dieser Kategorien in Marx' „Kapital“ ablenkt. Auf das Niveau des Hegelschen Selbstbewußtseins zurückgebracht, ist die „kritische Theorie“ nur mehr ein Räsonieren *gegen die objektive Dialektik*, die als unhaltbare (weil „unfaßliche“) Konsequenz einer materialistischen Gesellschaftsauffassung verteufelt und durch eine „Dialektik“ einer spekulativen In-Eins-Setzung von Subjekt und Objekt „ersetzt“ wurde. Die „Dialektik“ der „kritischen Theorie“ bedient sich marxistischer Termini, stellt aber eine entleerte, subjektivistische Form der Dialektik dar, die auf bloße Prinzipien wie „Identität“ und „Negation“ reduziert ist („negative Dialektik“).

Immerhin machte Habermas auf dieser Grundlage Front gegen die verschiedensten Versuche innerhalb des imperialistischen philosophischen und gesellschaftstheoretischen Denkens, die Möglichkeiten von Wissenschaft und Technik umfassend für eine Verewigung der imperialistischen Herrschaft, für deren effektives Funktionieren einzusetzen. Auf der Grundlage dieser Kritik setzt er sich ein für Prinzipien der „Aufklärung der Gesellschaft“, für Demokratie, Protest, Opposition, für aufgeklärte Öffentlichkeit, Analyse von Sozialinteressen – kurz, für eine soziologisch bzw. sozialwissenschaftlich begründete Geschichtstheorie, die die imperialistische Erscheinungswelt von der Warte des Hegelschen Begriffs, der verspäteten Aufklärung her vornimmt, dabei eine bürgerlich-sozialwissenschaftliche Erfahrungsgrundlage hinzufügt.

Habermas' gesellschaftspolitische Intentionen sollen hier nicht weiter verfolgt werden; in der neueren marxistischen Literatur ist dazu bereits umfassend Stellung genommen worden.[139] Es bleibt

139 Vgl. insbesondere die in der Reihe „Zur Kritik der bürgerlichen Ideologie“ in jüngster Zeit erschienenen Beiträge zur Kritik der „Frankfurter Schule“ (Hrsg.: M. Buhr, Berlin).

festzuhalten, daß der quasimarxistische Stil, die vordergründige Bezogenheit auf die Dialektik, die gesellschaftskritische Tendenz insgesamt objektiv eine desorientierende, antikommunistische Funktion im Ensemble späten bürgerlichen Denkens besonders auf Vertreter der Intelligenz und der Studenten ausgeübt haben. Die Bezugnahme der demokratischen Studentenbewegung auf die gesellschaftstheoretischen Aussagen des Marxismus-Leninismus wurde lange Zeit durch das Befangensein einiger Wortführer dieser Bewegung in der Terminologie der „Frankfurter Schule" und der damit verbundenen gesellschaftspolitischen Fehlorientierung verhindert bzw. hinausgezögert.[140] Habermas und Marcuse haben schließlich recht bald selbst erklären müssen, daß die Distanz zwischen ihren „Philosophemen" und dem Marxismus-Leninismus spätestens dann in aller Deutlichkeit aufbrach, als es darum ging, von einer begrifflichen „Abbildung" der emanzipationsfeindlichen bürgerlichen Gesellschaft zu einer zielstrebigen gesellschaftlichen Aktion zu gelangen.

Habermas' vielzitierte dialektische Einheit von emanzipatorischer Praxis und praktischer Emanzipation als Programm einer revolutionären Bewegung erwies sich angesichts der konkreten Klassenfronten sowie der damit verbundenen Aufgaben als hilflos; eine klare politische Strategie auf einer klaren gesellschaftswissenschaftlichen Grundlage sollte sie nicht entwerfen und versuchte das auch nicht. Sie war nicht nur hilflos, sondern – durch öffentliches Auftreten von Habermas und Marcuse zusätzlich und eindeutig bestätigt – auch *feindlich gegenüber einer wirklich marxistischen Analyse* der bürgerlichen Gesellschaft und darauf fußender politischer Standortbestimmung.

Diese Einschätzung ist wichtig für die Charakterisierung der Habermasschen Wissenschaftskonzeption, denn für sie gilt cum grano salis dasselbe. Zu betonen ist das auch aus dem Grunde, weil Habermas seine Konzeption gegen folgende imperialistische Herrschaftskonzeptionen wendet, was ihm, dem bloßen Eindruck nach, den Ruf eines konsequenten Imperialismuskritikers einbringen könnte:

Habermas wendet sich besonders

1. gegen die Technokratie-Konzeptionen, die vor allem seit Beginn der sechziger Jahre verstärkt wieder in gesellschaftstheoretisches Denken in der BRD einfließen;
2. gegen den sozialtheoretisch orientierten Positivismus, wie er vor allem von den Vertretern des „kritischen Rationalismus" (Popper,

[140] Diese Zusammenhänge werden im 4. Kapitel des vorliegenden Buches ausführlicher analysiert.

Albert) und des „Operationalismus“ (A. Rapoport, Steinbuch) vorgetragen wird.

Der vordergründige Gegenstand des Disputes gegen die Technokratie-Konzeptionen ist der Demokratiebegriff. Habermas gehörte zu den ersten Sozialtheoretikern in der BRD, die Schelskys Programm der sachzwangorientierten Organisation der „wissenschaftlichen Zivilisation“ über eine Gegenüberstellung von Technokratie und (bürgerlich verstandener) Demokratie kritisierten; diese Argumentation begründete eines der folgenreichsten Themen imperialistischen Gesellschaftsverständnisses der Gegenwart.

Gegenstand der Auseinandersetzung mit dem Positivismus ist die Frage nach der Wertfreiheit der Wissenschaft, insbesondere im Zusammenhang mit bestimmten Versuchen der Konstruktion einer Soziotechnik (Popper). Gegen beide Richtungen argumentiert Habermas mit Hilfe seiner Wissenschaftskonzeption. Dieser wollen wir uns nun zuwenden.

Habermas' Wissenschaftskonzeption ist nicht auf eine einfache Formel zu bringen. Man kann sie über folgende Grundaussagen charakterisieren:

1. Habermas unterscheidet mögliche Wissensformen bzw. Wissenschaften entsprechend bestimmten, genau abgrenzbaren Erkenntnisinteressen (eine schon im Ansatz deutliche Differenz gegenüber Technokratie und Positivismus, die vom technischen Sachzwang bzw. vom reinen Erfahrungsraum usw. ausgehend den Stellenwert von Wissenschaft bestimmen). Dabei unterscheidet Habermas

a) Erkenntnisinteresse an technischer Verfügung über vergegenständlichte Prozesse. Das gilt für den Bereich der empirisch-analytischen Naturwissenschaft (Science).

b) Erkenntnisinteresse an der Erhaltung und Erweiterung der handlungsorientierten Verständigung. Das ist das Terrain der sogenannten hermeneutischen Geisteswissenschaften.

c) Erkenntnisinteresse, das auf die gesellschaftliche Situation gerichtet ist. Das ist das Feld und das eigentliche Anliegen der „kritischen Theorie“.

Damit ist Habermas' Wissenschaftskonzeption von vornherein nicht einheitlich, was noch dadurch verstärkt wird, daß Habermas sich fast ausschließlich auf die gesellschaftliche Rolle des zuletzt angeführten Erkenntnisinteresses konzentriert.

2. Das Erkenntnisinteresse erhalte gesellschaftliche Bedeutung durch seine „emanzipatorische Funktion“. Habermas spricht vom „emanzipatorischen Wesen“ der Wissenschaft, hält eine Trennung

in Funktionaltechnologie einerseits und frei wählbare Wertung andererseits für undurchführbar. Wissenschaft trägt den Wertaspekt in sich, aber nicht in vordergründig „normierender Weise" (etwa in Form einer beigegebenen Ethik), sondern dadurch, daß sie sich nie anders darstellt als in der Einheit von Subjektivem und Objektivem.

3. Die sogenannten Sozialwissenschaften nehmen nach Habermas eine erkenntnistheoretische Sonderstellung ein: Der Mensch ist Subjekt und Objekt der Sozialwissenschaften. Damit trage diese Wissenschaft immer ein gesellschaftliches Engagement, habe damit stets ein „politisches Mandat". In der Bewußtmachung dieses Faktors innerhalb der Öffentlichkeit erblickt Habermas das Anliegen und den Kern von Demokratisierung. „Politisierung der Wissenschaft" ist bei Habermas die Freilegung ihrer emanzipatorischen Gehalte für die Aufklärung der Gesellschaft. Höchster Effekt dabei ist Demokratie und gesellschaftlich maximale Interaktion.

4. Die erkenntnistheoretische Grundlage des Habermasschen Wissenschaftsbegriffes bildet eine subjektiv-idealistische Handhabung des Erfahrungsbegriffes. Habermas argumentiert über folgende Schlußkette: Ein spezifisches Verhältnis von Gegenstand und Theorie (was in den Naturwissenschaften gänzlich anders sei als in den Geistes- und Sozialwissenschaften) gehe stets einher mit einem bestimmten Verhältnis der Theorie zur Erfahrung. Der positivistische Erfahrungsbegriff, der diese Unterschiede übersehe, sei deshalb für die Sozialwissenschaft nicht zu verwenden. Das spezifisch sozialwissenschaftliche Verhältnis von Theorie und Erfahrung liege in der Tatsache begründet, daß es hier kein unvermitteltes Wissen gebe. Die Erfahrungsbasis dieser Wissenschaften „ist nicht unabhängig von den Standards, die die Wissenschaften selber der Erfahrung anlegen."[141] Damit ist Wissen nicht bloß Widerspiegelung, sondern eine gestaltende Kraft. Dieses Gestaltungsmoment sieht Habermas nun in der Geschichte der Gesellschaft verwirklicht; das Verhältnis von Theorie und Erfahrung bestimme das Verhältnis von Theorie und Geschichte. Daß Habermas diesen Ansatz nicht lediglich in der Weise verstanden wissen will, daß das Bewußtsein über den Gegenstand die Aneignung des Gegenstandes in der materiellen Produktionstätigkeit erleichtere, sondern in dem Sinne, daß das Bewußtsein die Geschichte und die menschlichen Leistungen in der Geschichte überhaupt *produziert* habe, ergibt sich aus der Behauptung, daß das Verhältnis der Theorie zur Ge-

[141] J. Habermas, Zur Logik der Sozialwissenschaften, Frankfurt/M. 1970, S. 42.

schichte das Verhältnis der Wissenschaft zur Praxis *bedinge*. Der hier verwendete Praxisbegriff ist nun keineswegs identisch mit dem marxistisch-leninistischen. Praxis ist bei Habermas „kommunikatives Handeln“[142], damit die durch spezifische (wissenschaftliche) Kenntnisse geleitete Aktivität von Subjekten. Die Praxis wird also gefaßt als Resultat emanzipatorischer Wissenschaft. Entscheidet man demgegenüber die Grundfrage der Philosophie im materialistischen Sinne, läßt man also die Wissenschaft in ihrer Wertbestimmung durch die Praxis als gesellschaftlichen Lebensprozeß (der immer konkret klassenmäßig vermittelt ist) gerichtet sein, so muß man die Wertkriterien dann aus der Praxis, nicht aber aus der Wissenschaft ableiten. Habermas tut das Gegenteil. Seine Konzeption der werterfüllten Wissenschaft, der emanzipatorischen Komponente in der Wissenschaft usw. ist Ausdruck einer idealistischen Grundposition, die das Bewußtsein als das Primäre, den materiellen Lebensprozeß der Gesellschaft als das Sekundäre, Abgeleitete interpretiert.

5. Nach Habermas ist wahr alles, „was ein erfolgskontrolliertes Handeln leiten kann, ohne bisher durch experimentell angestrebte Mißerfolge problematisiert worden zu sein“.[143] Theorien bilden demnach nicht lediglich Relationen zwischen Tatsachen ab, sondern haben ihren Gehalt als „Prognosen für erfolgskontrollierte Handlungen in angebbaren Situationen“.[144]

Dem Positivismus und auch den in dieser Frage wesensverwandt argumentierenden Technokratie-Konzeptionen hält Habermas die These entgegen, wonach für die Gestaltung der Gesellschaft nie Wissen unabhängig von diesem erfolgskontrollierten Handeln denkbar sei, denn „der von Subjekten veranstaltete Forschungsprozeß“ gehört „dem objektiven Zusammenhang, der erkannt werden soll, durch die Akte des Erkennens hindurch“ selber an.[145] Positivismus und Technokratie-Konzeption versuchen, so betont Habermas, das praktische Bewußtsein sozialer Gruppen von jenen Theorien zu „reinigen“, die sich nicht auf technisch verwertbares Wissen zurückführen lassen. Nach Habermas führe das in einer „industrialisierten Gesellschaft“ dazu, daß die Menschen kein Wissen mehr über ihre Handlungsziele haben, daß damit die Kommunikation zwischen ihnen

142 Vgl. u. a. J. Habermas, Universität in der Demokratie – Demokratisierung der Universität, in: Protestbewegung und Hochschulreform, Frankfurt/M. 1969, S. 119.

143 J. Habermas, Zur Logik der Sozialwissenschaften, a. a. O., S. 50.

144 Ebenda, S. 52.

145 Ebenda, S. 64.

über all das, was über technisch Umzusetzendes hinausgeht, unmöglich werde. Damit stelle der Positivismus nicht die technisch begründete „Überwindung“ der Entfremdung dar (nämlich in dem Sinne, daß er sie als eine Einbildung, als eine ideologische Fehlleistung bezeichnet), sondern fördere die Entfremdung über das sozialökonomisch Vorgegebene hinaus, weil er zielstrebig am Abbau der zur Aufrechterhaltung der menschlichen Identität einfach notwendigen zielorientierten Kommunikation wirke. Auflösung der Individualität, Verfall der geistigen Kultur usw. seien drohende Folgen. Es ist nun aufschlußreich, was Habermas, der mit dieser Polemik zweifellos auch Richtiges gegen die Positivisten erhebt, nun vorzuschlagen hat: Habermas hält es für eine entscheidende Aufgabe, hier mit einer zielstrebig über die „kritische Theorie“ entwickelten Kommunikationstheorie abzuhelfen. Das ist für Habermas' Wissenschaftskonzeption durchaus folgerichtig. Ist die Wissenschaft gegenüber der Praxis primär bzw. stellt sie den eigentlichen Kern der Praxis dar, dann muß sie mit ihren spezifischen Mitteln den Prozeß der Emanzipation und der Überwindung der Entfremdung bewirken. Diese Fassung der Wissenschaft als emanzipatorische Praxis und der Wahrheit als Maßstab der Kommunikation macht die Wissenschaft in der Phrase zur bestimmenden Erscheinung in der Gesellschaft.

Zwei Ansatzpunkte der marxistisch-leninistischen Kritik an dieser Konzeption halten wir für besonders wichtig. *Erstens* den Nachweis der Tatsache, daß Habermas (im Bestreben, unter „Praxis“ auf keinen Fall die praktische menschliche Lebenstätigkeit, den Arbeitsprozeß zu begreifen) den Praxisbegriff subjektiv-idealistisch bestimmt und ihn (gegenüber dem Wissenschaftsbegriff) als sekundär qualifiziert.

Ein *zweiter* wichtiger Ansatzpunkt der Kritik an der Habermasschen Wissenschaftskonzeption betrifft die idealistische Fassung der „emanzipatorischen Komponente“ der Wissenschaft, die unmittelbar verbunden ist mit der durch die Wissenschaft angeblich gegebenen emanzipatorischen Praxis. Hier wird eindeutig die Wissenschaft zu einem dominierenden Phänomen jenseits aller Produktionsverhältnisse. Die so verstandene Wissenschaft durchdringt den Terminus „Produktivkräfte“ – aber nicht als *ein* Aspekt, nicht über die wissenschaftlich-technische Arbeit als ein zunehmend wichtiger werdendes Moment des gesellschaftlichen Reproduktionsprozesses, sondern wird zum Zentrum, zum Dreh- und Angelpunkt der Produktivkräfte. Der Terminus „Produktivkraft Wissenschaft“ wird für Habermas zu einer Art Ersatzrevolutionär. Die tatsächliche Hauptproduktivkraft, der tätige Mensch, ist für Habermas eigentlich nur als Objekt der Emanzipation bzw. der emanzipatorischen Komponente der Wissenschaft interessant. Und als Konsument der Habermasschen „kritischen Theorie", die sich als Kommunikationstheorie versteht.

Zusammenfassend ist zu sagen, daß Habermas' Wissenschaftskonzeption mit einer subjektiv-idealistischen Philosophie verknüpft ist. Wesentlich für diese Konzeption sind: die Betonung der „emanzipatorischen" Komponente, die der Wissenschaft nicht auf der Grundlage praktischer Verwurzelung, sondern „überzeitlich" immanent sei; ein subjektivistischer Erfahrungsbegriff sowie ein darauf aufgebauter Wahrheitsbegriff. Über dieses Fundament erhöht Habermas Wissenschaft zum wesentlichsten Bereich der Subjekt-Objekt-Beziehung. Sein Wissenschaftsbegriff und dessen hoher Stellenwert ergeben sich aus der Abwertung der materiellen, praktischen Lebenstätigkeit und entsprechend damit aus der idealistischen Verfälschung des Praxisbegriffes. Mit diesem Ansatz vermag Habermas wohl, Positivisten und Technokraten in einigen ihrer Positionen wirksam anzugreifen; er selbst entwirft keineswegs eine echte Alternative zu diesen reaktionären Konzeptionen. Er liefert lediglich ein elitär-aristokratisches Programm eines bürgerlichen Intellektuellen. Über sein Kommunikationsmodell sowie über die These der Produktivkraft Wissenschaft ist er für die weiteren Diskussionen um Technokratie und Positivismus ständig zitierter Bezugspunkt. Als eine wirklich wissenschaftliche Analyse des Verhältnisses von Wissenschaft und Gesellschaft im Imperialismus sind seine Arbeiten nicht zu akzeptieren.[146]

3. 7 Zu den strukturell-funktionalistischen Ansätzen einer bürgerlichen Wissenschaftstheorie

Es ist nicht verwunderlich, wenn angesichts der zunehmenden Vergesellschaftung der Wissenschaft im Imperialismus bürgerliche Theoretiker bei der Bestimmung der Wissenschaft auf solche theoretisch-methodologischen Konzeptionen zurückgreifen, die sich bereits in analogen Bereichen der Gesellschaft im staatsmonopolistischen Sinne bewährt haben.

[146] Vgl. u. a. J. Habermas, Praktische Folgen des wissenschaftlich-technischen Fortschritts, in: Gesellschaft, Recht und Politik, Wolfgang Abendroth zum 60. Geburtstag, Neuwied/Berlin 1968; J. Habermas, Protestbewegung und Hochschulreform, Frankfurt/M. 1969;
J. Habermas, Technik und Wissenschaft als „Ideologie", Frankfurt/M. 1968.

Die *strukturell-funktionalistische* Konzeption als eine der gegenwärtig einflußreichsten bürgerlichen soziologischen Richtungen findet daher auch im wachsenden Maße Anwendung auf die Analyse der verschiedenen Seiten des staatsmonopolistischen Wissenschaftsbetriebes. Auf diese Weise entstehen auf strukturell-funktionalistischer Grundlage konzipierte bürgerliche „theoretische Wissenschaftssoziologien" bzw. soziologisch gegründete Wissenschaftstheorien.

Auch bei der Begründung der strukturell-funktionalistischen Problemtypen bürgerlicher Wissenschaftstheorie verfahren die bürgerlichen Ideologen und Theoretiker nach dem weiter oben vorgestellten methodologischen Prinzip. Sie gehen von tatsächlichen, „augenfälligen" und wissenschaftstheoretisch durchaus nicht unbedeutenden Seiten und Zusammenhängen des staatsmonopolistischen Wissenschaftsbetriebes aus. Auf diese Weise entsteht der Eindruck, als seien die so konzipierten bürgerlichen Wissenschafts- und Gesellschaftsbestimmungen verläßliche Reflexionen der tatsächlichen Gesellschafts- und Wissenschaftsprozesse. Die mit der Herausbildung des strukturell-funktionalistischen soziologischen Denkens verbundenen Vorstellungen von Wissenschaft stellen aber genau genommen nur eine scheinbare Überwindung der ahistorischen, subjektiv-idealistischen Tradition bürgerlichen Wissenschaftsverständnisses dar.

Das traditionelle bürgerliche Wissenschaftsverständnis und erst recht bürgerliche Vorstellungen von Wissenschaftstheorie sind in starkem Maße von der agnostizistischen und subjektivistischen Beschränkung der Wissenschaft, der positivistisch-szientistischen Einengung der Wissenschaftslehre auf die Analyse sprachlicher Zeichen und Zeichensysteme beeinflußt.[147] Eine solche einseitige, lediglich den formal-methodischen Vorgehensweisen zugewandte Betrachtung erschwert die Anpassung an die gegenwärtig im Imperialismus sich vollziehenden Prozesse der Wissenschaftsentwicklung.

Die dialektisch-materialistische, von den Klassikern des Marxismus-Leninismus gegebene *gesellschaftswissenschaftliche* Charakterisierung der Wissenschaft in ihrer Abhängigkeit von den jeweiligen Produktionsverhältnissen, die Ableitung der Wissenschaft aus dem wirklichen,

[147] Vgl. Autorenkollektiv, Die Wissenschaft von der Wissenschaft. Philosophische Probleme der Wissenschaftstheorie, Berlin 1968, S. 51–69, insb. S. 57f.
Siehe auch: F. Fiedler, Einheitswissenschaft oder Einheit der Wissenschaft? Berlin 1971.

materiellen Lebensprozeß der Gesellschaft[148] haben eine solche Aussagekraft, daß das bürgerliche Wissenschaftsverständnis diese Wesensbestimmungen nicht völlig zu ignorieren vermag. Die wissenschaftliche Ideologie der Arbeiterklasse erzwingt auf der Grundlage der objektiven Faktoren im Klassenkampf in zunehmendem Maße von der bürgerlichen Ideologie eine Anpassung an die gegebenen Bedingungen, ein Eingehen auf die gesellschaftliche Genesis der Wissenschaft. Die Ideologen der Bourgeoisie können jedoch die aus bürgerlichen Klasseninteressen erwachsenden Schranken auch hinsichtlich der Aufdeckung der Gesetzmäßigkeiten wissenschaftlicher Arbeit nicht überschreiten.

Diese konzeptionelle Enge überlieferten bürgerlichen Wissenschaftsverständnisses[149] und die daraus resultierende Vernachlässigung gerade der wesentlichen Triebkräfte und Seiten, die die Wissenschaft als eine gesellschaftliche Erscheinung charakterisieren, geraten in Widerspruch zu dem wachsenden staatsmonopolistischen Bedürfnis nach funktionsgemäßer politisch-organisatorischer Regulierung der Wissenschaftsprozesse. Das Interesse der Monopolbourgeoisie, den Wissenschaftsbetrieb wenigstens partiell zu steuern, das staatsmonopolistische Streben nach weitestgehender Kontrolle und Formierung gesellschaftlicher Teilprozesse – also auch der Wissenschaft – führt zu dem Versuch, Wissenschaft mit den Mitteln der strukturell-funktionalistischen Methode komplexer als bisher zu erfassen und durch die auf dieser Grundlage gebildeten Varianten der Wissenschaftstheorie auch die staatsmonopolistische Wissenschaftsleitung theoretisch zu begründen.

3.7.1 Die theoretische Vorverständigung der bürgerlichen Soziologie in ihrer Bedeutung für die strukturell-funktionalistische Wissenschaftstheorie

Für die strukturell-funktionalistische Variante sozialwissenschaftlich angelegter Wissenschaftstheorie ist kennzeichnend, daß sie die wesentlichsten, im bürgerlichen soziologischen Denken traditionell überlieferten und im Sinne bürgerlicher Klasseninteressen bewährten Kategorien aufgreift und durch ihre Anwendung auf den Bereich der Wissenschaft neu belebt.

[148] Vgl. F. Engels, Brief an Borgius v. 25. 1. 1894, in: Marx/Engels, Werke, Bd. 39, Berlin 1968, S. 205.

[149] Vgl. M. Grunwald, Wissenschaft und Wissenschaftstheorie bei Friedrich Engels, in: DZfPh, 10/1970, S. 1234.

Die *Bevorzugung sozialwissenschaftlicher Kategorien und Methodiken* – speziell derjenigen der strukturell-funktionalistischen Handlungstheorie – resultiert gerade daraus, daß in *ihnen eine einseitige, unkonkrete und ahistorische Gesellschaftsdarstellung konserviert ist.* Die auf die Erfassung von Funktionsabläufen und Strukturen orientierten, unter angeblicher Einhaltung und Wahrung einer „Werturteilsfreiheit“ konzipierten Kategorien bürgerlicher Soziologie offenbaren nicht gleich für jedermann erkenntlich ihre ideologische Relevanz. Als Ausdruck der von monopolkapitalistischen Klasseninteressen diktierten Orientierung wurzeln sozialwissenschaftliche Begriffsbildungen in solchen methodologischen Prinzipien, die in ihrer bürgerlichen Klassenausdeutung *besonders geeignet sind, die wirklichen Zusammenhänge zu verschleiern und diese ihre Ideologiewirkung hinter Scheinwissenschaftlichkeit zu verbergen.*

Wenden wir uns hier zunächst den wichtigsten *sozialtheoretischen Grundpostulaten* zu, auf denen der strukturell-funktionalistische Problemtypus bürgerlicher Wissenschaftstheorie basiert.

Die etwa mit E. Durkheim einsetzenden Debatten über den Charakter, die Möglichkeiten und die Mittel soziologischer Forschung und Theorienbildung wollen wir als *Vorform* der sozialwissenschaftlich orientierten bürgerlichen Wissenschaftstheorie verstehen. Zwar geht es in diesen Debatten nicht um die Gesamtheit wissenschaftstheoretischer Fragestellungen und auch nicht um die wissenschaftliche Tätigkeit in allen ihren disziplinären Erscheinungsformen, sondern nur um die bürgerliche Soziologie oder (im weiteren Sinne) Sozialwissenschaft und nur um ihre konzeptionelle Begründung; da es aber gerade diese konzeptionelle Begründung ist, die später in sozialwissenschaftliche Untersuchungen zur Wissenschaft *überhaupt* einmündet, ist es unseres Erachtens durchaus legitim, diese als Vorform bezeichneten Entwicklungen bei der Analyse und Kritik bürgerlicher Wissenschaftstheorie zu berücksichtigen. Wir können die Entwicklungstendenzen der bürgerlichen Wissenschaftstheorie in dem hier bezeichneten Sinne nicht verstehen, wenn wir nicht von den „geistigen Vätern“ ausgehen, die mehr als nur äußerlich das gegenwärtige Denken der Theoretiker der Bourgeoisie bestimmen.

Von Durkheim gingen wesentliche Impulse eines strukturell-funktionalistischen soziologischen Selbstverständnisses aus. In der positivistischen Denkweise der bürgerlichen Soziologie befangen, stellt Durkheim die Frage nach den „sozialen Tatsachen“, die soziologische Forschung zum Gegenstand haben müsse. Die sozialen Tatsachen, die Soziologie konstatieren könne, sind die *Handlungs-* und *Denk-*

weisen der einzelnen in der „Gruppe“. Diese Handlungs- und Denkarten, so setzt Durkheim voraus, sind nicht von dem einzelnen selbst hervorgebracht, sondern bieten sich ihm als etwas Fremdes. Die sozialen Tatsachen sind also jeweils Erzeugnis der Gruppe, die Macht über den einzelnen habe. Der so entstehende Druck des sozialen Milieus führe nach Durkheim zu der „sozialen Solidarität“. Für die hochdifferenzierten sozialen Zustände des Kapitalismus findet Durkheim den Begriff der „organischen Solidarität“: Jeder sei hier auf jeden angewiesen, und jeder sei verpflichtet, seine Fähigkeiten für das „Ganze“ zu verwenden.

Die Soziologie könne durch strukturelle Analysen die so bestimmten sozialen Tatsachen feststellen, sie habe aber keine Möglichkeit, Veränderungen der Struktur verständlich zu machen.[150]

In Durkheims Verabsolutierung des Kollektivbewußtseins[151] und seiner Konstruktion des „soziologischen Tatbestandes“ liegen bereits die Wurzeln zu der (strukturell-funktionaler Betrachtungsweise eigenen) idealistischen Systemauffassung.

Durkheim vollzieht durch die Verabsolutierung des Kollektivbewußtseins eine Trennung des gesellschaftlichen Bewußtseins von der Praxis. Dort also, wo er auf das Handeln der Menschen Bezug nimmt, sind bei ihm nicht die wirklichen objektiven materiellen Beziehungen zwischen den Handelnden Gegenstand seiner Betrachtungen, sondern ein „‚Sich-aufeinander-Beziehen‘ zweier oder mehrerer Individuen“.[152] „Die Wissenschaft soll, um objektiv zu sein, nicht von Begriffen ausgehen, die ohne ihr Zutun gebildet wurden, sondern die Elemente ihrer grundlegenden Definitionen unmittelbar dem sinnlich Gegebenen entlehnen“[153], schreibt Durkheim. In Abgrenzung von Idealismus und Fideismus in der Erkenntnistheorie ist es zweifelsohne richtig, den Ausgangspunkt der Wissenschaft in den sinnlich erfahrbaren Lebensprozessen zu suchen. Jedoch darf Wissenschaft nicht in der Empirie verharren. Erst die begriffliche Analyse der vielgestaltigen Wirklichkeit, das Aussondern des Wesentlichen und die Reproduktion des sinnlich Konkreten als geistig erfaßtes Konkretes kennzeichnet echte wissenschaftliche Erkenntnistätigkeit. „Das wirkliche Konkrete

150 Vgl. H. Maus, Geschichte der Soziologie, in: Handbuch der Soziologie, hrsg. von W. Ziegenfuß, Stuttgart 1956, S. 44f.

151 Vgl. E. Durkheim, Die Regeln der soziologischen Methode. In neuer Übersetzung und eingel. v. R. König, Neuwied 1961, S. 203.

152 E. Hahn, Soziale Wirklichkeit und soziologische Erkenntnis, Berlin 1965, S. 152.

153 E. Durkheim, Die Regeln der soziologischen Methode, a. a. O., S. 138.

ist Ausgangspunkt, das geistig reproduzierte Konkrete ist Resultat der Erkenntnis. Die adäquate Aneignung des wirklich Konkreten durch den erkennenden Menschen setzt die begriffliche Auflösung des der Anschauung gegebenen Ausgangspunktes, des Realen und Konkreten (Marx) voraus; die geistige Reproduktion des Konkreten fußt auf dem durch diese Auflösung gewonnenen begrifflichen Material."[154] Dadurch, daß Durkheim ein formalisiertes, sozialökonomisch beziehungsloses Kategoriensystem entwirft, ist er gezwungen, von der Wesensbestimmung gesellschaftlicher Prozesse abzurücken, die materielle gesellschaftliche Tätigkeit und die sich aus ihr objektiv ergebenden allgemeinen Beziehungen und Gesetze auszuklammern. *Empirismus und formalisierende abstrakt-kategoriale Konzeption* erweisen sich als *zwei Seiten einer Medaille.*

A. L. Radcliff-Brown und B. K. Malinowski bringen den Durkheimschen Ansatz auf den Begriff des *Funktionalismus.* Hier haben wir schon deutlicher die Grundhaltung der Mehrzahl der heutigen bürgerlichen Soziologen – und damit auch der Mehrzahl der sozialwissenschaftlich orientierten bürgerlichen Wissenschaftstheoretiker – vor uns. Malinowski nennt „Funktion" die Grundbedürfnisse, die erfüllt werden müssen, damit eine Gruppe Bestand haben soll. Es sei diese „Funktion", die *erklärt* werden könne. Soziologie habe mithin Funktionen aufzudecken und zu beschreiben.[155]

Als weiterer Stammvater der heutigen bürgerlichen Soziologie gilt M. Weber – und er muß auch zu den einflußreichsten geistigen Vätern der bürgerlichen Wissenschaftstheorie der Gegenwart gerechnet werden. Als ein entscheidendes Konstruktionsprinzip der Soziologie führt Weber den Begriff des *Idealtypus* ein: Danach wären idealisierende Aussagen zu formulieren, die *Mittel des Verstehens, jedoch keine Abbilder der Wirklichkeit* sein könnten. In bewußter und wiederholt ausgesprochener Konfrontation zu K. Marx, insbesondere in Abweisung der Marxschen Lehre von der Rolle der materiellen Produktionsverhältnisse in der Gesellschaft, bezeichnet Weber *geistige Faktoren,* aus denen er die Grundlagen der modernen Gesellschaft ableitet. Der Webersche Idealtypus „ist kein ‚Durchschnitt' aus den verschiedenen Formen der empirischen Wirklichkeit. Er wird nicht durch Verallgemeinerung gewonnen, sondern durch utopische ‚Ratio-

154 E. Hahn, Soziale Wirklichkeit und soziologische Erkenntnis, a. a. O., S. 35; vgl. auch: I. S. Kon, Der Positivismus in der Soziologie, Berlin 1968, S. 82f.

155 Vgl. H. Maus, Geschichte der Soziologie, a. a. O., S. 74.

nalisierung' der Wirklichkeit".[156] Wie Weber betont, ist der Idealtypus zu gewinnen „durch einseitige *Steigerung eines* oder *einiger* Gesichtspunkte und durch Zusammenschluß einer Fülle von diffus und diskret, hier mehr, dort weniger, stellenweise gar nicht, vorhandenen *Einzel*erscheinungen, die sich jenen einseitig herausgehobenen Gesichtspunkten fügen, zu einem in sich einheitlichen *Gedanken*bilde. In seiner begrifflichen Reinheit ist dieses Gedankenbild nirgends in der Wirklichkeit empirisch vorfindbar, es ist eine *Utopie*, und für die historische Arbeit erwächst die Aufgabe, in jedem einzelnen Falle festzustellen, wie nahe oder wie fern die Wirklichkeit jenem Idealbilde steht ...".[157]

Weber knüpft hier an die Tatsache, an daß in der Wissenschaft Begriffe, Gesetzesformulierungen und Theoriensysteme von der komplexen Totalität objektiv-realer Prozesse *abgehoben* werden. Jedoch deutet er diesen Sachverhalt idealistisch um, indem er den Abbildcharakter allgemeiner Aussagen übergeht. Dies folgt daraus, daß er die Praxis als Grundlage und Triebkraft des Erkennens sowie als Kriterium der Wahrheit aus seinen Betrachtungen ausklammert. Objektive Gesetzmäßigkeit der gesellschaftlichen Entwicklung wird subjektivistisch durch konstruierbare Idealtypen ersetzt.

Eine besondere Rolle spielt in Webers Gesamtauffassung der Begriff der Rationalität: Die von Weber „idealtypisch" bestimmte Kategorie der formalen Rationalität wurde bis zur Gegenwart für zahlreiche Gesellschaftsmodelle der Bourgeoisie kennzeichnend und prägte auch die vorherrschenden Auffassungen zu der Funktion der Wissenschaft in der „modernen" Gesellschaft.

Ein ganz besonderer Anknüpfungspunkt der heutigen Bestimmungen der Wissenschaft durch bürgerliche Autoren ist Webers Kennzeichnung der sogenannten *Werturteilsfreiheit* in der Soziologie. Weber fordert die *Trennung von Werturteil* (oder Politik) einerseits und *Wissenschaft* andererseits. „Politik gehört nicht in den Hörsaal"[158], war Webers Meinung. Er gab seiner Überzeugung Ausdruck, „daß, wo immer der Mann der Wissenschaft mit seinem eigenen Werturteil kommt, das volle Verstehen der Tatsachen *aufhört*".[159] Damit legte

[156] I. S. Kon, Der Positivismus in der Soziologie, a. a. O., S. 140f.

[157] M. Weber, Die „Objektivität" sozialwissenschaftlicher und sozialpolitischer Erkenntnis, in: Gesammelte Aufsätze zur Wissenschaftslehre, Tübingen 1922, 2. Aufl. 1951, S. 191.

[158] M. Weber: Wissenschaft als Beruf, in: Gesammelte Aufsätze zur Wissenschaftslehre, Tübingen 1951, S. 584.

[159] Ebenda, S. 586;
vgl. dazu auch: I.S.Kon, Der Positivismus in der Soziologie, a.a.O., S. 157.

Weber einen Standpunkt fest, den er in den ideologischen Folgewirkungen sicher selbst nicht zu überblicken vermochte. Tatsache ist jedenfalls, daß mit dieser Sicht Generationen bürgerlicher Soziologen vertraut und eine Orientierung für die weitere Gestaltung bürgerlicher Ideologie gegeben wurden, die bis in unsere Tage die herrschenden bürgerlichen Vorstellungen von „Sozialwissenschaft" prägen.

Mit der Forderung nach einer strikten Trennung von wertendem Urteil und wissenschaftlicher Aussage richtet sich das Postulat der Werturteilsfreiheit direkt gegen die Parteilichkeit in der wissenschaftlichen Tätigkeit, insbesondere gegen das im Marxismus-Leninismus verkörperte Prinzip der dialektischen Einheit von wissenschaftlicher Objektivität und Parteilichkeit.[160] Insbesondere die Konzeptionen, die in einer unvermittelten Weise die Grundannahmen der strukturell-funktionalistischen Theorie auf die Analyse und theoretische Bestimmung der Wissenschaft übertragen, sind diesem Postulat verhaftet und versuchen, seine Wahrung durch normative Absicherung zu gewährleisten. Allerdings haben sich mit Modifikationen der klassischen Fassung dieses Weberschen Postulates in der bürgerlichen Soziologie auch Veränderungen in den einzelnen (über den strukturell-funktionalistischen Ansatz hinausführenden) Varianten bürgerlicher Wissenschaftstheorie ergeben. Hinsichtlich der Folgen für die Soziologie konstatierte vor einigen Jahren bereits R. Dahrendorf, daß sie „dort, wo sie durch die strukturell-funktionale ‚Theorie' geleitet wird ... ein im strengen Sinn konservatives Element der Gesellschaft geworden" ist. „Die Zufriedenheit mit dem Status quo und seine implizite Verteidigung hat sich als Kehrseite der Wertfreiheit erwiesen."[161] Dahrendorf fordert in diesem Zusammenhang, die extremen Positionen vermeintlicher Wertfreiheit allmählich an einigen Punkten zu korrigieren. Eine solche Forderung ist uneingestandenermaßen ein Beleg für die Richtigkeit der vom Marxismus-Leninismus vertretenen Ansicht, daß es „eine ‚unparteiische' Sozialwissenschaft ... in einer auf Klassenkampf aufgebauten Gesellschaft nicht geben"[162] kann.

[160] Eine recht originelle Auseinandersetzung mit dem Weberschen Wertfreiheitspostulat von marxistischer Position her führte kürzlich J. Kuczynski, Studien zur Wissenschaft von den Gesellschaftswissenschaften, Berlin 1972, insbes. S. 189ff.

[161] R. Dahrendorf, Betrachtungen zu einigen Aspekten der deutschen Soziologie, in: Kölner Ztschr. für Soziologie und Sozialpsychologie, 11. Jg., Köln/Opladen 1959, S. 145.

[162] W. I. Lenin, Werke, Bd. 19, Berlin 1962, S. 3.

Diejenigen Varianten bürgerlicher Wissenschaftstheorie, die es sich zur Aufgabe machen, den begrenzten strukturell-funktionalistischen Rahmen nach verschiedenen Seiten hin zu überschreiten, bewahren das Webersche Postulat allerdings uneingeschränkt bei der Bestimmung methodischer Probleme. Von den Methoden wird, der positivistischen Grundintention folgend, Werturteilsfreiheit und Ideologieabstinenz gefordert.[163] Demgegenüber verweisen die bewußte Orientierung und Ausrichtung der Wissenschaftstheorie an den Pseudowerten der Industriegesellschafts- und anderer Gesellschaftskonzeptionen – wie noch zu zeigen sein wird – auf eine weitgehende Preisgabe des Weberschen Werturteilspostulates. In neueren wissenschaftstheoretischen Publikationen bürgerlicher Provenienz tritt die Werthaftigkeit der Aussagen der Sozialwissenschaften stärker ins Blickfeld. In ihnen werden „Aussagen formuliert, die dann erst ihre Funktion erfüllt haben, wenn sie in Übereinstimmung mit den allgemeinen, gültigen und legitimierten Grundwerten der Gesellschaft im Sinne der herrschenden imperialistischen Ideologie Schlußfolgerungen für praktische Verhaltensweisen ergeben".[164]

Im Zentrum konzeptioneller Anleihen bei der sozialwissenschaftlichen Bestimmung der Wissenschaft steht zweifellos die von T. Parsons entwickelte, aus verschiedenen Strömungen bürgerlichen Denkens gespeiste *strukturell-funktionale Handlungstheorie*.[165] Es sind wohl vor allem der ihr eigene Konservatismus, der Ausschluß der Geschichtsbetrachtung und der subjektiv-idealistische Grundtenor, der diese Konzeption im besonderen Maße geeignet macht, als Ausgangspunkt bürgerlicher Wissenschaftstheorie zu dienen.

T. Parsons strukturell-funktionalistische Systemtheorie stellt gleichsam eine Zusammenfassung aller der Ansichten dar, die von bürgerlichen Soziologen zum Grundelement soziologischer Analyse, dem menschlichen Verhalten in der „Gruppe" (den Handlungen), ausgearbeitet wurden. Parsons Systembegriff reicht zum Beispiel auf die Soziologie V. Paretos zurück, der das Gleichgewicht als Mittel der Systemerhaltung ansah. Der Systembegriff ist hier also schon in funktionalistischer Sicht auf die menschliche Handlung bezogen. Danach kommt das „soziale System" auf Grund von normenorien-

163 Vgl. W. G. Kalenski, R. Mocek, B. P. Löwe, Politologie in den USA. Zur Kritik imperialistischer Machtkonzeptionen. Berlin 1971, S. 189.

164 Ebenda, S. 191.

165 Vgl. zur Genesis der strukturell-funktionalen Konzeption T. Parsons: E. Schwanenberg, Soziales Handeln, Die Theorie und ihr Problem, Bern/Stuttgart/Wien 1970, S. 26f.

tierten Handlungen zustande. Die in diesem Zusammenhang interessierenden Systeminterpretationen sind auf handlungstheoretische Denkansätze A. Marshalls[166], M. Webers[167], G. Simmels[168] und anderer zurückzuführen.

Marshall entwickelte seine Systemauffassungen im Rahmen seines grenznutzentheoretischen Lehrsystems des Wirtschaftsgleichgewichts[169]; Simmel unternahm es, ein geschlossenes System der soziologischen Theorie aufzubauen, das die zeitlos gefaßten Formen der Vergesellschaftung zum Gegenstand haben sollte. Auch für ihn ist die Kategorie des sozialen Handelns Grundelement einer solchen Theorie. Seine quantitativen Analysen der Gruppe bringen ihn in engen Zusammenhang zum Funktionalismus E. Durkheims und seiner Schule.

Diese vielfältigen Systeminterpretationen bürgerlicher Sozialwissenschaftler brachte T. Parsons zu einer Synthese. Er definiert: „... ein soziales System besteht aus einer Vielfalt von individuellen Handelnden, die in einer Situation in Wechselwirkung miteinander stehen, die sich in einer Umgebung vollzieht; die Handelnden sind im Rahmen einer Tendenz nach ‚Optimierung der Befriedigung' motiviert: ihre Beziehung zu der Situation, die alle einschließt, wird in den Begriffen eines Systems von kulturell strukturierten und allgemein existierenden Symbolen definiert und vermittelt".[170]

Dieser Parsonssche Systembegriff zeigt bereits, daß zwischen marxistisch-leninistischer und strukturell-funktionalistischer Systembetrachtung ein unüberbrückbarer Gegensatz klafft. Ist für Parsons das „soziale System" lediglich eine abstrakte Kategorie zur Kennzeichnung gleich wie gearteter, stabiler Handlungsbezüge, die normativ geregelt sind, versteht marxistische Gesellschaftsauffassung unter einem sozialen System eine *konkrete, sozial-ökonomisch deter-*

[166] Vgl. A. Marshall, Handbuch der Volkswirtschaftslehre, Stuttgart/Berlin 1905.

[167] Vgl. M. Weber, Gesammelte Aufsätze zur Wissenschaftslehre, a. a. O., S. 4ff.

[168] Vgl. G. Simmel, Soziologie. Untersuchungen über die Formen der Vergesellschaftung, 3. Aufl. München/Leipzig 1923, S. 15f; siehe auch ders., Über soziale Differenzierung. Soziologische und psychologische Untersuchungen, Leipzig 1890, 3. Aufl. 1910, S. 16.

[169] Vgl. H. Lehmann, Grenznutzentheorie, Berlin 1968, S. 311–318.

[170] T. Parsons, The Social System, Glencoe, Ill., 1952, S. 5f. Zitiert nach: E. Hahn, Soziale Wirklichkeit und soziologische Erkenntnis, a. a. O., S. 47.

minierte, historisch entstandene und objektiven Gesetzen unterliegende Ordnung (Gesellschaftsordnung).

„Soziales" und „Gesellschaftliches" sind aus marxistisch-leninistischer Sicht identische Begriffe. Sie beruhen auf der historisch-materialistischen Kategorie der Gesellschaftsformation, die die gesellschaftlichen Produktivkräfte in ihrem notwendigen Zusammenhang zu den Produktionsverhältnissen ebenso wie die Kategorien materielle Basis und Überbau erfaßt und objektive, gesetzmäßige Zusammenhänge historischer Entwicklung einschließt. Für die marxistisch-leninistische Systemauffassung von der Gesellschaft ist gegenüber der strukturell-funktionalistischen charakteristisch, von der Totalität des wirklichen, materiellen Lebensprozesses auszugehen und diesen in allen seinen Abhängigkeiten und wechselseitigen Beziehungen zu erfassen.

Diese reiche Wirklichkeit des gesellschaftlichen Lebens wird von dem strukturell-funktionalistischen Systembegriff keinesfalls erfaßt.[171] Die Parsonsschen Kategorien „Struktur" und „Funktion" beziehen sich immer nur auf formale, qualitativ unbestimmte Zusammenhänge und werden zudem primär auf geistige Faktoren wie zum Beispiel Normen, Gefühle, Handlungserwartungen und anderes zurückgeführt. Damit wird eine Tendenz zur Psychologisierung und zur damit verbundenen im Grunde idealistischen Bestimmung dieser soziologischen Kategorien deutlich. Aus der Sicht der strukturell-funktionalistischen Handlungstheorie „stellt sich die soziale Struktur als ein System von Erwartungsmustern dar, das das rechte Verhalten für Personen in bestimmten Rollen definiert. Das Handeln jedes einzelnen ist wesentlich bestimmt durch seine Bezogenheit auf andere ... Der einzelne tritt in ein Gefüge von Positionen ein. Jede Position ist definiert durch eine Anzahl von Erwartungen, denen er gerecht werden muß, will er nicht irgendwelche Strafen (negative Sanktionen) gewärtigen. Die verschiedenen Positionsgefüge mit den systemspezifischen Anforderungen (Normen) erfüllen für das System vor allem die Funktion seiner Integration."[172] „Struktur" und „Funktion" sind in dieser bürgerlichen Konzeption also von jedem sozialökonomischen Inhalt entleerte Kategorien, die notwendigerweise subjektivistische Ansichten zum Ausdruck bringen.

[171] Vgl. I. S. Kon, Der Positivismus in der Soziologie, a. a. O., S. 311.

[172] W.-D. Narr, Theoriebegriffe und Systemtheorie. Einführung in die moderne politische Theorie, Teil I, Stuttgart, Westberlin/Köln/Mainz 1971, S. 110f.

Die idealistische Vorstellung von einem allein durch „Bewußtsein“ determinierten Sich-auf-einander-Beziehen von Individuen als Ausdruck des „Sozialen“ der Parsonsschen Fassung belegen zum Beispiel die Ansichten K. D. Opps, wonach ein „soziales System“ bereits dann existent ist, „wenn mindestens zwei Personen relativ häufig miteinander interagieren“.[173] Gerade an dieser äußersten Simplifikation des Begriffs zeigt sich besonders deutlich, daß bürgerlichen sozialwissenschaftlichen Systemvorstellungen eine entleerte, formalisierende, *vom konkreten Inhalt und der gesetzmäßigen Entwicklung abstrahierende* Betrachtung eigen ist. Mit der Verabsolutierung und inhaltlichen Entleerung von Handlungssystemen geht also Ahistorizität einher. Kon schreibt: „Die sozialen Systeme können nur ausgedrückt in den Termini der Geschichte begriffen und die Geschichte kann nur ausgedrückt in den Termini der großen sozialen Systeme verstanden werden – das ist ... die Grundbedingung der gesellschaftlich-historischen Erkenntnis“.[174] Strukturell-funktionalistische Betrachtungsweise ist prinzipiell nicht imstande, geschichtliche Entwicklung zu erfassen und lenkt von einer solchen Betrachtung geradezu ab. Sie wird dadurch zu einem wesentlichen ideologischen Mittel der Konservierung des Bestehenden, zum konzeptionellen Programm zur Sicherung seiner Funktionstüchtigkeit. Das gilt auch für die zentrale Kategorie in Parsons' theoretischen Überlegungen: das soziale Handeln.

Parsons folgt zur Bestimmung der „Handlung“ den Ansichten M. Webers. In seinem Hauptwerk: „Wirtschaft und Gesellschaft“ definiert Weber: „Handeln soll ... ein menschliches Verhalten – einerlei ob äußeres oder innerliches Tun, Unterlassen oder Dulden – heißen, wenn und insofern als der oder die Handelnden mit ihm einen subjektiven Sinn verbinden. ‚Soziales Handeln‘ aber soll ein solches Handeln heißen, welches seinem von dem oder den Handelnden gemeinten Sinn nach auf das Verhalten anderer bezogen wird und darauf in seinem Ablauf orientiert ist“.[175] Dieser Webersche Handlungsbegriff verweist also keineswegs explizite auf die aktive menschliche Tätigkeit, die auf die Veränderung und praktische Beherrschung von Natur und Gesellschaft gerichtet ist. *Der wirkliche materielle Lebensprozeß* der Gesellschaft, in dem auch die Wissenschaft als

[173] K. D. Opp, Soziales Handeln, Rollen und soziale Systeme. Ein Erklärungsversuch sozialen Verhaltens, Stuttgart 1970, S. 106.
[174] I. S. Kon, Der Positivismus in der Soziologie, a. a. O., S. 321.
[175] M. Weber, Wirtschaft und Gesellschaft, Tübingen 1922, S. 1.

eine Form gesellschaftlicher Tätigkeit verwurzelt ist, *bleibt außer Betracht.* Weber orientiert ausschließlich auf eine Art Handlungsformalismus der Individuen, wobei weniger deren aktive Tätigkeit als vielmehr das aus dem „subjektiven Sinn“ erwachsende *Verhalten* (welches ja auch „Unterlassen oder Dulden“ einschließt) erfaßt wird. Deutlich auch bringt diesen Formalismus T. Parsons zum Ausdruck: „Die Theorie des Handelns versucht, die Analyse des *Handelns* oder des *Verhaltens* lebender Organismen zu systematisieren (beide Begriffe sollen für den vorliegenden Zweck als synonym betrachtet werden). Verhalten besteht hier aus ‚motivierten‘ oder ‚zielintendierten‘ Beziehungen zwischen dem Organismus und den seine Situation oder Umwelt bildenden Objekten.“[176]

Diese Beziehungen sind zugleich die Grundlage für das im Parsonsschen Sinne verstandene „soziale System“. Systemkonstituierendes Handeln ist auf die Stabilisierung, die Erhaltung des Gleichgewichts innerhalb dieses „sozialen Systems“ gerichtet, und dazu bedarf es bestimmter normativer Orientierungen. Die *Normen* des Handelns sind für Parsons nun so etwas wie letzter Erklärungsgrund für eine bestimmte Art und Weise des Handelns. Als wesentliches Problem gilt ihm dabei die Klassifikation der Handlungsnormen, und zwar gerade in Beziehung auf ihre systemgerechte Funktion. Die von ihm entwickelten „pattern variables“, die sogenannten Orientierungsalternativen des Handelns, sind in erster Linie als Mittel der Erfassung systemstabilisierender Handlungsnormen gedacht. In seinem Werk „The Social System“ stellt Parsons in diesem Zusammenhang fest: „Die Grundeinheit aller sozialer Systeme ist das Individuum als Handelnder d. h. als eine Einheit, die grundsätzlich dadurch gekennzeichnet ist, daß sie das Erreichen von ‚Zielen‘ anstrebt, daß sie Gegenständen oder Ereignissen gegenüber emotionell oder affektiv ‚reagiert‘, und daß sie ihre Situation, ihre Ziele und sich selbst bis zu einem gewissen Grade kognitiv kennt oder versteht. Handeln ist in diesem Bezugsrahmen notwendig entlang eines ‚normativen‘, ‚teleologischen‘ oder vielleicht noch besser ‚voluntaristischen‘ ‚Koordinaten-‘ oder Achsensystems strukturiert.“[177] Normative Ausrichtung hat in diesem Zusammenhang nach Parsons den Vorrang.

„Handeln muß immer so vorgestellt werden, daß es einen Spannungszustand zwischen zwei verschiedenen Ordnungen von Elementen,

[176] T. Parsons, Einige Grundzüge der allgemeinen Theorie des Handelns, in: H. Hartmann (Hrsg.), Moderne amerikanische Soziologie. Neuere Beiträge zur soziologischen Theorie, Stuttgart 1967, S. 154.

[177] T. Parsons, The Social System, a. a. O., S. 11f.

der normativen und der konditionalen, impliziert. Als ein Prozeß ist Handeln in der Tat der Prozeß der Änderung der Bedingungselemente in Richtung auf die Konformität mit Normen."[178]

Die Normenkonformität ist somit Voraussetzung für die Existenz des sozialen Systems; dieses ist bereits in Parsons' behavioristisch-psychologischem Verständnis der Interaktion begründet. Jeder Handelnde ist hiernach Teilnehmer mehrerer Interaktionssysteme. Seine Teilnahme an ihnen beruht auf jeweils psychologisch begründeten Antrieben: Erwartungen, Bedürfnisdispositionen, Zielsetzungen und Motiven des Individuums. Die auf andere Individuen bezogene Handlung (entsprechend diesen psychologischen Antrieben) versucht Parsons in Anlehnung an das von G. H. Mead[179], dem Ahnherrn der Schule des „symbolic interactionism"[180], entwickelte Verständnis der Interaktionsprozesse zu erklären. Nach dieser gruppensoziologischen, insbesondere sozialpsychologischen Betrachtungsweise wird jede Person in ihrem Handeln durch das Verhalten anderer mitbestimmt; es erfolge eine gegenseitige Beeinflussung durch *Symbole* (verstanden als Handlungsanreize, die für den Menschen eine erlernte Bedeutung und einen erlernten Wert besitzen) und durch Interpretationen (meanings).[181]

Im Laufe seiner Erfahrung im Umgang mit Symbolen erwerbe das Individuum ein Selbstverständnis (self), welches wesentlich durch die Interpretationen geformt werde, die das Individuum in bezug auf sich selbst anderen zuschreibe. Dieser individualistische Ansatz findet sich auch bei Parsons.

Insgesamt geht es Parsons um den Modell-Entwurf „eines sozialen Systems, in dem die einzelnen Handelnden sich im Einklang mit ihren individuellen Bedürfnissen und mit den Erwartungen ihrer Interaktionspartner verhalten und in dem weiter Erwartungen und

178 T. Parsons, The Structure of Social Action, 3. Aufl., New York 1964, S. 732.

179 Vgl. G. H. Mead, Mind, Self and Society, Chicago 1934. Siehe auch ders., Philosophie der Sozialität. Aufsätze zur Erkenntnisanthropologie, Frankfurt/M. 1969.

180 Zum Symbolic Interactionism vgl. A. M. Rose, Systematische Zusammenfassung der Theorie der symbolischen Interaktion, in: Moderne amerikanische Soziologie, hrsg. v. H. Hartmann, Stuttgart 1967, S. 219/231.
Siehe auch: H. Hartmann, Stand und Entwicklung der amerikanischen Soziologie, in: Moderne amerikanische Soziologie, a. a. O., S. 25f, S. 61ff.

181 Vgl. Ebenda.

Bedürfnisse durch die Verinnerlichung von gemeinsamen Wertmustern und Verhaltensorientierungen gesteuert werden".[182]

Wegen ihres subjektiv-idealistischen Ausgangspunktes und der damit verbundenen unhistorischen Betrachtungsweise tragen alle von Parsons entwickelten Kategorien den genannten formalen Charakter: Sie bleiben auf die ahistorische Beschreibung von „Strukturen" und nicht spezifisch bestimmter Funktionsabläufe reduziert. Gerade wegen dieser Voraussetzungen hat diese Orientierung einen besonderen Nachhall in der bürgerlichen Wissenschaftstheorie sozialwissenschaftlichen Typs gefunden. Parsons selbst hat dazu bereits den entscheidenden Hinweis in einem 1939 verfaßten Aufsatz über „die akademischen Berufe und die Sozialstruktur" gegeben: „Wenn man die wissenschaftliche Forschung vom Bezugsrahmen des *Handelns* her betrachtet, so ist sie – wie alles menschliche Handeln – an bestimmten *normativen Maßstäben* (Hervorhebungen von uns – d. Verf.) orientiert."[183]

Es ließen sich weitere Belege anhand der Arbeiten Parsons dafür erbringen, daß bestimmte Ansätze zur *Anwendung der strukturell-funktionalen Methode auf den Bereich Wissenschaft* unternommen wurden. Jedoch möchten wir diese als mehr oder weniger zufällige Äußerungen werten. Angesichts der wachsenden gesellschaftlichen Bedeutung der Wissenschaft wird es aber dann für die Bourgeoisie erforderlich, im Rahmen der Bereitstellung von „Herrschaftswissen" auch systematische Analysen zur Wissenschaft vorzunehmen.

Wir können zusammenfassend zur strukturell-funktionalistischen Theorie T. Parsons' feststellen, daß sie in ihren Grundpostulaten sehr wesentliche Klassenanliegen der Monopolbourgeoisie erfaßt. Die einseitige Bestimmung sozialer Erscheinungen unter dem Aspekt formaler Strukturen und Funktionsabläufe schließt den *Verzicht* auf ein konkret-historisches Herangehen, auf die Aufdeckung der objektiven Bewegungs- und Entwicklungsgesetze der Gesellschaft und damit auch die Bestimmung der wirklichen Triebkräfte gesellschaftlicher Entwicklung ein. Damit ist zugleich der reale materielle gesellschaftliche Lebensprozeß in seiner ganzen Vielgestaltigkeit und Dynamik wissenschaftlicher Analyse entzogen. Der Parsonssche Handlungsbegriff zielt nicht auf die Veränderung der Wirklichkeit, die aktive Umgestaltung der menschlichen Gesellschaft, sondern

[182] T. Parsons, Beiträge zur soziologischen Theorie, Neuwied/Berlin 1964, S. 19.

[183] Ebenda, S. 163f.

orientiert auf *Anpassung* des Individuums an das Bestehende und dessen *Stabilisierung.* Handeln ist für Parsons keineswegs gesellschaftliche Praxis. Es ist nicht Tätigkeit als Teil gesellschaftlicher Gesamtarbeit. Parsons löst „Handeln“ in abstrakte, behavioristisch interpretierte Interaktionsbeziehungen einzelner Individuen auf. Getrennt von dem Verständnis historisch entstandener Gesellschaftsformation wird dieses Handeln als autonome Größe dargestellt. Damit bleibt die Begründung der Handlungs- bzw. Verhaltensantriebe ebenfalls im Rahmen der individualistischen Deutung. Die Norm als Bewußtseinselement erscheint als primärer determinierender Faktor des Sozialverhaltens; sie wird nicht als durch die gesellschaftlichen Verhältnisse bedingte und durch sie determinierte Ausdrucksform bestimmter Gruppen- und Klasseninteressen anerkannt. Diese Verselbständigung subjektiver, ideeller Aspekte weist die strukturell-funktionale Theorie als subjektiv-idealistische, voluntaristische Konzeption aus.

Alle diese hier genannten Seiten der strukturell-funktionalistischen Theorie prädestinieren sie dazu, als eine konzeptionelle Plattform der den Klassenanliegen der Monopolbourgeoisie entsprechenden Wissenschaftsbestimmung zu dienen. Die durch diese Theorie getragene ideologische *Begrenzung* der wissenschaftstheoretischen Erkenntnis erlaubt zugleich, verwertbares Wissen bereitzustellen. Die Grundlegung bürgerlicher Wissenschaftstheorie im Sinne der strukturell-funktionalistischen Konzeptionen leistet insgesamt den Dienst, „von der Analyse der *konkreten* Existenzbedingungen der heutigen Gesellschaft (und damit auch von denen der Wissenschaft – d. Verf.) abzulenken und auf *abstrakte* allgemeinmenschliche, psychisch bedingte, klassenmäßig indifferente Mechanismen, Verhaltensweisen und Strukturen zu orientieren. Das Kategoriensystem und Begriffsinstrumentarium der positivistischen soziologischen Theorie gestatten es nicht, soziale Handlungen und Prozesse als Handlungen von Klassen oder auf dem Hintergrund des historischen Übergangs vom Kapitalismus zum Sozialismus zu identifizieren. Im Gegenteil, sie überdecken, verschleiern und überlagern infolge ihrer Abstraktheit diese wirklichen, konkreten Beziehungen und Bedingungen. Dies gilt für eine unhistorische Analyse des ‚Verhaltens‘ und ‚Handelns‘ des Individuums ebenso wie für den die ‚Gesamtgesellschaft‘ berührenden Begriff der ‚Industriegesellschaft‘“.[184]

[184] E. Hahn, Historischer Materialismus und marxistische Soziologie, Studien zu methodologischen und erkenntnistheoretischen Grundlagen der soziologischen Forschung, Berlin 1968, S. 55.

Im folgenden wollen wir unsere Aufmerksamkeit einigen Varianten bürgerlicher Wissenschaftstheorie zuwenden, die von der hier skizzierten Konzeption der Soziologie getragen sind.

3.7.2 Zur „klassischen" Variante strukturell-funktionalistischer bürgerlicher Wissenschaftstheorie

Im vorherigen Abschnitt konnten wir zeigen, daß bereits T. Parsons erste Hinweise darauf gab, seine strukturell-funktionale Handlungstheorie auch auf den Bereich der Wissenschaft zu übertragen. Mit Eintritt in die sechziger Jahre häufen sich vor allem in den USA die Bestrebungen, Wissenschaft zum Analyseobjekt sozialwissenschaftlicher Untersuchungen zu machen. Die Gesichtspunkte, unter denen amerikanische Sozialwissenschaftler Wissenschaft zu erfassen trachten, sind im wesentlichen von den unmittelbaren Erfordernissen diktiert, Wissenschaft in ihren Strukturen und Funktionen zu ergründen und sie so staatsmonopolistischer Beherrschung besser zugänglich zu machen. Für die meisten dieser Arbeiten ist charakteristisch, daß sie empirische wissenschaftswissenschaftliche Detailuntersuchungen über einige Seiten und Zusammenhänge des staatsmonopolistischen Wissenschaftsbetriebes oder aber über subjektive Eigenschaften der Wissenschaftlerpersönlichkeit darstellen, Untersuchungen, die sich auf das Instrumentarium und die Voraussetzungen insbesondere bürgerlicher Sozialwissenschaften stützen. Die Ausrichtung derartiger Untersuchungen auf die Beförderung bestimmter Detailerkenntnisse führt dazu, daß ihnen in der Regel die Befähigung fehlt, Wissenschaft als Ganzes zu beschreiben oder theoretisch zu erfassen. Unter diesen Umständen kommt zweifelsohne integrierenden Theorien über Wissenschaft besondere Bedeutung zu.

Unser Interesse gilt zunächst dem nach T. Parsons berühmtesten Vertreter des amerikanischen soziologischen Funktionalismus, *R. K. Merton*. Wenngleich auch nicht in allen Grundannahmen mit Parsons übereinstimmend, leistete Merton einen bedeutenden Beitrag zur Präzisierung bzw. Neuschaffung des funktionalistischen Begriffsinstrumentariums.[185] Auf dem Wege zu einer „einheitlichen sozio-

[185] Vgl. R. K. Merton, Funktionale Analyse, in: Moderne amerikanische Soziologie, hrsg. v. H. Hartmann, a. a. O., S. 119–150.
Siehe auch ders., Manifest and Latent Functions, in: Social Theory and Social Structure, 2. erw. und vergrößerte Aufl., Glencoe, Ill., 1957, S. 50–55.

logischen Theorie“ glaubt Merton seine „Theorien von mittlerer Reichweite“ einordnen zu können. Hierunter versteht er „die Ausarbeitung spezieller Theorien, die auf begrenzte Bereiche von Fakten gerichtet sind“.[186] Diese Mertonsche Konzeption verdeutlicht bereits das oben genannte Bestreben zahlreicher bürgerlicher Sozialwissenschaftler, anstelle von Theorien, die eine ganzheitliche Darstellung der Gesellschaft beanspruchen, Teiltheorien den Vorzug zu geben, die es erlauben, verwertbares Herrschaftswissen bereitzustellen. Unmittelbar brauchbares Instrumentwissen ist eine notwendige Bedingung für erfolgreiche Eingriffe des staatsmonopolistischen Machtapparates in den Prozeß wissenschaftlicher Erkenntnisgewinnung. Von subjektiv-idealistischen Positionen aus wendet sich Merton der Analyse des sozialen Verhaltens[187] zu und stellt in mehreren Studien Überlegungen zum Verhältnis von Wissenschaft und Gesellschaft unter verschiedenen Bedingungen an. Jedoch bleiben seine Überlegungen weitgehend dem traditionellen bürgerlichen, liberalistischen Gesellschaftsbild verhaftet. Die für die Parsonssche Betrachtungsweise typischen Systemvorstellungen fehlen in Mertons Konzept. In seiner Arbeit „Science and the Social Order“[188] befaßt sich Merton direkt mit Problemen der Beeinflussung der Wissenschaft durch die „Sozialordnung“. Am Beispiel des Hitlerfaschismus demonstriert er, wie die Unterjochung der Wissenschaft unter die Rassengesetze das Handeln der Wissenschaftler behinderte und in welcher Weise die Durchsetzung politischer Dogmen sich gegen (von Merton vorausgesetzte) allgemeine Normen wissenschaftlichen Handelns (als der auch für ihn wesentlichen Grundlage der autonom aufgefaßten Wissenschaft) negativ auswirkten. In einer „totalitären“ Welt sei der Platz der Wissenschaft weitgehend derselbe wie aller anderen Institutionen. Die Umstände bestünden darin, daß die Wissenschaft in einen „neuen sozialen Kontext“ gestellt werde, in dem sie sich um die Loyalität des Staates bewerben müsse. In einer liberalen Ordnung gäbe es diese Begrenzung der Wissenschaft nicht, weil innerhalb einer solchen Ordnung für „nichtpolitische Einrichtungen“ eine Sphäre der Autonomie vorhanden und garantiert sei.

[186] R. K. Merton, Social Theory and Social Structure, a. a. O., S. 9.
[187] Vgl. I. S. Kon, Der Positivismus in der Soziologie, a. a. O., S. 312.
[188] Vgl. R. K. Merton, Science and the Social Order, in: B. Barber, W. Hirsch (Hrsg.), The Sociology of Science. The Role and Responsibilities of the Scientist – discussed as a social phenomena, 5. Aufl., New York/London 1968, S. 16–28.

Angesichts der immer offenkundiger zutage tretenden sozialökonomischen Verankerung der Wissenschaft in den jeweiligen Gesellschaftssystemen mutet Mertons Forderung nach politischer Abschirmung und Einhaltung der Normen der „reinen Wissenschaft" äußerst unzeitgemäß an. Merton versteht hierunter die Erhaltung des Gefühls des Wissenschaftlers von der „Reinheit" (Keuschheit) der Wissenschaft. Hiermit verbindet sich für ihn die Vorstellung, daß Wissenschaft nicht zur Dienerin der Theologie, Ökonomie oder des Staates werden dürfe. Erst die Einhaltung dieses normativen Gebotes sichere die Autonomie der Wissenschaft, und wo diese Position aufgegeben werde, gerate die Wissenschaft unter die Kontrolle institutionalisierter Mächte.

Die Befangenheit Mertons in der kategorialen und konzeptionellen Enge bourgeoisen Denkens, zugleich eine Art Unbehagen und Bedrängtheitsempfinden unter imperialistischen Machtverhältnissen, sind hier unverkennbar. Die Betonung der reinen Wissenschaft ist als eine Verteidigung gegen die Invasion solcher Normen zu verstehen, die die Richtung potentiellen Fortschritts (eines bei Merton eben nicht konkret-historisch gemeinten Fortschritts) begrenzen und die die Stabilität und Kontinuität wissenschaftlicher Forschungen als eine wertvolle soziale Aktivität bedrohen. Diese von uns vorgestellten Mertonschen Gedanken gestatten es, bis zum eigentlichen Kern seines Wissenschafts- und Gesellschaftsverständnisses vorzudringen.

Wissenschaft und Gesellschaft werden als zwei voneinander getrennte Bereiche betrachtet. Damit konserviert Merton das traditionelle bürgerliche Autonomiedenken über Wissenschaft. Zugleich eröffnet er jedoch durch die bevorzugte Orientierung auf die das wissenschaftliche Handeln leitenden Normen und deren zentrale Plazierung eine den Klassenanliegen der Monopolbourgeoisie genehme Möglichkeit der Wissenschaftsbestimmung. Mertons Beitrag zur strukturell-funktionalistischen Wissenschaftstheorie ist vorwiegend darin zu sehen, daß er im Rahmen seiner Vorstellungen von einem „Ethos der Wissenschaft" jene *vier Grundnormen* entwickelte, die zum Grundpfeiler strukturell-funktionalistischer Wissenschaftsbestimmungen wurden. Es handelt sich um die Normen des „universalism", des „organized scepticism", des „communism" (oder der „communality") und des „disinterestedness". Sie fanden Eingang in die als „klassisch" zu bezeichnende Variante strukturell-funktionalistischer Wissenschaftstheorie. Wir kommen auf diese Normen noch zurück.

Von den bürgerlichen Sozialwissenschaftlern, die einen konzeptionellen Einfluß auf die Herausbildung der strukturell-funktionalistischen Variante bürgerlicher Wissenschaftstheorie ausübten, wollen wir noch B. Barber nennen. Mit seinem Buch „Science and the Social Order" (1953) erhebt er den Anspruch, eine umfassende, dem derzeitigen Erkenntnisstand vorgeblich entsprechende systematische Darstellung der Wissenschaft zu geben. Darin sieht Barber zugleich die Grundlage zu weiteren Fortschritten auf dem Gebiet soziologischer Forschungen über die Wissenschaft. Sehen wir uns also an, wodurch dieser hohe Anspruch begründet wird.

In einem postulierten allgemeingültigen, dem Menschen a priori eigenen abstrakten *Rationalitätsprinzip* sucht Barber den Keim für die Wissenschaft. Unverkennbar ist hier der Einfluß M. Webers zu spüren, und ebenso deutlich wird damit Barbers idealistischer Ausgangspunkt in der Wissenschaftsbestimmung. Barbers soziologische Analyse der Wissenschaft beginnt bereits mit einer Mißachtung der wirklichen, sozialökonomischen Determinanten der Wissenschaft. Er faßt Wissenschaft nicht als eine spezifische Form gesellschaftlicher Tätigkeit auf, die in der Praxis des gesellschaftlichen Lebens gründet, von gesicherten Erkenntnissen ausgeht und sich von anderen Erkenntnisformen dadurch unterscheidet, daß sie die Erkenntnis von Gesetzen in Natur und Gesellschaft zum Ziel hat. Wissenschaft als gesellschaftliche Tätigkeit zwecks Gewinnung von Gesetzeserkenntnissen kann durch ein allgemeines, dem Menschen angeblich wesenseigenes Rationalitätsprinzip nicht erfaßt werden. Aus diesem Grunde gelangt Barber schließlich auch zu den idealistisch interpretierten Normen als wesentlichen Bestimmungselementen wissenschaftlichen Handelns (dem von Merton aufgestellten Normenkodex fügt Barber übrigens noch die Normen „rationality" und „emotional neutrality" hinzu). Auf den ersten Blick allerdings erscheint Barbers Überlegung sehr originell. In seinem Buch „Science and the Social Order"[189] stellt er einleitend die Frage, was Wissenschaft ist. Auf eine solche einfache Frage erwarte jeder auch eine einfache Antwort. Jedoch sei Wissenschaft im allgemeinen Verständnis der Mann mit dem weißen Kittel im Labor oder auch die Einsteinsche Relativitätstheorie oder die Entdeckung des Insulins und Penicillins. Demgegenüber sei ein wissenschaftliches Verständnis von der Wissenschaft selbst vonnöten, das alle die obengenannten Bestimmungselemente in sich einschließt. Barber sieht den Weg zu einem solchen systematischen Wissenschaftsverständnis darin, Wissenschaft in erster Linie und grundsätzlich als eine „soziale Aktivität", als eine Folge von Ver-

[189] B. Barber, Science and the Social Order, London 1953.

haltensweisen zu erfassen. Dieser Ansatz weist gewiß über die traditionell positivistische Auffassung von der Wissenschaft (als Menge logischer Regeln und Verfahren oder als geordnete Summe von Wissen) hinaus. Barber definiert Wissenschaft daher auch primär als eine spezifische Art des Denkens und des Verhaltens, die in verschiedenen „historischen Gesellschaften" auf unterschiedlichen Wegen und Stufen realisiert werde.[190] Nun könnte der Eindruck entstehen, als hätten wir es hier mit einer konkret-historischen Position zu tun. Ein solcher Eindruck wird noch dadurch gefördert, daß Barber eine Beachtung von Zusammenhängen zwischen der Wissenschaft und anderen Bereichen der „Sozialordnung" wie zum Beispiel der politischen Macht, dem Berufssystem, der Stratifikationsstruktur und kulturellen Idealen und Werten anerkennt. Barber spricht sogar von „sozialen Eigenheiten" der Entdeckungen und Erfindungen und von sozialen Konsequenzen der Wissenschaft.[191] Worin muß also die prinzipielle Scheidelinie zur marxistischen Konzeption gesehen werden?

Während Barber den wesentlichen Keim der Wissenschaft in einem universell gefaßten, abstrakten, überzeitlichen Rationalitätsprinzip sieht, betrachtet der Marxismus-Leninismus Wissenschaft als eine spezifische Form der Tätigkeit, die sich im Laufe der Geschichtsentwicklung auf der Basis und als Folge des materiellen Lebensprozesses der Menschen, im Prozeß ihrer praktischen Auseinandersetzung und Aneignung der Natur, herausgebildet hat. Auch die Fähigkeit zum rationalen Denken ist aus marxistisch-leninistischer Sicht Resultat des Arbeitsprozesses, und sie findet in der wissenschaftlichen Erkenntnis, die auf gesetzmäßige Zusammenhänge ausgerichtet ist, ihre höchste Form und Ausprägung. Wenn nun bei Barber von einer bestimmten Art des rationalen Denkens und Verhaltens in unterschiedlichen historischen Gesellschaften die Rede ist, dann wird damit nicht eine konkret-historische Betrachtung der materiellen gesellschaftlichen Verhältnisse vorausgesetzt, in denen sich Wissenschaft als Teilgebiet der Tätigkeit des gesellschaftlichen Gesamtarbeiters entwickelt; Barber mißt im Gegenteil den Wissenschaftsfortschritt am Grad der Rationalität des hervorgebrachten Wissens. Damit aber wird Wissenschaftsentwicklung nicht als Teil der konkret-historischen Gesellschaftsentwicklung verstanden. Diese Betrachtungsweise wurde als Konzeption der kumulativen Wissen-

[190] Ebenda, S. 4.
[191] Ebenda, S. 5.

schaftsentwicklung[192] bekannt. Daß Barber kein konkret historisches Gesellschaftsverständnis den Entwicklungsetappen der Wissenschaft *in* der Geschichte zugrunde legt, bringt er selbst zum Ausdruck, indem er feststellt: „Die Wissenschaft besitzt eine starke Tendenz, ahistorisch zu sein ..."[193]

Marxistisch-leninistische Wissenschaftsauffassung schließt in ihrer Grundlegung das dialektisch-materialistische Prinzip der Anerkennung gesetzmäßiger gesellschaftlicher Entwicklung ein. Erst dadurch wird eine echte wissenschaftliche Erklärung der sozialökonomischen Genesis der Wissenschaft aus dem historisch-konkreten Zusammenhang und auch eine zutreffende Bestimmung ihrer gesellschaftlichen Funktion möglich. Nicht zuletzt gibt eine solche Betrachtungsweise auch Aufschlüsse darüber, welchen Klasseninteressen gemäß die wissenschaftliche Tätigkeit ausgeübt wird und zugunsten welcher Klassenkräfte ihre Ergebnisse Verwendung finden. Gegen eine solche marxistisch-leninistische Interpretation seiner Aussagen setzt sich jedoch gerade Barber im Verlaufe seines Buches zur Wehr.

Trotz aller Versuche, die Kernfrage der Wissenschaftsentwicklung – ihre Determiniertheit durch die jeweils konkret-historischen, sozialökonomischen Verhältnisse – zu umgehen, muß Barber auch zur marxistisch-leninistischen Bestimmung der Wissenschaftsentwicklung Stellung beziehen. Das unternimmt er in der seit der Entstehung des Marxismus für eine Vielzahl bürgerlicher Soziologen typischen, bis heute praktizierten Methode, den Marxismus zunächst zu verfälschen, Anleihen bei ihm aufzunehmen und ihn dann zu „widerlegen". Barber unterstellt dem Marxismus, er halte den Einfluß des ökonomischen Faktors für den einzig bestimmenden in der Wissenschaftsentwicklung; dann richtet Barber die „Kritik" gegen die Vernachlässigung anderer gesellschaftlicher Determinanten der Wissenschaft. Zu dieser keineswegs „originellen" Art der „Marxismusbekämpfung" schrieb bereits im Jahre 1890 F. Engels an die Adresse derjenigen bürgerlichen Apologeten, die den Marxismus in einen flachen Ökonomismus umfälschen wollten: „Nach materialistischer Geschichtsauffassung ist das *in letzter Instanz* bestimmende Moment in der Geschichte die Produktion und Reproduktion des wirklichen

[192] Zu kumulativen Konzeptionen in der Wissenschaftsentwicklung und deren Kritik vergleiche: E. G. Lejkin, Zur Kritik der kumulativen Konzeptionen der Wissenschaftsentwicklung, a. a. O., S. 152–213.

[193] B. Barber, The Sociology of Science. Sociology today. Problems and Prospects, New York 1959, S. 215.

Lebens ... Wenn nun jemand das dahin verdreht, das ökonomische Moment sei das *einzig* bestimmende, so verwandelt er jenen Satz in eine nichtssagende, abstrakte, absurde Phrase. Die ökonomische Lage ist die Basis, aber die verschiedenen Momente des Überbaus – politische Formen des Klassenkampfes und seine Resultate – ... üben auch ihre Einwirkung auf den Verlauf der geschichtlichen Kämpfe aus und bestimmen in vielen Fällen vorwiegend deren Form."[194]

Wissenschaftsentwicklung als Teilprozeß der gesetzmäßigen Entwicklung der menschlichen Gesellschaft unterliegt ebenfalls den hier von Engels gekennzeichneten dialektischen Zusammenhängen. Barbers angebliche „Überwindung" dieses marxistisch-leninistischen Grundsatzes von der sozialökonomischen Determiniertheit der Wissenschaft entlarvt sich selbst als subjektivistisches handlungstheoretisches Konzept, wenn er betont, daß er, wenn er von sozialen Einflüssen auf die Wissenschaft spreche, selbstverständlich nichts anderes impliziere als die *persönlichen Motive* individuell arbeitender Wissenschaftler.[195] Damit bleibt trotz vielfältiger verbaler Behauptungen einer „sozialen Determination" die subjektivistische Grundtendenz strukturell-funktionalistischer bzw. interaktionistischer Wissenschaftstheorie gewahrt.

Eine gewisse Erweiterung erfährt diese Konzeption bei Barber dadurch, daß er eine Beschreibung der gegenwärtigen staatsmonopolistischen Gesellschaft hinsichtlich ihrer Voraussetzungen für die Förderung der so verstandenen „Wissenschaft" unternimmt. Als solche „Vorzüge" der „modernen Industriegesellschaft" gelten für Barber in Entgegensetzung vor allem zur sozialistischen Gesellschaftsordnung ein soziales Klassensystem, das Aufstiegschancen biete, und ein politisches System, in welchem die Autonomie verschiedener Autoritäten respektiert werde.[196] Es bedarf keines besonderen Beweises, daß wir es hier mit einer wissenschaftstheoretischen Konzeption zu tun haben, die im imperialistischen Gesellschaftsverständnis „Begründungen" für eine bestimmte Wissenschaftsauffassung sucht.

In der Barberschen Wissenschaftsbestimmung und ihrem vorgenommenen Einbau in die reaktionäre Industriegesellschaftstheorie bestätigt sich unsere eingangs aufgestellte These, daß bürgerliche Gesellschaftstheorien ideologische Leitbedingungen für die auf der Grund-

194 F. Engels an Joseph Bloch in Königsberg, London 21. September 1890, in: Marx/Engels, Werke, Bd. 37, Berlin 1964, S. 463.

195 B. Barber, Science and the Social Order, a. a. O., S. 32.

196 Ebenda, S. 64.

lage des strukturell-funktionalistischen Ansatzes konzipierten bürgerlichen Wissenschaftstheorien liefern. Wir sahen, wie die idealistische Ausgangsposition weitgehend verschleiert und der Eindruck erweckt wird, als handele es sich um solche Wissenschaftsbestimmungen, die eine kritische Überwindung der marxistisch-leninistischen Wissenschafts- und Gesellschaftsauffassung darstellen.

Durch die handlungstheoretische Betrachtung der Wissenschaft, vor allem jedoch durch die Formulierung der dem Wissenschaftssystem inhärenten Normen haben Merton und Barber wichtige Elemente vorweggenommen, die für eine strukturell-funktionalistisch konzipierte Wissenschaftstheorie von Bedeutung sind. Die Merton-Barberschen Arbeiten dienten N. W. Storer als Bausteine zu einem geradezu als „klassisch" zu kennzeichnenden strukturell-funktionalen Theoriengebäude über Wissenschaft. Das Fundament dieser Storerschen Wissenschaftskonzeption ist die weitgehende Ausschöpfung der Grundannahmen der strukturell-funktionalistischen Theorie zur Bestimmung der Wissenschaft als ein „soziales System des Handelns". Storers Hauptinteresse gilt den wissenschaftsinternen, das „Handlungssystem Wissenschaft" angeblich konstituierenden Zusammenhängen.

Soweit Storer das „soziale System" Wissenschaft mit anderen „sozialen Systemen" in Beziehung bringt, wird Wissenschaft als ein autonomes, *neben* diesen bestehendes System aufgefaßt. In den einleitenden Betrachtungen seines Buches „The Social System of Science" (1966)[197] betont er aber explizite, daß er nicht die Absicht verfolge, die Einflüsse der Wissenschaft auf andere „soziale Systeme" zu untersuchen. Vielmehr gehe es ihm darum, die „Natur" der Wissenschaft als Teilnehmerin in diesem Verhältnis zu explizieren, die *internen Charakteristika* der Wissenschaft als eines *„sozialen Systems"* festzustellen.[198] Storer, der seine Untersuchungen auch als „Soziologie der Wissenschaft" versteht, versucht – wie auch die zitierten Vorgänger – den traditionellen Rahmen bürgerlichen Wissenschaftsverständnisses dadurch zu sprengen, daß er von der einengenden Auffassung der Wissenschaft als System von Wissen oder als einer Menge von Forschungstechniken und -methoden abgeht. Statt dessen betrachtet er die Wissenschaft als ein organisiertes „Handeln" von Männern und Frauen, die das erarbeitete und bisher vorliegende

[197] Vgl. N. W. Storer, The Social System of Science, New York/Chikago/San Francisco/Toronto/London 1966.

[198] Ebenda, S. 3.

Wissen sowie die vorhandenen Forschungsmethoden zur Erweiterung der Menge wissenschaftlicher Erkenntnisse einsetzen. Die Beziehungen zwischen den in dieser Weise Handelnden, die sich in ihrem Handeln von wissenschaftsspezifischen *Normen* leiten lassen, konstituieren nach Ansicht Storers die sozialen Verhaltensmuster der Wissenschaft. Storer setzt voraus, daß sich diese Verhaltensmuster und -strukturen über eine längere Zeit stabil erhalten und man sie deshalb als Komponenten eines organischen Systems des Verhaltens im Sinne der Parsonsschen Systemdefinition betrachten kann.

Storer legt seiner subjektiv-idealistischen Bestimmung der Wissenschaft als eines „sozialen Systems" einige Voraussetzungen zugrunde:

1. Wissenschaft selbst besitze einen Wert im Sinne eines „Gutes", auf dessen Austausch das Wissenschaftssystem basiert.

2. Jeder Wissenschaftler strebe nach höchster Kreativität und erwarte eine kompetente Antwort auf seine Leistungen durch die Wissenschaftlergemeinde (scientific community).

3. Der Austausch des „Gutes Wissenschaft", seine richtige und kontinuierliche Zuweisung werde durch wissenschaftsspezifische Normen geregelt.

Wissenschaft als „soziales System" bildet nach dieser Betrachtungsweise eine verhältnismäßig stabile Interaktion, die zum Austausch des qualitativ einzigartigen Gutes organisiert und durch allgemein anerkannte Normen geleitet ist.

Auf den ersten Blick verrät bereits eine solche Darstellung, die der wissenschaftlichen Tätigkeit subjektive, ideelle Triebkräfte als Wesensbestimmung unterlegt, Storers subjektiv-idealistische, illusionäre und ahistorische Position.

Es ist in gewisser Weise nur folgerichtig, wenn Storer – nach der Wahl der individualistischen Ausgangsposition Parsons' – auch in weiteren Grundannahmen der strukturell-funktionalen Handlungstheorie verpflichtet bleibt. Das zeigt zum Beispiel seine einseitige Hervorhebung der psychischen Komponenten menschlichen Handelns (wie Motive, Erwartungen, individuelle Bedürfnisse usw.) recht deutlich. Geht doch auch Parsons' Hierarchie der Systeme von der leitenden Rolle des „kulturellen Systems" aus, das „der letzte Ursprung aller Steuerung, Richtungsweisung und Kontrolle des Handelns im allgemeinen, der untergeordneten Systeme im besonderen"[199] darstellt. Parsons stellt das „kulturelle System" vor als eine Organisation

[199] E. Schwanenberg, Soziales Handeln – die Theorie und ihr Problem . . ., a. a. O., S. 148.

von Werten, Normen und Symbolen, welche die Entscheidungen der Akteure lenken und welche die Typen der Interaktion begrenzen, die zwischen den Akteuren auftreten können.[200]

Gesellschaftliche, sozialökonomische Determination menschlicher Tätigkeit, die in der Dialektik von Individuum und Gesellschaft die entscheidende Bedeutung besitzen, kommen bei Storer überhaupt nicht in Betracht. Das „Außen“ des autonomen, strukturell-funktionalistisch aufgefaßten Handlungssystems Wissenschaft bilden in der Storerschen Vorstellung vier weitere Austauschsysteme[201] – das wirtschaftliche, politische, familiäre und das religiöse. Auch in ihnen vollziehen sich die Austauschprozesse nach bestimmten Normen, die so tief im allgemeinen Bewußtsein verwurzelt sind, daß ihre Befolgung weniger ein moralisches Gebot als vielmehr eine selbstverständliche Sache des täglichen Lebens ist.

Die wirkliche soziale Wechselwirkung zwischen den verschiedenen Bereichen der Gesellschaft wird funktionalistisch auf rein psychologische Wechselbeziehungen reduziert.

In einem Zusammenhang scheint uns die Verwandtschaft der Ansichten Storers zu denen T. Parsons' von besonderem Interesse. In seiner Einleitung zu T. Parsons' „Beiträgen zur soziologischen Theorie“ unterstreicht D. Rüschemeyer ganz besonders „die Idee eines selbstregulierenden Systems“[202], die den Mittelpunkt des Parsonsschen theoretischen Bezugsrahmens ausgemacht habe. Im Parsonsschen Integrationsmodell[203] der Gesellschaft finden sich diese idealtypischen Vorstellungen in komprimierter Form. Diesem Gedanken folgt jedoch auch Storer in der Betrachtung der Wissenschaft als

[200] T. Parsons, E. A. Shils, Values, Motives, and Systems of Action, in: T. Parsons, E. A. Shils (Hrsg.), Toward a General Theory of Action, 5. Aufl., Cambrigde, Mass., 1962, S. 55.

[201] Vgl. N. W. Storer, The Social System of Science, a. a. O., S. 39–57.

[202] T. Parsons, Beiträge zur soziologischen Theorie, a. a. O., S. 18f.

[203] Zur Anwendung des Parsonsschen Integrationsmodells auf die wissenschaftliche Tätigkeit vgl. H. J. Krysmanski, Soziales System und Wissenschaft, Reihe Wissenschaftstheorie – Wissenschaftspolitik – Wissenschaftsgeschichte, Gütersloh 1967, S. 10ff.
Zur soziologischen Diskussion um das Konflikt- und Gleichgewichtsmodell siehe: P. B. Löwe, Zum Verhältnis von spätbürgerlicher politischer Soziologie und politischer Ideologie des Imperialismus. (Dargestellt an den konflikt- und gleichgewichtstheoretischen Vorstellungen von A. F. Bentley, T. Parsons und R. Dahrendorf), Dissertation, Halle 1971.

einer Sozialstruktur, einem Komplex von Status und sozialen Positionen, deren einzelne Wechselbeziehungen unabhängig von anderen Beziehungen innerhalb der Gesellschaft wären und Wissenschaft aus diesem Grunde als eine „sich selbst erhaltende Wesenheit" („a self – sustaining entity")[204] zu bestimmen sei. Diese kann von anderen Zusammenhängen in der Gesellschaft unabhängig erkannt werden.

Allerdings vermag Storer angesichts der augenfälligen und ständig zunehmenden Verflechtungen zwischen Wissenschaft und Gesellschaft im staatsmonopolistischen Kapitalismus seine Autonomiepostulate über die Wissenschaft nicht konsequent durchzuhalten. Er reduziert die Unabhängigkeit auf einzelne Seiten und spricht ansonsten von einem Untersystem „Wissenschaft" gegenüber dem System „Gesellschaft" („a subsystem of society").

Nun ist an einer solchen Betrachtungsweise, wenn sie im Rahmen kybernetischer Untersuchungen vorgetragen wird, ohne Zweifel vieles berechtigt. Dient sie aber, wie im Falle Storers, zur Manifestation eines bestimmten, ahistorischen, subjektivistischen Wissenschaftsverständnisses, dann kann marxistisch-leninistische Kritik nicht daran vorübergehen, ohne die damit eingebrachte Gesellschaftsauffassung prinzipiell abzuweisen. Storer liegt mit der Behauptung, Wissenschaft sei ein gesellschaftliches Subsystem, voll und ganz in Parsons' Tradition, der Subordinationsprobleme in der von ihm vertretenen Systemhierarchie ebenfalls in der formalistischen Weise behandelt. Storer verhilft durch seine Darstellung einmal zur Verdeckung der wirklichen Abhängigkeiten zwischen Wissenschaft und Gesellschaft. Zum anderen überhöht er die psychischen Faktoren und bewirkt so insgesamt, daß die Betrachtung am Bestehenden (und dessen Vervollkommnung) beharrt und zugleich von Oberflächenerscheinungen nicht bis zum Wesen der Sache gelangt.

Parsons' Konzeption folgend, nehmen die Darlegungen Storers zu Normen und Werten, die das soziale Handlungssystem konstituieren und stabilisieren, einen großen Raum ein. Wir wollen dieser Normendiskussion etwas eingehender folgen, nicht nur weil die durch Storer repräsentierte Variante der sozialwissenschaftlich konzipierten bürgerlichen Wissenschaftstheorie dieser Problematik eine große Bedeutung beimißt, sondern auch weil die *Reduzierung der Determination wissenschaftlicher Tätigkeit auf individuelle, psychische Akte* ein markantes Kennzeichen für den sozialwissenschaftlich konzipierten Problemtypus bürgerlicher Wissenschaftstheorie überhaupt dar-

[204] Vgl. N. W. Storer, The Social System of Science, a. a. O., S. 14f.

stellt. Sie ist die konzeptionelle Basis seines subjektiv-idealistischen Programms.

Die Festlegung der Normen- und Wertvorstellungen, die das wissenschaftliche Handeln leiten, liegt keineswegs außerhalb des gesellschaftlichen Bezuges, wie von bürgerlichen Vertretern der Wissenschaftsautonomie behauptet wird. Der Ursprung von Normen wissenschaftlicher Tätigkeit wird in der Regel von diesen (idealistische Grundposition vertretenden) bürgerlichen Ideologen aus einem angeblich „der Wissenschaft selbst" eigenen Wesen abgeleitet, das weder objektiv-gegenständlich[205] noch durch objektive, konkrete gesellschaftliche Verhältnisse determiniert sei. Hierin liegt unter anderem auch eine Ursache für die weitverbreitete Wissenschaftsfetischierung im bürgerlichen Denken, ihre Reduktion auf abstrakte, von der gesellschaftlichen Wirklichkeit losgelöste Prinzipien von Wissenschaftlichkeit bzw. Objektivität, die in der Regel – nach Vorbildern des Positivismus – der Parteilichkeit des wissenschaftlich Tätigen entgegengestellt werden bzw. dieser entgegenwirken sollen. Für den Marxismus-Leninismus ist das Verhältnis von wissenschaftlicher Objektivität und Parteilichkeit kein Problem. Lenin schrieb darüber bereits in seiner Polemik gegen die Volkstümlerrichtung, was an Aktualität nichts eingebüßt hat: „... der Materialist (ist) einerseits folgerichtiger als der Objektivist und führt seinen Objektivismus gründlicher, vollständiger durch. Er begnügt sich nicht mit dem Hinweis auf die Notwendigkeit des Prozesses, sondern klärt, welche sozialökonomische Formation diesem Prozeß seinen Inhalt gibt, welche *Klasse* diese Notwendigkeit festlegt."[206] Genau um die Beachtung dieses Leninschen Hinweises geht es auch bei der Diskussion um den Ursprung solcher Werte und Normen, die wesentlichen Einfluß auf die wissenschaftliche Tätigkeit haben, zumal es weitgehend bürgerlicher Objektivismus ist, der Normen wissenschaftlicher Tätigkeit als von Klasseninteressen unabhängig ausgibt und dadurch bürgerliche Parteinahme verschleiert.

Aus den Gesellschaftsverhältnissen im staatsmonopolistischen Kapitalismus erwachsen *objektive* Gründe, die das Vordringen zu den Gesetzmäßigkeiten (auch für die Herausbildung von Normen!) und zu den tatsächlichen Determinanten gesellschaftlicher Wertvorstellungen ver-

205 Das heißt durch die objektive Struktur und die qualitativen Eigenheiten der Gegenstände wissenschaftlicher Erkenntnis.

206 W. I. Lenin, Der ökonomische Inhalt der Volkstümlerrichtung, in: W. I. Lenin, Werke, Bd. 1, Berlin 1963, S. 414.

hindern. Solange den Menschen im Imperialismus ihr eigener gesellschaftlicher Lebensprozeß als eine fremde, sie beherrschende und ihrer Kontrolle entzogene Macht gegenübertritt, solange müssen sich alle ihre gesellschaftlichen Interessen ebenfalls ihnen gegenüber als fremde verselbständigen. Unter diesen Voraussetzungen können auch Normen und Wertvorstellungen nicht als aus gesellschaftlichen Verhältnissen entsprechenden Interessen und Erfordernissen erwachsend erkannt werden. Gleichfalls erscheinen die durch das menschliche Handeln verfolgten Zwecke nicht als gesellschaftliche Zielorientierungen, also nicht in ihrer gesellschaftlichen Bestimmtheit, sondern werden als individuelles Streben nach ebenso vom Individuum ausgehenden Zielen und Zwecken betrachtet. Lenin schrieb zu dieser Problematik: „In Wirklichkeit werden die Zwecke des Menschen durch die objektive Welt erzeugt und setzen sie voraus – finden sie als Gegebenes, Vorhandenes vor. Aber dem Menschen *erscheint es*, daß seine Zwecke von außerhalb der Welt stammen, von der Welt unabhängig sind (‚Freiheit')".[207] Auch das trifft voll und ganz auf die bürgerliche Bestimmung der Wissenschaft zu. In der wissenschaftlichen Tätigkeit aus der *gesellschaftlichen Wirklichkeit* kommende Zwecke und Ziele zu entdecken, dürfte für das bürgerliche Selbstverständnis sogar weitaus schwieriger sein, als diesen Zusammenhang für den Produktionsprozeß materieller Güter anzuerkennen. Der wissenschaftlich-technische Fortschritt hat jedoch in dieser Beziehung in weiten Bereichen einschneidende Modifikationen im bourgeoisen Selbstverständnis bewirkt. Heute wird zum Beispiel kaum noch ernstlich bestritten, daß es „gesellschaftliche" Vorgaben sind, die die Problemorientierung, Prioritätensetzung usw. in der wissenschaftlichen Forschung leiten. Dennoch haben die durch bürgerliche Denktraditionen über Wissenschaft gestützten „reinen" Normen wissenschaftlichen Handelns, von Merton und Barber entwickelt – wie das Beispiel Storers und anderer zeigt –, ihre Wirkung keineswegs eingebüßt.

Wenden wir uns im folgenden den Storerschen Normendarstellungen zu, die in ihrer gegenseitigen Abhängigkeit und Wechselbeziehung als Normensystem begriffen werden. Es handelt sich hierbei um:

1. *Universalismus*[208] (universalism). Diese Norm, mehr orientierenden als anweisenden Charakters, nimmt auf die universelle Geltung wissen-

[207] W. I. Lenin, Philosophische Hefte, in: W. I. Lenin, Werke, Bd. 38, Berlin 1964, S. 179.

[208] Vgl. N. W. Storer, The Social System of Science, a. a. O., S. 78. Siehe auch: P. Weingart, Selbststeuerung der Wissenschaft und staatliche Wissenschaftspolitik, a. a. O., S. 570.

schaftlicher Erkenntnis Bezug. In ihr sieht Storer die Grundlage für die Herausbildung einer „internationalen Gemeinschaft" der Wissenschaftler.

2. *Organisierter Skeptizismus*[209] (organized scepticism). Diese Norm trägt eindeutig direktiven Charakter. Sie schreibt dem Wissenschaftler vor, wissenschaftlichen Aussagen stets skeptisch gegenüberzustehen. Skepsis ist hier zu einem Absolutum erhoben.

3. *„Kommunismus" oder Gemeinsamkeit*[210] (communism or communality): Erkenntnisse, die nicht der „Gemeinschaft der Wissenschaftler" bekanntgemacht und von ihr akzeptiert wurden, gelten nicht als Bestandteil gesicherten Wissens. Sie können daher auch nicht zur Bestimmung der Kreativität des einzelnen Wissenschaftlers dienen.

4. *Uneigennützigkeit*[211] (disinterestedness): Diese für die Orientierung des wissenschaftlichen Verhaltens nach Storers Ansicht sehr bedeutsame Norm verbietet es dem Wissenschaftler, seine Forschungen persönlichen Interessen unterzuordnen. Nach Mertons ursprünglicher Darstellung sollte diese Norm den Wissenschaftler dazu bewegen, seine Arbeit unter dem ausschließlichen Ziel der Gewinnung beruflicher Anerkennung zu leisten. Barber wandte sich der Frage zu, wie diese Norm den Wissenschaftler davon abbringe, seine Forschungen als Mittel zu finanziellem Erfolg oder höherem Prestigegewinn zu betrachten. Zentrales Anliegen von „disinterestedness" ist es jedoch, zu sichern, daß der Wissenschaftler Wissenschaft als Selbstzweck betrachtet und betreibt.

Nun steht völlig außer Frage, daß allen diesen Normen *Aspekte* eigen sind, die für die wissenschaftliche Tätigkeit relevant sind und als motivierende Faktoren Einfluß auf den Wissenschaftler ausüben bzw. ausüben können. Wenn sie jedoch außerhalb ihres eigentlichen komplexen Wirkens gestellt, wenn sie überbewertet, verabsolutiert und zum Zentrum einer theoretischen Wissenschaftsbestimmung gemacht werden, dann wird ihre Darstellung absurd. Jede sinnvolle Feststellung muß zum Unsinn werden, wenn man sie auf Zusammenhänge anzuwenden versucht, für die sie in Wahrheit nicht mehr gilt. Betrachten wir zum Beispiel die Norm „communality". Sie ist,

[209] Vgl. N. W. Storer, The Social System of Science, a. a. O., S. 78, S. 116f. Siehe auch P. Weingart, Selbststeuerung der Wissenschaft und staatliche Wissenschaftspolitik, a. a. O., S. 570.

[210] Vgl. N. W. Storer, The Social System of Science, a. a. O., S. 79, S. 126/135. Siehe auch P. Weingart, Selbststeuerung der Wissenschaft und staatliche Wissenschaftspolitik, a. a. O., S. 570.

[211] Vgl. N. W. Storer, The Social System of Science, a. a. O., S. 79.

auf staatsmonopolistische Verhältnisse angewandt, unhaltbar und eine Illusion, weil wissenschaftliche Forschung, im Konzernauftrag betrieben, den Gesetzen des kapitalistischen Konkurrenzkampfes unterliegt, und dieser es einfach ausschließt, wissenschaftliche Erkenntnisse frei auszutauschen. Wissenschaftliche Forschung im Rahmen des militärisch-industriellen Komplexes unterliegt der Geheimhaltung. Der Austausch wissenschaftlicher Erkenntnisse ist angesichts der Tatsache, daß Wissenschaft zu einem immer bedeutenderen Feld der Auseinandersetzung zwischen Sozialismus und Imperialismus geworden ist, weniger eine Frage überlieferter normativer Konventionen, als vielmehr ein Problem praktischen Klassenkampfes. Wissenschaftliche Tätigkeit macht die Kommunikation der Wissenschaftler auch über die Grenzen eines Landes hinaus erforderlich, jedoch vollzieht sich dieser Austausch wissenschaftlicher Erkenntnisse nicht nach irgendwelchen von den wirklichen Bedingungen losgelösten verabsolutierten Wertvorstellungen oder Normen, sondern es *sind die unterschiedlichen,* aus den *jeweiligen gesellschaftlichen Verhältnissen erwachsenden Normen* und *Wertvorstellungen,* die *in erster Linie* das wissenschaftliche Handeln motivieren.

Die zentrale Norm des Storerschen Systems bildet „disinterestedness“[212], die Verbot und Gebot zugleich darstellt. Sie hat die „Autonomie“ des Wissenschaftssystems zu garantieren. Unterstützung soll diese Norm durch die Forderung nach gegenseitigem Austausch von Ergebnissen, wie es die Norm „communality“ vorschreibt, erhalten. „Organisierter Skeptizismus“ erhält die Funktion einer „Kontrollinstanz“ zugeschrieben, die dadurch wirksam werden soll, daß „durch die fortwährende Offenlegung aller Erkenntnisse und deren kompetenter Prüfung“[213] durch die „Wissenschaftlergemeinde“ (bei Einhaltung der Vorschriften von „Rationalität“ und „emotionaler Enthaltung“) der Rahmen des akzeptierten neuen Wissens und zugleich auch der Maßstab für die Bewertung der kreativen Leistung des einzelnen Wissenschaftlers abgesteckt werden kann. „Disinterestedness“ ist damit zugleich zur grundlegenden Norm des sogenannten sozialen Austauschsystems Wissenschaft deklariert.

Storers Position ist insgesamt darauf ausgerichtet, die Autonomie des Wissenschaftssystems durch die gegenseitige Abhängigkeit der Normen zu begründen und damit wissenschaftliche Tätigkeit außer-

[212] Vgl. N. W. Storer: The Social System of Science, a. a. O., S. 88ff.

[213] Vgl. P. Weingart: Selbststeuerung der Wissenschaft und staatliche Wissenschaftspolitik, a. a. O., S. 571ff., insbesondere S. 571.

halb ihrer gesellschaftlichen, das heißt konkret-historischen Determination, darzustellen. Eine marxistisch-leninistische Kritik des Storerschen Normensystems kann sich jedoch nicht allein darauf beschränken, auf die gesellschaftliche Verwurzelung von Normen als Antriebe des Handelns und Verhaltens zu verweisen. Sie muß deutlich machen, daß die formulierten Normen in der Regel an echte Bedürfnisse der wissenschaftlichen Tätigkeit anknüpfen, um diese zu verabsolutieren und damit von anderen, wesentlichen Bestimmungen der Wissenschaft abzulenken.

Marxistisch-leninistischer Charakterisierung von Normen und Wertvorstellungen ist eine differenzierte Betrachtungsweise eigen. So müssen unseres Erachtens mindestens erkenntnistheoretische, moralisch-ethische und weltanschaulich-politische Normen unterschieden und in ihrem Zusammenhang im Prozeß wissenschaftlicher Tätigkeit behandelt werden.

Die weltanschaulich-politischen Normen besitzen eine besondere Bedeutung, weil in ihnen am deutlichsten der gesellschaftliche Bezug wissenschaftlicher Tätigkeit zum Ausdruck kommt und sie daher auch am unmittelbarsten dem Wissenschaftler die gesellschaftliche Relevanz seines Tuns verdeutlichen. In Storers Normenkodex sind Normen solcher Art nicht genannt. Disinterestedness ist eine Norm moralisch-ethischen Charakters und in ihrer spezifischen Deutung nicht ohne Grund zentrale Norm des Storerschen Normensystems. Das gleiche gilt auch für die „emotionale Neutralität“: Beide Normen fördern die Herausbildung von scheinbar apolitischen, die gesellschaftliche Verantwortung des Wissenschaftlers überdeckende Standpunkte.

Je mehr sich Normen auf einzelne, isoliert betrachtete Seiten und Aspekte der Tätigkeit richten, desto geringer erscheint ihr direkter Bezug zur herrschenden Ideologie. Je mehr jedoch Normenformulierungen die Komplexität der Handlungszusammenhänge zu erfassen trachten, um so konkreter und offener spiegeln sich in ihnen Klasseninteressen wider. Normen wissenschaftlichen Handelns, die Storer formuliert, tragen fast ausschließlich den Charakter von Postulaten sehr geringer Komplexität. Sie vermögen gerade deshalb den Eindruck zu erwecken, als sei wissenschaftliches Handeln selbst von gesellschaftlichen, sozialökonomischen Interessen gelöst. Sie bieten Raum für die Abschirmung gegenüber der Ideologie der Arbeiterklasse und sind damit Erscheinungsform des bürgerlichen Objektivismus. Die wissenschaftliches Handeln leitenden Normen sind gewollt oder ungewollt im Bann der jeweils herrschenden Ideologie, weil „alles was einen Menschen bewegt, den Durchgang durch seinen Kopf machen muß ... Die Einwirkungen der Außenwelt auf den Menschen drücken sich in seinem Kopf aus, spiegeln sich darin als Gefühle, Gedanken, Triebe, Willensbildungen, kurz, als ‚ideale Strömungen' und werden in dieser Gestalt zu ‚idealen Mächten'".[214]

Diese „idealen Mächte" beherrschen und stimulieren auch das Handeln der Wissenschaftler und sind gegenüber abstrakten Handlungsanweisungen – weil sie die jeweiligen konkret historischen materiellen Lebensbedingungen widerspiegeln – übergeordnet und bestimmend. Die gesellschaftliche Verwurzelung der wissenschaftlichen Tätigkeit zu ignorieren, bedeutet nämlich, auch die Tatsache zu verschleiern, daß in dem Maße, in dem der Forscher als Teilglied des gesellschaftlichen Gesamtarbeiters auf einem Gebiet an der Produktion und Reproduktion des gesellschaftlichen Lebens teilnimmt, er zugleich die Normen seines eigenen Handelns erzeugt. Wenn auch die Objekte naturwissenschaftlicher Forschung klassenneutral sind, so ist es jedoch keineswegs die Art und Weise der Forschung selbst. In ihr aber sind primär Normen des Handelns verwurzelt. Indem der Forscher ideelle oder auch materielle Produkte erzeugt, reproduziert er zugleich *gesellschaftliche* Verhältnisse.

Diese Zusammenhänge bleiben jedoch dem Wissenschaftler und Forscher, der bürgerlichem Denken verhaftet ist, verborgen, worauf Marx bereits im „Achtzehnten Brumaire" gerade hinsichtlich von Normen und Wertvorstellungen verwies: „Die ganze Klasse schafft und gestaltet sie aus ihren materiellen Grundlagen heraus und aus den entsprechenden gesellschaftlichen Verhältnissen. Das *einzelne Individuum,* dem sie durch Tradition und Erziehung zufließen, *kann sich einbilden, daß sie die eigentlichen Bestimmungsgründe und den Ausgangspunkt seines Handelns bilden.*"[215] Storer baut seinen Normenkodex auf solche, dem einzelnen Wissenschaftler durch Tradition und Erziehung zu eigentlichen Bestimmungsgründen seines Handelns gewordenen Vorstellungen auf. Einzelne Aspekte individueller Handlungsmotivation werden verabsolutiert. Dagegen bleiben die gesellschaftlichen, das heißt klassenmäßigen Determinanten der Normgebung völlig außer Betracht. In den Mittelpunkt stellt Storer in ihrer Allgemeingültigkeit überbetonte normative Wirkprinzipien,

[214] F. Engels, Ludwig Feuerbach und der Ausgang der klassischen deutschen Philosophie, in: Marx/Engels, Werke, Bd. 21, Berlin 1962, S. 281f.

[215] K. Marx, Der achtzehnte Brumaire des Louis Bonaparte, in: Marx/Engels, Werke, Bd. 8, Berlin 1960, S. 139 (Hervorhebungen von uns – d. Verf.).

die als Regulatoren des Handelns innerhalb der idealistischen Konstruktion des „sozialen Austauschsystems Wissenschaft" wirksam werden sollen.

Storers theoretische Konstruktion des „sozialen Systems Wissenschaft" kann als typische Form der strukturell-funktionalistischen Variante bürgerlicher Wissenschaftstheorie betrachtet werden. In der vorliegenden Form ist sie ein zunächst einmaliger Versuch einer Erfassung der Wissenschaft auf der Grundlage der strukturell-funktionalen Theorie. Allerdings handelt es sich bei der Storerschen „klassischen" Konzeption keineswegs um eine zufällige Schöpfung. Etwa zur gleichen Zeit mit Storer unternimmt es *H. J. Krysmanski* in einer umfassenden Studie, die Grundannahmen, Denkvoraussetzungen und Instrumentarien der klassischen bürgerlichen Soziologie im allgemeinen, die der strukturell-funktionalen Theorie im besonderen hinsichtlich ihrer Brauchbarkeit zur theoretischen Erfassung und Beschreibung des *wissenschaftlichen sozialen Handelns* einer kritischen Prüfung zu unterziehen. Diese Tatsache verweist – unabhängig vom Ergebnis der von Krysmanski angestellten Untersuchung – darauf, daß ein aktuelles Bedürfnis zur Ausschöpfung der strukturell-funktionalen Theorie zur Wissenschaftsbestimmung ohne weiteres vorliegt. Die Richtigkeit einer solchen Einschätzung wird unseres Erachtens auch nicht dadurch eingeschränkt, daß beide Autoren unterschiedliche Wichtungen der einzelnen strukturell-funktionalistischen Kategorien vornehmen bzw. deren modifizierte Anwendung auf Wissenschaft anstreben. Storer und Krysmanski wahren trotz unterschiedlicher Akzentsetzungen die Grundpostulate strukturell-funktionalistischer Konzeption.

In seiner Arbeit: „Soziales System und Wissenschaft" (1967)[216] betont Krysmanski, daß die idealtypischen Vorstellungen vom „sozialen System" als Mittel dienen sollten, die Begriffe der klassischen Soziologie zu Meßinstrumenten umzuformen. Krysmanski richtet wie Storer sein Hauptaugenmerk auf die normative Ausrichtung wissenschaftlichen Handelns. Während Storer im wesentlichen in den überlieferten Bahnen strukturell-funktionalistischer Betrachtungsweise verharrt, erstrebt Krysmanski über eine Kombination der Orientierungsalternativen des Handelns (den von Parsons entwickelten „Pat-

[216] Zur Darstellung der Positionen H. J. Krysmanskis stützen wir uns auf seine Habilitationsschrift „Soziales System und Wissenschaft", Veröffentlicht in der Reihe Wissenschaftstheorie – Wissenschaftspolitik – Wissenschaftsgeschichte, Gütersloh 1967.

tern Variables") funktionalistisch nutzbare Mechanismen zur Beeinflussung des „wissenschaftlichen Handelns" zu schaffen. Solche Bemühungen hält er aus dem Grunde für geraten, weil „für die Soziologie wissenschaftliches Handeln als empirischer Gegenstand noch weitgehend unerschlossen und die Systemtheorie ... eine unter möglichen Theorien"[217] ist. Krysmanski bringt hier das zum Ausdruck, was sich in der konzeptionellen Umorientierung einiger bürgerlicher Wissenschaftstheoretiker andeutet: Die konservative Enge und konzeptionelle Einseitigkeit der strukturell-funktionalistischen Theorie liefert nicht die Voraussetzungen, um solche komplexen Zusammenhänge wie die Tätigkeit des Wissenschaftlers analysieren und erfassen zu können. Es fragt sich allerdings, ob Krysmanskis kritische Sicht ausreicht, um die abstrakt-formalistischen Grundlagen der herrschenden bürgerlichen soziologischen Theorie in echtem Sinne zu überwinden. Eine der ersten Forderungen Krysmanskis ist es, die auf das „soziale System" eingeengte Sicht zur historischen Dimension, zunächst jedoch zur Gesellschaftsbetrachtung hin zu öffnen.

Mit einer erklärten Hinwendung zur Industriegesellschaftskonzeption erweitert Krysmanski die beschränkte strukturell-funktionalistische Sicht durch gesellschaftliche Momente. Jedoch ist damit der Weg zur wirklichen historischen Erfassung der Wissenschaft keineswegs eröffnet, weil – wie wir zeigen konnten – die Industriegesellschaftstheorie selbst als Mittel konzipiert ist, im Rahmen der imperialistischen Herrschaftsideologie eine echte historische Gesellschaftsbestimmung zu verdrängen. Da mit dem Industriegesellschaftsbegriff die demagogische Idee einer „Transformation des Kapitalismus" gekoppelt ist, scheint eine auf dieser Grundlage konzipierte Wissenschaftstheorie als gewissermaßen historisch begründet. Selbstverständlich kann darin von einer gesetzmäßigen Entwicklung in der Geschichte nicht die Rede sein. Aber die eigenartige Synthese von Industriegesellschaftsdenken und strukturell-funktionalistischer Konzeption verleiht dieser Konzeption die gesellschaftshistorische Plattform. Vor allem wird in ihr auch das Mittel gesehen, mit dessen Hilfe die „Krise des strukturell-funktionalistischen Begriffsinstrumentariums" überwunden werden soll.

Die von den „Altvätern" bürgerlicher Soziologie und Psychologie entwickelten Kategorien bedürfen für ihre gegenwärtige Nutzung im

[217] H. J. Krysmanski, Wissenschaft als Außenseitertum, in: Jahrbuch für Sozialwissenschaft, hrsg. v. J. Jürgensen, A. Predöhl, H. Schelsky, F. Voigt, Bd. 17, Göttingen 1966, S. 247/278.

Sinne der Monopolinteressen einer gewissen Neuaufbereitung ihrer ursprünglichen Bedeutungsinhalte. *Einerseits* muß die ihnen eigene Abstraktheit und Einseitigkeit prinzipiell erhalten bleiben, weil das Vordringen zu den objektiven Entwicklungs- und Bewegungsgesetzen der Gesellschaft den herrschenden Klasseninteressen widerspricht; *andererseits* macht das dieser Richtung bürgerlicher Wissenschaftstheorie zugewiesene Ziel, neben ideologischen Leitvorstellungen auch verwertbares „Instrumentwissen" über das soziale Handlungssystem Wissenschaft zu erbringen, eine gewisse Aufhebung der Abstraktheit erforderlich. Dieser *Widerspruch* kennzeichnet alle Varianten bürgerlicher sozialwissenschaftlich konzipierten Wissenschaftstheorie. Er tritt um so deutlicher in Erscheinung, je mehr sich ihre Aussagen der Erklärung bestehender komplexer Zusammenhänge von Wissenschaft und Gesellschaft zuwenden.

Die Öffnung des abstrakten, „idealtypischen" bürgerlichen soziologischen Denkens zur „historischen" Betrachtung hin ist natürlich keineswegs der konkret-historischen, dialektisch-materialistischen Geschichtsauffassung vergleichbar. Jedoch muß dieser Trend zu quasihistorischer Umprofilierung zugleich als eine Reaktion bürgerlichen Denkens auf die wachsende Ausstrahlungskraft und Wirkung der marxistisch-leninistischen Geschichtsauffassung verstanden werden. Das gilt gleichermaßen für die durch Krysmanski vollzogene Fassung eines Epochenbegriffs. „Epochaltypen" hält er für diejenigen höchster Abstraktion, in denen bereits „das Problem von Subjekt und Weltgeschichte"[218] eingegangen sei.

Wissenschaftstheorie kann nur dann ein hinreichend präzises Bild von dem Charakter, den Triebkräften und den sozialen Folgen wissenschaftlicher Tätigkeit liefern, wenn sie konkret konzipiert ist. Eine konkret-historische Erfassung der wissenschaftlichen Tätigkeit in der heutigen kapitalistischen Gesellschaft setzt ein tiefes Verständnis der sozial-ökonomischen und politischen Zusammenhänge voraus. Dieses Verständnis ist allerdings nur unter Berücksichtigung der marxistischen Kategorien möglich, welche die kapitalistische Produktionsweise und ihren historischen Platz bestimmen.

Krysmanski zeigt bereits einige Grenzen der Erfassung des wissenschaftlichen Handelns mit dem Instrumentarium der strukturell-funktionalen Theorie, wenn er schreibt: „Das ‚soziale System' als der bislang wichtigste empirische Begriff der Soziologie könnte seine Gültigkeit weiter bewahren, wenn es gelänge, das wissenschaftliche

[218] Ebenda, S. 10.

soziale Handeln wenn schon nicht innerhalb des durch die ‚Pattern Variables' bezeichneten Realitätskreises, so doch wenigstens theoretisch und -empirisch zureichend zu erfassen."[219] Mit diesem Hinweis fordert Krysmanski eine stärkere Einbeziehung „interaktionistischer " Betrachtungsweisen in die Handlungstheorie, vor allem auch solcher, die bestimmte Aufschlüsse über Rollendifferenzierungen und Statusprobleme zu geben vermögen. Normative Forderungen an den wissenschaftlich Tätigen im Imperialismus sollen stärker über die Vorgabe eines bestimmten Rollenverhaltens bzw. zu erweckender Status-Erwartungen wirksam gemacht werden. Krysmanski vertritt die Ansicht, daß „zu diesen modernen ‚Rollen' des Wissenschaftlers vor allem sein ‚Professionalismus', sein ‚Intellektualismus' und sein ‚soziales Außenseitertum' gehören (dürften)."[220] „Professionalismus" ist für Krysmanski eine Umschreibung für die Heranbildung einer apolitischen Spezialisten-Elite. Und gerade hier wird der Bezug seiner wissenschaftstheoretischen Überlegungen zu bürgerlichen Konzeptionen der Gegenwart deutlich. Es wird die Argumentation zum Beispiel der geistigen Väter „postindustrieller" Gesellschaftstheorie geradezu wissenschaftstheoretisch ausgefüllt, wenn es heißt, den Universitäten, als „den Normenproduzenten des gesamten Berufsrollensystems"[221] falle unter anderem die Aufgabe zu, ein Akademikerbewußtsein zu konservieren und neu zu beleben. Krysmanski meint, daß die „Professionalisierung" zu einem grundlegenden Stabilisierungsprozeß der industriellen Gesellschaft werde, die sich damit auf die Autorität der Wissenschaft berufen könne.[222] Dieses belegt recht anschaulich, daß „Wissenschaft" als ein gesellschaftstheoretisches „Argument" im politisch-ideologischen Kalkül der herrschenden Klasse den wissenschaftstheoretischen Darlegungen vorgegeben wird, Wissenschaftstheorie also auch direkte ideologische Funktionen zugewiesen erhält. Ähnliche, auf Industriegesellschaft zielende Ambitionen verbindet Krysmanski mit der Vorstellung von der Rolle des Intellektuellen (Intellektualismus). Intellektuelles Verhalten schließe die Aufgabe der „sozialen Dauerkritik" am Ablauf der industriell-technischen Gesellschaft ein. „Intellektualität (ist) ein Bonus, den die Gesellschaft dem Wissenschaftler oder der Wissenschaftler der Gesellschaft bietet, eine humanistische Verpflichtung der Intelligenz, als ‚konstitutives Element zu einer

219 Ebenda, S. 44.
220 Ebenda.
221 H. J. Krysmanski, Wissenschaft als Außenseitertum, a. a. O., S. 259.
222 Vgl. ebenda.

Entradikalisierung blinder gesellschaftlicher Mächte und Prozesse' (H. J. Lieber, Philosophie. Soziologie. Gesellschaft, Westberlin 1965, S. 116) beizutragen."[223]

Hierin zeigt sich unseres Erachtens, daß es bei dieser Rollendeutung der Intelligenz um eine ideologische Behinderung des objektiven Prozesses der Annäherung großer Teile der Intelligenz an die Arbeiterklasse im Imperialismus und um soziale Rollenüberhöhung der Intelligenz geht. Intellektuelles Verhalten soll „entradikalisierende Wirkungen" haben. Zugleich soll die Aktivität der antiimperialistischen Kräfte im Raum des rein intellektuellen Protestes gehalten werden. Schließlich zielt auch Krysmanskis Deutung des Nonkonformismus in eine solche Richtung. „Auch der Nonkonformismus", so stellt Krysmanski fest, „einschließlich der Außenseiter*pose*, ist eine typische Anreicherung des wissenschaftlichen Rollenverhaltens. Er schließt traditionelle Formen gelehrten Privatverhaltens und spezifische Neurosen, verschiedene Abschirmungsstrategien (die die notwendige ‚Einsamkeit und Freiheit' retten können) sowie Erscheinungen des methodologisch bedingten abweichenden Sozialverhaltens wie Distanz und Skepsis ein, vor allem aber die personale wissenschaftliche Autonomie."[224] Mit dem Nonkonformismus der Wissenschaftler wird ein ideologisches Programm entworfen, das alle die Haltungen zu konservieren geeignet ist, die sich als Haupthindernis für die Sammlung aller demokratischen, antiimperialistischen Kräfte – insbesondere für die gemeinsame Aktion von Arbeiterklasse und Intelligenz im Imperialismus – erweisen: Formale Anerkennung einer Protesthaltung gegenüber dem Bestehenden, ohne seine Grundlagen anzugreifen, Suggestion einer elitären Sonderstellung der Intelligenz in der Gesellschaft, angebliche Autonomie der Wissenschaft gegenüber der Gesellschaft und schließlich ein Protest, der im praktisch wirkungslosen Feld leerer Deklamation verbleibt.

Die kritische Prüfung der strukturell-funktionalistischen Konzeption hinsichtlich ihrer Möglichkeiten und Voraussetzungen, die gegenwärtigen Wissenschaftsprozesse im staatsmonopolistischen Kapitalismus zu erfassen, führt Krysmanski zu Einsichten, die Anpassungsbedürfnisse der Bourgeoisie zum Ausdruck bringen. Allerdings bleiben grundsätzliche Weiterungen der strukturell-funktionalistischen Theorie unter Wahrung der bürgerlichen Gesamtsicht unausführbar. Krysmanskis Streben nach Öffnung funktionalistischer Theorie zur histo-

[223] Ebenda, S. 260.
[224] Ebenda, S. 260f.

rischen Dimension, vor allem zur Erfassung der gesellschaftlichen Bezüge der Wissenschaft, sind auf der Grundlage der Industriegesellschaftskonzeption oder der scheintheoretischen Intentionen der „postindustriellen“ Gesellschaft nicht zu erreichen. Auch in dieser Hinsicht bleibt Krysmanskis Vorhaben prinzipiell bürgerlichem Ahistorismus verhaftet. In ähnlicher Weise steht es um den bereits durch Luhmann angestrebten und nun durch Krysmanski erneut unternommenen Versuch, auf der Basis bürgerlichen Konzepts „Entwicklung“ zu erfassen. Ein flacher und beschränkter Evolutionismus ist auch hier einziges zu konstatierendes Ergebnis.

Krysmanski formuliert als Ziel der Wissenschaftstheorie, „Struktur und Prozeß der Wissenschaften in der modernen Industriegesellschaft“[225] zu erfassen und die Mechanismen zu erkunden, die ein solches Vorhaben garantieren helfen.

Das Industriegesellschaftsdenken wird somit zum gesellschaftstheoretischen Bezugspunkt, auf den Krysmanski seine wissenschaftstheoretischen Bemühungen um ein ideologisches Selbstverständnis der wissenschaftlich Tätigen gründet. Wegen ihrer Öffnungen nach verschiedenen Seiten hin – wegen des bereits deutlich werdenden Überschreitens der Grenzen strukturell-funktionaler Betrachtungsweise – trägt Krysmanskis Konzept programmatischen Charakter für weitere wissenschaftstheoretische Arbeiten bürgerlicher Orientierung.

Die volle Erfassung der gesellschaftlichen Charakteristika von Wissenschaft, ihrer konkreten Strukturen und Prozesse muß Aufgabe einer gesellschaftswissenschaftlich verstandenen Theorie sein. Es steht völlig außer Frage, daß diese nicht mit den idealistisch-einseitigen und daher inhaltsleeren Kategorien bürgerlicher Soziologie und „industriegesellschaftlichem“ Epochenbewußtsein, sondern nur im Rahmen einer wirklichen wissenschaftlichen Erfassung der historisch-konkreten Wissenschaftsprozesse mittels der Kategorien einer Wissenschaftstheorie möglich ist, die den Marxismus-Leninismus in seiner Gesamtheit zur Grundlage hat.

3.7.3 Zu einigen Versuchen der Erweiterung strukturell-funktionalistischer Wissenschaftstheorie

Mit der Übertragung der Kategorien der strukturell-funktionalistischen Handlungstheorie auf die Wissenschaftsbestimmung durch Storer wurden zugleich auch alle diejenigen Einseitigkeiten übernommen,

225 H. J. Krysmanski, Soziales System und Wissenschaft, a. a. O., S. 31.

die strukturell-funktionalistischem Denken traditionell eigen sind. Diese Einseitigkeiten erweisen sich nun in zunehmendem Maße als Hindernisse bei der Realisierung der an das staatsmonopolistische Wissenschaftssystem gestellten Klassenanliegen. Es geht der Monopolbourgeoisie nunmehr zunehmend um solche Konzeptionen, die es staatlicher Wissenschaftspolitik ermöglichen, das Wissenschaftssystem in größerem Maße als bisher beherrschbar zu machen. Die durch N. Luhmann repräsentierte, erweiterte Variante strukturell-funktionalistischer Wissenschaftstheorie will die Wissenschaftspolitik aus der Lage befreien, „zögernd und mit spitzen Fingern diese black-box (gemeint ist damit das als Handlungssystem aufgefaßte System wissenschaftlicher Tätigkeiten – die Verf.) manövrieren" zu müssen.[226]

Es sind also recht praktische und für das staatsmonopolistische Gesellschaftssystem bedeutsame Anliegen, die Luhmann mit seinen wissenschaftstheoretischen Betrachtungen verbindet.

N. Luhmann unternimmt es, eine Analyse des „Selbststeuerungsmechanismus" der Wissenschaft auf der Grundlage einer modifizierten Ausarbeitung der strukturell-funktionalistischen Theorie vorzunehmen. Er zählt zu denjenigen Theoretikern in der BRD, die verhältnismäßig früh die konzeptionelle Enge der „klassischen" strukturell-funktionalistischen Betrachtungsweise T. Parsons (und auch Storers) erkannten und nach Wegen suchten, unter stärkerer Betonung des funktionalen Aspekts die strukturell-funktionalistische Theorie den neuen Bedingungen gemäß zu erweitern. Bei Wahrung wichtiger Seiten der „klassischen" Theorie Parsons' erweitert Luhmann sie durch Kategorien der kybernetischen Systemtheorie bzw. koppelt sie mit diesen Kategorien. Luhmann verbindet seinen diesbezüglichen Beitrag mit einer These vom schwindenden Einfluß der sog. „Faktor-Theorien" und deren Verdrängung durch „Systemtheorien statistischer und funktionaler Art".[227] Allerdings sind auch Statistik und funktionale Analyse keinerlei Ersatz für die konkret-historische, gesellschaftliche Gesetze erfassende Bestimmung der Wissenschaft, selbst wenn der wachsende Einfluß strukturwissenschaftlicher Betrachtungsweisen im Rahmen verschiedener Wissenschaftsdisziplinen nicht zu leugnen ist.

[226] N. Luhmann, Selbststeuerung der Wissenschaft, in: Jahrbuch für Sozialwissenschaft, Hrsg. v. H. Jürgensen, A. Predöhl, H. Schelsky, F. Voigt, Bd. 19, Göttingen 1968, S. 147.

[227] N. Luhmann, Zweckbegriff und Systemrationalität. Über die Funktion von Zwecken in sozialen Systemen, Tübingen 1968, S. 237.

Luhmann konstatiert zwar die Überwindung der einseitig verabsolutierenden „Faktor-Theorien“, ohne die Ursachen ihres Scheiterns aufzudecken. Statt dessen sucht er mit seiner modifizierten strukturell-funktionalistischen Variante bürgerlicher Wissenschaftstheorie, dem „Pluralismus vieler Systemreferenzen“[228] als neuerlicher Tendenz der Wissenschaftsentwicklung zu entsprechen. Während die „klassischen“ Verfechter der strukturell-funktionalen Theorie der „Struktur“ und „Funktion“ des sozialen Handlungssystems ihre hauptsächlichste Aufmerksamkeit zuwandten, also sich vorzugsweise dem System selbst widmeten, will Luhmann das Verhältnis von „System“ und „Umwelt“ in den Mittelpunkt seiner Überlegungen stellen. Luhmanns Hauptaugenmerk richtet sich auf eine Erfassung der „Gesellschaft“, speziell des politischen Systems[229], von dem er seine Grundannahmen auch auf andere Bereiche – unter anderen auf die Wissenschaft – überträgt. Aus diesem Grunde wollen wir uns nach einer kurzen Betrachtung der Luhmannschen Gesellschaftsinterpretation seinen wissenschaftstheoretischen Erörterungen zuwenden.

Luhmanns Ausgangspunkt ist eine Neufassung des Parsonsschen Gesellschaftsbegriffs. Durch die Einführung der Betrachtungsweise der Kybernetik und die Anwendung von Kategorien der kybernetischen Systemtheorie versucht Luhmann, der funktionalistischen Erfassung von Änderungen („Wandlungen“) theoretisch Raum zu verschaffen. Luhmann charakterisiert seine Konzeption daher auch als „funktional-strukturelle“ Theorie[230], weil sie den funktionalen Aspekten die umfassendere Bedeutung beimißt, wodurch „System“ auch im Verhältnis zur „Umwelt“ deutlicher werde. „Umwelt“ heißt für Luhmann „ein Chaos von Möglichkeiten der Wahrnehmung, der Eindrücke, der Angebote. Umwelt ist komplex.“[231]

228 Ebenda.

229 Zur Anwendung der Luhmannschen Grundkonzeption auf das Modell staatsmonopolistischer Machtausübung siehe die Darstellung bei B. P. Löwe, Zum Verhältnis von spätbürgerlicher Soziologie und politischer Ideologie des Imperialismus, a. a. O., S. 201–246.

230 Vgl. N. Luhmann, Soziologie als Theorie sozialer Systeme in: Zeitschrift für Soziologie und Sozialpsychologie, 21. Jg., 19/1967, S. 616.

231 B. Brock, Die Debatte zwischen Jürgen Habermas und Niklas Luhmann. Neuer Skandal der Vernunft oder das Chaos der Möglichkeiten? Rez. zu: J. Habermas, N. Luhmann, Theorie der Gesellschaft oder Sozialtechnologie – Was leistet die Systemforschung? Frankfurt/M. 1971, in: Frankfurter Allgemeine Zeitung, Nr. 236, v. 12. 10. 1971, S. 10.

Alles, was im jeweiligen Luhmannschen Betrachtungsfeld als „Umwelt-System“ erscheint, wird als Funktion der „Umwelt-System-Relation“ analysiert. „Gesellschaft“ ist hiernach im Luhmannschen Verständnis „dasjenige Sozialsystem, das mit seinen Grenzen unbestimmte, nichtmanipulierbare Komplexität ausgrenzt und damit die Möglichkeit vorstrukturiert, die in der Gesellschaft ergriffen und realisiert werden können“.[232] Luhmann erhebt mit seiner Theorie den Anspruch auf umfassende gesellschaftliche Analyse. Die Grundannahmen seiner so abstrakt konzipierten Gesellschaftsvorstellung finden ihre spezifische Anwendung in den jeweiligen, die Subsysteme erfassenden speziellen Theorien.

„Strukturelle“ Grundeinheit des Luhmannschen abstrakten Systembegriffs ist das handelnde Individuum. Er definiert: „Unter Handlung soll jedes sinnhaft orientierte, außenwirksame menschliche Verhalten verstanden werden, unter System jedes Wirklich-Seiende, das sich, teilweise auf Grund der eigenen Ordnung, teilweise auf Grund von Umweltbedingungen, in einer äußerst komplexen, veränderlichen, im ganzen nicht beherrschbaren Umwelt identisch hält.“[233]

Wie Luhmanns Handlungs- und Systembegriff belegen, bleibt er trotz der gegenüber Parsons' strukturell-funktionalistischer Theorie vorgenommenen Veränderungen prinzipiell in funktionalistischer Tradition. Das im Weberschen Sinne „zweckrational“ handelnde Individuum bewirkt durch sein Handeln das Zustandekommen einer bestimmten Systemstruktur, die das System gegenüber der Umwelt invariant hält.

Über diese abstrakten systemtheoretisch-soziologischen Begriffsbildungen gelangt Luhmann zu einem Gesellschaftsverständnis, das wegen seiner Ignoranz gegenüber den wirklichen materiellen Existenzbedingungen der Gesellschaft, der Verdeckung der kapitalistischen Eigentums- und darauf basierenden Klassenverhältnisse, genau den Klasseninteressen der Monopolbourgeoisie im Imperialismus entspricht. Die konkrete Vielfalt der gesellschaftlichen Beziehungen und auch die gesellschaftliche Zieldetermination menschlichen Strebens bleiben bewußt unberücksichtigt und werden auf eine scheinbar entideologisierte „Funktionalität“ reduziert.

Mit dem funktionalistischen „Systembegriff“ verdrängt Luhmann die reale Wirklichkeit und bestimmt ebenso abstrakt wie einseitig

[232] N. Luhmann, Moderne Systemtheorie als Form gesamtgesellschaftlicher Analyse, in: J. Habermas, N. Luhmann, Theorie der Gesellschaft oder Sozialtechnologie, a. a. O., S. 24.

[233] N. Luhmann, Zweckbegriff und Systemrationalität, a. a. O., S. 1.

Handlung als „jedes sinnhaft orientierte, außenwirksame menschliche Verhalten“, aus welchem Handlungssysteme entstehen, „die aus konkreten Handlungen eines oder mehrerer Menschen gebildet sind und sich durch Sinnbeziehungen zwischen diesen Handlungen von einer Umwelt abgrenzen“.[234]

Die menschliches Handeln leitenden ideologischen Prozesse werden unter der Hand in die indifferente Kategorie des „Sinns“[235] transformiert. „Sinn“ erfaßt nicht den wirklichen gesellschaftlichen Lebensprozeß, aus dem die das Handeln leitenden und orientierenden menschlichen Bewußtseinsformen hervorgehen. Vielmehr verlegt Luhmann seine grundlegenden Prozesse der „Sinnbildung“ in gesellschaftliche Teilbereiche. Als jeweiligen „Sinn“ ordnet er die Wahrheitsentscheidung der „Wissenschaft“, „Recht“ den politischen Instanzen, „Liebe“ der Familie usw. zu. „Sinn“ – von Luhmann zur Grundkategorie erhoben – soll zweierlei leisten: Komplexität zu reduzieren und sie zugleich zu erhalten.

Der Luhmannsche Sinnbegriff trägt phänomenologischen Charakter. Ihn als Grundbegriff der Soziologie einzuführen bedeutet, die an ihn gebundenen subjektiv-idealistischen Implikationen gleichfalls zu übernehmen. Das fällt der strukturell-funktionalistischen Konzeption wegen ihres gleichartigen Charakters keineswegs schwer. Zugleich wird allerdings, vor allem an Luhmanns Wissenschaftsbestimmung, auch deutlich, wie die Übernahme strukturwissenschaftlicher Kategorien ein von seinen Grundintentionen her idealistisches Gesamtkonzept zu effektivieren vermag. *Strukturwissenschaftliche Wissenschaftsbetrachtung steht damit keineswegs außerhalb des ideologisch-weltanschaulichen Bezuges.*

Wissenschaft ist für Luhmann ein soziales Handlungssystem *neben anderen Systemen.* Ihre Aufgabe besteht darin, die hohe Komplexität wissenschaftlicher Erkenntnisse „auszudifferenzieren“ und dadurch „die Welt für die Gesellschaft offen zu halten“.[236]

Es ist schließlich auch Luhmanns relativistischer Denkansatz, der seiner Wahrheitsbestimmung zugrunde liegt. Die Gesellschaft delegiert nach Luhmann die definitorische Bestimmung der Wahrheit an die

234 Ebenda.

235 Vgl. N. Luhmann, Sinn als Grundbegriff der Soziologie, in: Theorie der Gesellschaft oder Sozialtechnologie, a. a. O., S. 25–100.
Siehe auch: J. Habermas, Meaning of Meaning oder: Ist „Sinn“ eine sprachunabhängige Kategorie? Ebenda, S. 171–202.

236 N. Luhmann, Selbststeuerung der Wissenschaft, a. a. O., S. 152.

Wissenschaft.[237] Damit ist sie bereits dem Einfluß der Gesamtgesellschaft entzogen, also von den realen Lebensprozessen der imperialistischen Gesellschaft getrennt. Luhmann erfaßt Wahrheit nicht als Übereinstimmung unserer Denkinhalte mit dem Gegenstand, entstanden und überprüft im praktischen, materiellen Lebensprozeß, sondern er definiert sie funktionalistisch „als Medium zur Übertragung von Sinn".[238] Das positivistisch aufgefaßte Prinzip der „Intersubjektivität" – das ein subjektiv-idealistischer Ersatzbegriff für das Kriterium Praxis ist und die Grundlage der Objektivität in die Sphäre „kollektiver Erfahrung" verlegt[239] – sieht Luhmann als Mittel der Wahrheitsübertragung innerhalb der Wissenschaft an. Anerkennung wahren Wissens ist für ihn Sache der Konvention, und zwar – nach Luhmann versteht es sich ganz von selbst – für alle, die Anspruch erheben, gesellschaftlich „miterlebende" Menschen zu sein. Es sind schließlich auch wiederum subjektive Verhaltenserwartungen, die Luhmann zur Grundlage des Selbststeuerungsmechanismus des Wissenschaftssystems erklärt. Damit führt die erweiterte Variante strukturell-funktionalistischer Wissenschaftstheorie in ihren wesentlichsten Bestimmungen wiederum auf die „klassische" Form dieses Problemtyps zurück.

Von ihren realen gesellschaftlichen Zusammenhängen losgelöst, wird Wissenschaft für Luhmann eine abstrakt-funktionale Instanz, die sich durch die Vorsortierung und Steuerung des Informationsflusses als System konstituiert und erhält. Für Luhmann stellt die kreative Leistungsbewertung des einzelnen Wissenschaftlers – das heißt die durch die öffentliche Meinung der Wissenschaftler festgelegte *Reputation* – ein Symptom dar, über das sich die Selbststeuerung des Wissenschaftssystems vollzieht. Zur Reputation und ihrer Rolle im Wissenschaftssystem als Teil des Selbststeuerungsmechanismus der Wissenschaft bemerkt Luhmann: „Reputation kann persönliches Ansehen einzelner Forscher oder Forschungsgruppen sein. Sie umfaßt aber auch den Ruf von Zeitschriften, Verlagen, Schriftenreihen, Nachschlagwerken, Instituten, Universitäten, wissenschaftlichen Gesellschaften, Vortragsveranstaltungen, Tagungsplätzen ... Reputation

[237] Vgl. ebenda, S. 148f. Siehe auch N. Luhmann, Moderne Systemtheorien als Form gesamtgesellschaftlicher Analyse, a. a. O., S. 260.

[238] N. Luhmann, Selbststeuerung der Wissenschaft, a. a. O., S. 149. Siehe auch ders., Soziologie als Theorie sozialer Systeme, a. a. O., S. 615, S. 644, insbesondere S. 633f.

[239] Vgl. G. Klaus, M. Buhr, Philosophisches Wörterbuch, 6. überarb. u. erw. Auflage, Leipzig 1969, S. 538f.

im Wissenschaftssystem ist eine Art von Kredit, ein (allerdings unbefristeter) Wechsel auf Wahrheit."[240]

Deutlich genug verrät diese zentrale Plazierung der wissenschaftlichen Reputation innerhalb des „Selbststeuerungsmechanismus" der Wissenschaft Luhmanns subjektivistisches Konzept. Eine Wissenschaftsbestimmung, mag sie auch die modernsten systemtheoretischen oder andere strukturwissenschaftlichen Erkenntnisse zu ihrer Ausgangsbasis machen, bleibt unvollständig und einseitig, solange sie sich auf eine Seite, einige Momente und Aspekte der komplexen gesellschaftlichen Erscheinung Wissenschaft beschränkt und diese für das Ganze ausgibt. Erst die Beachtung der Komplexität und Vielfalt der Charakteristika der Wissenschaft und der Beziehungen wissenschaftlicher Tätigkeit mit anderen gesellschaftlichen Bereichen vermag eine wirklich wissenschaftliche Wissenschaftsbestimmung zu begründen. Wissenschaft als eine spezifische Form gesellschaftlicher Tätigkeit bedarf wegen dieses ihres Charakters, ihrer dadurch bedingten sozialökonomischen Verwurzelung nicht erst des „Vermittlungsgliedes Reputation", wie Luhmann behauptet, um sich mit der Gesellschaft zu verbinden.

Eine solche untrennbare Verbindung ist ihr als Teil der Gesellschafts- und Geschichtsentwicklung wesensgemäß eigen. Weil jedoch bürgerliche Ideologie die Existenz objektiver Gesetze der Gesellschaftsentwicklung, als mit den Klasseninteressen der Monopolbourgeoisie unvereinbar, leugnet, wurden der Wissenschaft stets neue, vermeintliche Wirkprinzipien unterlegt, um ihre „Autonomie" gegenüber der Gesellschaft glaubhaft zu begründen. Eine solche Funktion besitzt Luhmanns Reputationsbegriff, der sicherlich weit überfordert und fetischiert wird, wenn man ihn zur Basis eines „Selbststeuerungsmechanismus" der Wissenschaft deklariert. In diesem Zusammenhang schreibt Luhmann:

„Von Selbststeuerung der Wissenschaft kann man sprechen, soweit mit dem Medium der Reputation das Erscheinen von Wahrheit reguliert wird, welche konkreten Zwecke auch immer die Beteiligten dabei verfolgen. Diese Funktion der Selbststeuerung muß, zumindest analytisch, von der Frage getrennt werden, nach welchen Kriterien und unter welchen Restriktionen die Gesellschaft ihre Leistungen an die Wissenschaft zuteilt ... Wissenschaftliche Reputation kann also nicht ohne weiteres in gesellschaftliches Ansehen umgesetzt werden und ist auch nicht ohne weiteres ausschlaggebend für die

[240] N. Luhmann, Selbststeuerung der Wissenschaft, a. a. O., S. 155.

Befriedigung finanzieller Wünsche. Sie ist jedoch eine unentbehrliche Grundlage für die Anknüpfung weiterer Kriterien. Insofern kommt die Gesellschaft nicht umhin, das Selbststeuerungssystem der Wissenschaft zu respektieren. Sowohl in dieser Voraussetzung als auch in ihren Auswirkungen sind die gesellschaftlichen Zuteilungen an die Wissenschaft mit dem Steuerungssystem verknüpft."[241]

Luhmann bindet also den Reputationsbegriff an seine idealistische Wahrheitsvorstellung und das positivistische Prinzip der Intersubjektivität. Danach erfolgt die „Austeilung" wissenschaftlicher Reputation entsprechend dem Ansehen einer wissenschaftlichen Persönlichkeit im Hinblick darauf, in welchem Maße seine persönlichen wissenschaftlichen Erkenntnisse im Kreise seiner Fachkollegen als „Wahrheit" betrachtet und akzeptiert werden. Die intersubjektive Übereinstimmung, das heißt die intellektuelle Interaktion, verstanden als Übereinstimmung im Kreise der Wissenschaftler, führe zur Festlegung darüber, was als wahr gilt. Aus diesem Grunde also fungiere die Wahrheit als Medium zur Übertragung von Sinn. Das Maß dieser Übereinstimmung, der Teilhabe des einzelnen Wissenschaftlers an der intersubjektiven Festlegung der „Wahrheit" ist zugleich Maßstab für das Wachsen wissenschaftlicher Reputation. Reputation wird so in Luhmanns Version zum „Freibrief für Wahrheit".

Zweifellos ist eine gewisse Reputation ein durchaus auch theoretisch faßbares Stimulans wissenschaftlicher Tätigkeit. Daß Reputation jedoch wesentliche Grundlage eines autonomen „Selbststeuerungsmechanismus" der Wissenschaft sein könne – diese Auffassung entspringt zweifelsohne dem Subjektivismus Luhmanns. Luhmann spricht von „Reputation", ohne zu berücksichtigen, daß ihr Zustandekommen, ihre Inhalte und ihre Entwicklungskriterien nicht anderen als sozialökonomischen Gegebenheiten entspringen können.

Die Luhmannsche Variante sozialwissenschaftlich konzipierter bürgerlicher Wissenschaftstheorie verrät das Bestreben, die Verbreitung der bürgerlichen Ideologie mit dem Streben nach Steigerung der Effektivität und Erhöhung des Integrationsgrades des staatsmonopolistischen Wissenschaftssystems zu verbinden.

In unseren bisherigen Darlegungen beschränkten wir uns auf einen mehr oder weniger groben Überblick über die Problemstellung, über Ansätze und Lösungsversuche, die hinsichtlich der Wissenschaft als eines gesellschaftlichen Phänomens auf der Grundlage der strukturell-funktionalistischen Interpretation von bürgerlichen Theoretikern

[241] Ebenda, S. 156.

vorgenommen wurden. Wir versuchten, die beabsichtigten Weiterungen zu zeigen und damit auch den Blick für solche Varianten der strukturell-funktionalistischen Wissenschaftstheorie zu öffnen, die zukünftig von Bedeutung sein können.

Zweifelsohne ist die Einsetzung der bürgerlichen Sozialwissenschaften für die Begründung neuer Denksysteme über Wissenschaft gegenwärtig in einer Phase, in der man noch nicht von ausgereiften und in sich einigermaßen abgerundeten Wissenschaftstheorien sprechen kann. Aber es deutet sich eine Tendenz an, Wissenschaft immer mehr bezüglich ihrer sozialen, gesellschaftlichen Bestimmungen und Verknüpfungen zu erschließen und die Ergebnisse dieser Untersuchungen in eine theoretische Form zu bringen. Es ist gegenwärtig noch nicht möglich, die Weite der Problemsicht zu bestimmen, die *bürgerlichem* Denken auf diesem Gebiet überhaupt möglich und ohne Verletzung grundlegender Klasseninteressen ausführbar ist. Generell aber läßt sich nach der hier vorgenommenen Analyse jedoch sagen, daß die strukturell-funktionalistische Systemkonzeption in etwa den Rahmen absteckt, der den bürgerlichen Klasseninteressen entspricht: Strukturell-funktionale Theorie und Methode (oder eine Variante bzw. eine ähnliche, ihr verwandte Konzeption) scheinen am ehesten geeignet zu sein, sowohl den ideologischen Herrschaftsinteressen der heutigen Bourgeoisie zu entsprechen (also den Klassenschranken folgend Erkenntnis nur in gewissen Grenzen zuzulassen), als auch dem Bedürfnis nachzukommen, für die staatsmonopolistische Regulierung der Wissenschaft ideologischen Raum und methodologische Mittel zu schaffen.

Es ist durchaus als ein Ausdruck dieser aktuellen Bedürfnisse zu betrachten, daß bürgerliche Wissenschaftstheoretiker vielfältige Bemühungen unternehmen, um auf der Grundlage der strukturell-funktionalistischen Theorie einschließlich ihrer Erweiterungen eine integrative bürgerliche Wissenschaftstheorie zu schaffen. Eine solche Theorie könnte in der Lage sein, die disziplinär und thematisch sehr heterogenen Wissenschaftsforschungen im Imperialismus auf eine einigermaßen einheitliche theoretische Basis zu stellen. Weil die strukturell-funktionale Theorie selbst auf Problemformulierungen der verschiedensten bürgerlichen Sozialwissenschaften basiert, vermag sie der Möglichkeit nach eine komplexe Orientierung im Sinne des wissenschaftstheoretischen Einsatzes aller bürgerlichen *Sozialwissenschaften* zu geben, zum Beispiel der Soziologie, der Psychologie, der sogenannten Volkswirtschaftslehre und anderer. Wie der Luhmannsche Ansatz beweist, ist sie zugleich engstens mit der *Systemauffassung*

(Systemtheorie) verbunden. Über die zentrale Plazierung der Normen innerhalb der strukturell-funktionalen Wissenschaftstheorie und deren Rückführung auf gnoseologische Akzente ergibt sich eine Brücke zu abstrakt *erkenntnistheoretischen* Varianten bürgerlicher Wissenschaftstheorie, wie sie von uns weiter oben dargestellt wurden. Über einen solchen Ansatz der Einbeziehung erkenntnistheoretisch relevanter modifizierter Kategorien öffnet sich ein Zugang zu abstrakt-erkenntnistheoretischen, epistemologischen, logizistischen und linguistischen Forschungen. Damit ist die strukturell funktionale Konzeption bürgerlicher Wissenschaftstheorie einschließlich ihrer Erweiterungen der Möglichkeit nach *in der Lage, wissenschaftssoziologische, wissenschaftspsychologische, wissenschaftsökonomische, systemtheoretische und erkenntnistheoretische Forschungen zu verklammern.* Betrachten wir diese Voraussetzungen im Zusammenhang mit den sich bei Krysmanski andeutenden Tendenzen, das strukturell-funktionalistische Konzept mit Pseudowerten der sogenannten Industriegesellschaftstheorie oder der Theorie einer „nachindustriellen" Gesellschaft zu koppeln, so wird das Bestreben nach Erweiterung durch die Einbeziehung quasihistorischer Momente überaus deutlich. Ja, Krysmanski fordert eine solche Öffnung der strukturell-funktionalistischen Theorie nach „historischer Sicht" geradezu, wenn er feststellt: „Auch die Theorie ‚sozialer Systeme' ist im wesentlichen auf inhaltliche Bestimmungen der sozialen Realität angewiesen geblieben, die auf eine bestimmte sozialgeschichtliche Epoche verweisen: die der Industrialisierung, und damit auf eine inhaltliche Auffüllung des Begriffs des ‚sozialen Systems' durch die Elemente der industriellen Gesellschaft in ihren verschiedenen Spielarten."[242]

Krysmanskis Forderung nach Erfassung des „Historischen" im Rahmen der strukturell-funktionalistischen Theorie ist selbstverständlich nicht realisierbar. Hinsichtlich der Herausbildung einer integrativen bürgerlichen Wissenschaftstheorie, die konzeptionelle Grundlage wissenschaftswissenschaftlicher Forschungen sein kann, verweist sie jedoch auf eine beachtenswerte Tendenz: In dem angestrebten Brükkenschlag zwischen bürgerlichem Gesellschaftsdenken und strukturell-funktionalistischer Wissenschaftstheorie liegt der Versuch, wissenschaftswissenschaftliche Forschungen unter Voraussetzung eines bürgerlichen Epochenbewußtseins zu betreiben. Auf einer solchen Grundlage würden konzeptionelle Ausrichtungen wissenschaftshistorischer Forschungen ermöglicht. Unsere bisherigen Überlegungen

[242] H. J. Krysmanski, Soziales System und Wissenschaft, a. a. O., S. 8.

zu den Möglichkeiten, Tendenzen und Voraussetzungen einer integrativen bürgerlichen Wissenschaftstheorie, die bürgerliche Wissenschaftsforschungen anzuleiten vermag, führen zu dem Schluß: Durch die strukturell-funktionalistische Wissenschaftstheorie einschließlich ihrer gesellschaftstheoretischen, scheinhistorischen Erweiterungen könnten alle wissenschaftswissenschaftlich relevanten Momente, das heißt heute bereits übersehbare Seiten und Merkmale der wissenschaftlichen Tätigkeit, der Potenz nach summarisch erfaßt werden.

Daß eine solche Schlußfolgerung nicht nur hypothetischen Charakter trägt, sondern sich bereits erste Ansätze dafür zeigen, wie eine solche Konzeption zur komplexen Beschreibung staatsmonopolistischer Wissenschaftspraxis Anwendung findet, belegt *P. Weingart*. Mit ihm haben wir einen Repräsentanten der strukturell-funktionalistischen Wissenschaftskonzeption vor uns, der von den abstrakten Normenvorstellungen Storers ausgehend und unter Berücksichtigung der Luhmannschen systemtheoretischen Erweiterungen reale Wissenschaftsprozesse eines Landes zu einer bestimmten Zeit und unter konkreten Bedingungen beschreibt.[243]

Als ein besonderes Demonstrationsbeispiel zur strukturell-funktionalistischen Beschreibung realer Situationen im Wissenschaftsleben wählt Weingart unter anderem die Kürzungen des US-amerikanischen Wissenschaftsetats im Jahre 1969. Bekanntlich beabsichtigte der USA-Senat, dem durch die Ausgaben für den verbrecherischen Vietnamkrieg und das Antiraketenprogramm sowie überhaupt durch die Kriegsrüstung vor dem Bankrott stehenden USA-Etat dadurch etwas Entlastung zu verschaffen, daß er eine erhebliche Haushaltskürzung für das Haushaltsjahr 1969 vornahm. Diese Mittelbeschränkung wirkte sich vor allem auch auf die vorgesehenen Ausgaben für die Forschung, insbesondere auf die staatliche Finanzierung der Grundlagenforschung aus. Das Budget der National Science Foundation mußte zum Beispiel von den vorgesehenen 480 Millionen Dollar auf 400 Millionen Dollar reduziert werden. Weingart interpretiert diese Maßnahmen staatsmonopolistischer Wissenschaftspolitik in Gegenüberstellung zu der „Wissenschaftlergemeinde“ (scientific comunity).[244] Bei der Darstellung und Begründung seiner Thesen folgt

[243] Vgl. P. Weingart, Selbststeuerung der Wissenschaft und staatliche Wissenschaftspolitik, in: Kölner Ztschr. für Soziologie und Sozialpsychologie, hrsg. v. R. König, 3/1970, S. 567–592.

[244] P. Weingart, Die amerikanische Wissenschaftslobby. Zum sozialen und politischen Wandel des Wissenschaftssystems im Prozeß der Forschungsplanung, Düsseldorf 1970, S. 41f.

Weingart weitestgehend den konzeptionellen Ansätzen und Kategorien der strukturell-funktionalistischen Wissenschaftstheorie. Aus ihrer Sicht verdichtet er die Storerschen Normen des autonom verstandenen „sozialen Systems Wissenschaft" zum Begriff eines *wissenschaftsinternen Eigeninteresses.* Einhaltung und Wahrung der Normen werden zum Grundprinzip der „Wissenschaftlergemeinde" erklärt und bilden ihre konstituierende Grundlage. Auf diese Weise erhebt Weingart die „Wissenschaftlergemeinde" zu einer völlig eigenständigen Instanz. Weingart sieht die Beziehungen dieser autonomen Gemeinde zu anderen gesellschaftlichen Instanzen, zum Beispiel der Politik, zum Staat usw. ausschließlich unter dem Aspekt der Wahrung wissenschaftsinterner Interessen. Die Nichtanerkennung der sozialökonomischen Determination der Wissenschaft führt auf diese Weise zu dem Eindruck, als wären es nicht prinzipiell die herrschenden Klasseninteressen an der Wissenschaft, die dem staatsmonopolistischen Wissenschaftsbetrieb das Gepräge geben. Alle von Weingart wahrgenommenen Aspekte der Verbindung von Wissenschaft und Politik, wie sie objektiv mit dem Vergesellschaftungsprozeß der Wissenschaft auftreten, sind als funktionale Beziehungen charakterisiert, in denen es um die Durchsetzung systeminterner Interessen der Wissenschaft geht. Die Frage, die Weingart sich akzentuiert vorlegt, ist die nach der Erhaltung des wissenschaftsinternen Selbststeuerungsmechanismus (in Luhmannschem Sinne verstanden) unter den Bedingungen wissenschaftspolitischer Eingriffe des Staates. Bereits diese Fragestellung verweist darauf, daß es Weingart schließlich nicht um eine prinzipielle Abwehr staatsmonopolistischer Eingriffe in das Wissenschaftssystem geht, sondern daß er vielmehr bestrebt ist, Hinweise dafür zu vermitteln, wie solche Eingriffe unter Wahrung des herrschenden Wissenschaftsverständnisses begründet und unter Beachtung der relativen Eigengesetzlichkeit des Wissenschaftssystems vorzunehmen sind. Weingart prognostiziert in diesem Zusammenhang, „daß die Wissenschaft, in dem Maße, in dem sie Gegenstand staatlicher Verteilungsentscheidungen wird, ihre herkömmliche Struktur und ihr Normensystem ändern wird".[245] Ganz in strukturell-funktionalistischer Tradition sind hier Veränderungen im Wissenschaftssystem als Veränderungen der Struktur der Wissenschaft und ihrer normativen systeminternen Ausrichtungen ausgedeutet. In der Beschreibung realer Wissenschaftsprozesse bewährt sich die strukturell-funktionalistische Konzeption bereits in dem von

[245] Ebenda, a. a. O., S. 232f.

uns bereits angedeuteten Sinne: Sie fördert verwertbares Wissen zutage und wahrt andererseits streng die von der bürgerlichen Ideologie vorgegebenen Grenzen.

Die im Zusammenhang mit politischen Auseinandersetzungen um die Wissenschaft im Imperialismus hochaktuelle und sozialökonomisch wie ideologisch außerordentlich inhaltsreiche Kategorie der ***Politisierung der Wissenschaft*** wird in Weingarts Konzeption dieses ihres Inhalts beraubt. Sie drückt nicht mehr politische Formierung bzw. Deformierung der Wissenschaft gemäß herrschender Klassenanliegen aus, sondern sie wird als abstrakt begründetes Mittel zur Durchsetzung des „Eigeninteresses der Wissenschaftlergemeinde" interpretiert. Wissenschaftliche Politikberatung bewertet Weingart in diesem Zusammenhang nach dem Maßstab, inwiefern es den Beratern gelingt, ein Maximum an „wissenschaftsinternen Normen" zu sichern und zu wahren.

Sicherlich verweist eine so bevorzugte Behandlung der Systemautonomie der Wissenschaft und die Betonung ihres Eigeninteresses in gewisser Weise auf das Unbehagen zahlreicher Wissenschaftler im Imperialismus, das sie angesichts der staatsmonopolistischen Formierung der Wissenschaft befällt. Jedoch wird mittels der strukturell-funktionalistischen Konzeption diese Nichtkonformität mit den imperialistischen Zweck- und Zielsetzungen geschickt dazu genutzt, die Wissenschaftler von einer wirkungsvollen Bekämpfung des staatsmonopolistischen Systems dadurch abzulenken, daß bestimmte imperialistische Klasseninteressen an der Wissenschaft als vermeintliche Eigeninteressen der Wissenschaft suggeriert werden. Weingart leitet aus der Beziehung des autonom verstandenen Wissenschaftssystems und dem „politischen System" (als abstrakte Funktionalität politischer Entscheidung und ihre Institutionalisierung verstanden) geradezu undemokratische Folgerungen ab: Legitimität der Ausschaltung des Parlaments und die Notwendigkeit eines Ausgleichs von politischer Exekutive und „Wissenschaft". Weingart diffamiert die Wissenschaftspolitik der sozialistischen Länder und lobpreist die „westlichen Demokratien" als angebliche Modellbeispiele für die maximale Möglichkeit der Wahrung „wissenschaftsinterner Interessen".[246] Die einseitige Betonung der Systemautonomie enthüllt sich schließlich angesichts der widersprüchlichen Gesamtkonzeption strukturell-funktionalistischer Provenienz als Hilfsmittel zur Stützung und Wahrung bürgerlicher Ideologie.

[246] Ebenda.

Obwohl die Weingartsche Konzeption ausdrücklich und durchgehend von abstrakten Kategorien und Vorstellungen getragen ist, vermag sie – wie wir sahen – eine Instrumentfunktion bei der Beschreibung ganz konkreter Zusammenhänge und Prozesse im Wissenschaftsleben eines Landes auszuüben. Zu einer solchen Beschreibung wären die Kategorien und Methoden der abstrakt-erkenntnistheoretischen Varianten bürgerlicher Wissenschaftstheorie unzureichend und unbrauchbar gewesen. Die strukturell-funktionalistische Wissenschaftstheorie bietet also beachtenswerte Erweiterungen und Möglichkeiten der Ausgestaltung bürgerlicher Wissenschaftstheorie unter dem Deckmantel scheinbar wissenschaftlich objektiver Betrachtung.

Der Weingartsche Versuch der Anwendung der strukturell-funktionalistischen Wissenschaftstheorie auf die Beschreibung realer Wissenschaftsprozesse im Imperialismus scheint uns symptomatisch dafür zu sein, daß die erweiterte strukturell-funktionalistische Konzeption über den Rahmen akademischer Erörterungen hinaus praxiswirksam wird. Wie Weingarts Konzept zeigt, ist ein Operieren in den Kategorien des strukturell-funktionalistischen wissenschaftstheoretischen Ansatzes ohne weiteres möglich. Auch dürfte damit wenn auch zunächst ein erster, so aber immerhin ein Beleg dafür geliefert worden sein, daß die strukturell-funktionalistische Wissenschaftstheorie Eingang in die staatsmonopolistische Wissenschaftsforschung gefunden hat. Es ist zudem höchstwahrscheinlich, daß es wissenschaftswissenschaftliche Forschungen im staatsmonopolistischen Kapitalismus gibt, die sich bereits heute von der strukturell-funktionalistischen Wissenschaftstheorie konzeptionell leiten lassen, deren Ergebnisse sich aber nicht in Form von Publikationen niederschlagen. Vermutlich werden wissenschaftswissenschaftliche Forschungen auf der konzeptionellen Grundlage der strukturell-funktionalistischen Wissenschaftstheorie (etwa empirische wissenschaftssoziologische und andere Untersuchungen) ohne den Umweg über die Publikation unmittelbar für die staatsmonopolistische Wissenschaftsorganisation und Wissenschaftspolitik (etwa im sogenannten wissenschaftlichen Beratungswesen) praktisch nutzbar gemacht.

Schließlich haben sich die im Zusammenhang mit den Budgetkürzungen des US-amerikanischen Wissenschaftsetats im Jahre 1969 zeigenden Tendenzen (des Schwindens der Führungsrolle der USA auf dem Gebiet von Wissenschaft und Technik) in der Zwischenzeit als harte Tatsachen erwiesen. Wie Presseinformationen zu entnehmen ist, ist seit 1967 ein ständiges Sinken der staatlichen Ausgaben für Forschung und Entwicklung in den USA – bezogen auf den prozentualen Anteil am Bruttosozialprodukt – festzustellen. Berechnungen der amerikanischen National Science Foundation zufolge sind die Gesamtausgaben für Forschung und Entwicklung in den USA – am jeweiligen Realwert des Dollar gemessen – seit 1963 jährlich um etwa 3 Prozent gefallen. Demgegenüber sind die wissenschaftspolitischen Aktivitäten in anderen kapitalistischen Ländern – darunter auch in der BRD – zum Teil erheblich gestiegen. Die Einschränkungen staatlicher Subventionierung der Forschung ist zu einem besonderen Hindernis für die Grundlagenforschung in den USA geworden. Auf diesem Sektor wurden die meisten Budgetkürzungen vorgenommen, ganze Forschungsprogramme eingestellt und zahlreiche Wissenschaftler arbeitslos. In diesem Zusammenhang stellte das in Düsseldorf erscheinende „Handelsblatt" fest: „Potentiell am gefährlichsten ist die Tatsache, daß auf Grund der zum praktischen Nutzwert hin orientierten amerikanischen Mentalität die Grundlagenforschung, die sich nur mit der Ausweitung des Wissens und nicht mit seiner kommerziellen oder militärischen Verwertbarkeit beschäftigt, am meisten unter der Geldknappheit zu leiden hat. Seit der zweiten Hälfte des vergangenen Jahrzehnts stagnieren die Bundeszuwendungen für Grundlagenforschung auf einem Niveau von etwa 2 Mrd. Dollar jährlich."[247]

Das US-amerikanische Monopolkapital sieht in der Subventionierung der Grundlagenforschung kein unmittelbar profitbringendes Unternehmen. Will die USA gegenüber den anderen kapitalistischen Ländern auf dem Gebiet der Grundlagenforschung nicht ins Hintertreffen geraten, so werden staatliche Maßnahmen erforderlich. In seiner Botschaft „Zur Lage der Nation" Anfang 1972 kündigte Präsident Nixon an, daß er ein umfassendes Programm der (insbesondere technologischen) Forschung und Entwicklung vorlegen werde. Darin drückt sich ohne Zweifel die Besorgnis der führenden Politiker der USA über die Krise auch auf wissenschaftspolitischem Gebiet aus. Wie der in der BRD 1972 vorgelegte „Bundes-Forschungsbericht IV" zeigt, unternehmen die führenden Kräfte in der BRD alle Anstrengungen, um in wissenschaftspolitischen Fragen „am Ball" zu bleiben. Ein Minimum an Kenntnissen über die Beziehungen von Wissenschaft und Politik ist dazu unerläßlich.

[247] Das Handelsblatt (Düsseldorf), v. 11. März 1972.

4. Philosophisch-weltanschauliche und wissenschaftstheoretische Grundlagen der Bildungspolitik in der BRD

Der vorangegangene Abschnitt machte bereits deutlich, daß eine ganze Anzahl wissenschaftstheoretischer Aussagen und Wissenschaftsauffassungen für die Wissenschaftspolitik wichtig sind. Das ist an und für sich nicht überraschend. Überraschend ist eher, daß aus der Vielzahl wissenschaftstheoretischer Untersuchungen in den kapitalistischen Ländern bislang recht wenig wissenschaftspolitische Entscheidungsgrundlagen abgeleitet wurden. Das Verhältnis der Theorien über die Wissenschaft und Bildung (beides wollen wir im folgenden als Einheit betrachten) zur praktizierten Politik erweist sich als ein eigenständiges Forschungsthema. Das wird besonders sichtbar im Bereich der Bildungspolitik.

Der Bereich der Bildung ist ein Hauptfeld der Anwendung von Aussagen über die Wissenschaft auf die gesellschaftliche Wirklichkeit. Wissenschaft setzt sich nicht automatisch als Produktivkraft durch, sondern bedarf des produzierenden Menschen. So trivial diese Feststellung klingt, so kann man doch nicht darüber hinwegsehen, daß die Art und Weise dieser Durchsetzung der Wissenschaft über die Köpfe der Produzenten gewaltige gesellschaftliche Anstrengungen nötig macht. Hier ist es nun eine historische Tatsache, daß Gesellschaftsordnungen, die auf dem Privateigentum an Produktionsmitteln beruhen, diesen Prozeß der Umsetzung der Wissenschaft in die Praxis des Lebens – ein Prozeß, der wesentlich über die wissenschaftliche und geistig-kulturelle Bildung aller Gesellschaftsglieder zu vollziehen ist – nicht ungehemmt, widerspruchslos, organisch durchzusetzen vermögen. Das Privileg der Bildung für die herrschende Klasse wird erst nach der sozialistischen Revolution wirklich durchgreifend beseitigt. Darüber können auch Begriffe wie „Chancengleichheit für alle“ und auf „Gemeinwohl“ orientierte „Leistungsgesellschaft“ usw., wie sie zum Beispiel in den bildungspolitischen Papieren der gegenwärtigen Bundesregierung in der BRD als gesellschaftliches Anliegen der Bildungspolitik zu finden sind, nicht hinwegtäuschen. Bildungsfragen sind Klassenfragen – die Bildungsdebatten in der BRD in den letzten zehn bis fünfzehn Jahren verdeutlichen diese marxistisch-leninistische Erkenntnis und illustrieren sie zugleich treffend. Das wird im folgenden noch zu zeigen sein.

Zunächst wollen wir uns der Frage zuwenden, ob überhaupt und wenn ja, dann *wie* sich die Beziehung von wissenschaftstheoretischen, bildungstheoretischen und wissenschafts- sowie bildungspolitischen Aussagen und Maßnahmen unter imperialistischen Bedingungen gestaltet. Zum ersten muß man davon ausgehen, daß ein allgemeines Entwicklungsniveau der Wissenschaft bzw. des Wissenschaftspotentials stets an drei Faktoren abgelesen werden kann: dem Entwicklungsstand der Forschung, der technisch-technologischen Situation im Produktionsbereich und dem allgemeinen Bildungsniveau. Zwischen diesen drei Faktoren besteht ein enger Zusammenhang. Ein rückständiges Niveau in der Forschung und in der allgemeinen Wissenschaftsförderung (Forschungsfinanzierung, Strategie der Wissenschaftsentwicklung in dem betreffenden Land, Kooperationsfähigkeit usw.) hat sofort Auswirkungen auf die Technologie und wirkt auf die Dauer auf die Ausbildung des wissenschaftlichen Nachwuchses zurück. Umgekehrt ist ein mangelhaftes Bildungsniveau die Ursache für mangelnde wissenschaftliche Produktivität, für Schwierigkeiten bei der technologischen Qualifikation usw.

Aus dieser Feststellung ergibt sich zum zweiten, daß diese drei Faktoren gewissen gemeinsamen Gesetzmäßigkeiten unterliegen. Das ist schon daran abzulesen, daß Bildungsinhalte (proportional zu den entsprechenden Bildungsstufen) stets in Relation zum Fortschritt der Wissenschaft bestimmt werden müssen. Allgemein gesagt sind Kenntnisse über die Entwicklungsgesetze der Wissenschaft der Möglichkeit nach wesentliche Grundlagen für die Bestimmung bildungspolitischer Schritte und Notwendigkeiten.

Drittens schließlich ist mit der Produktivkraft-Entwicklung ein wachsender Vergesellschaftungsprozeß der Wissenschaft[1] zu verzeichnen, verbunden mit einer Bedeutungszunahme der Einheit materieller und geistiger Tätigkeitsgrundlagen und -merkmale des Produzenten. Im kapitalistischen Produktionsprozeß, wo eine organische und harmonische Entwicklung des materiell und geistig schöpferisch tätigen Produzenten vielfältig gehemmt wird, setzt sich

[1] Vgl. dazu H. Steiner, Der sozialökonomische Charakter der Vergesellschaftung der Wissenschaft als theoretische und methodologische Grundlage für ihre wissenschaftstheoretische Analyse, DZfPh, 12/1971.

dennoch die Forderung nach einem wachsenden (zumindest technologischen) Bildungsstand der Produzenten durch. Bildung wird vom Kapitalisten erkannt als ein wesentlicher Faktor der Steigerung der Produktivität der Arbeit und damit des Profits.

Diese Einsicht in den untrennbaren Zusammenhang von Wissenschaftsentwicklung, Technologie und Bildung wurde im Jahre 1969 mit der Einrichtung des von H. Leussink zuerst besetzten „Bundesministeriums für Bildung und Wissenschaft" in der BRD staatlich-organisatorisch umgesetzt. Leussinks erste Erklärungen galten der Wahrung dieser Einheit als Axiom seiner Wissenschaftspolitik. Daran hat sich bis heute nichts geändert.

Allerdings – und das ergibt sich folgerichtig aus den vorliegenden Analysen zur widersprüchlichen Situation der Entwicklung der kapitalistischen Produktionsweise angesichts der wissenschaftlich-technischen Revolution – vermag der kapitalistische Staat diese Einheit von Wissenschaftsentwicklung, Technologie und Bildung nicht organisch und auf exakt theoretisch vorgewiesenem Wege zu realisieren. Will Wissenschaftstheorie zur wissenschaftspolitischen Entscheidungsgrundlage avancieren, muß sie diesen komplexen Zusammenhang erfassen. Eine solche komplex vorgehende bürgerliche Wissenschaftstheorie ist allerdings nicht nachweisbar. Das hat Gründe, die in der allgemeinen Situation der bürgerlichen Sozialwissenschaften verankert sind: Verabsolutierung des empirischen Vorgehens, Verzicht auf allgemeine Untersuchungen zur Verflechtung der Wissenschaft mit den anderen Bereichen der Gesellschaft, schließlich der Hauptgrund: die Scheu vor einer historisch-materialistischen Konzeption zur Erforschung der Wissenschaft.

Wenn wir das feststellen, dann gehen wir von einer Bestimmung des Verhältnisses von Wissenschaftstheorie und Wissenschaftspolitik aus, das für sozialistische Staaten Schritt für Schritt an Realität und Bedeutung gewinnt: D. Gvišiani hat dieses Verhältnis instruktiv bestimmt: „Die Wissenschaftstheorie untersucht die allgemeinen Gesetzmäßigkeiten der Entwicklung von Wissenschaft und Technik, die Wechselwirkung von ökonomischen, sozialen, historisch-logischen, psychologischen, strukturell-organisatorischen Aspekten der Entwicklung von Wissenschaft und Technik. Ihr Ziel ist die Ausarbeitung sowohl theoretischer Grundlagen der Organisation, Planung und Lenkung der Wissenschaft als auch konkreter Maßnahmesysteme, die von der objektiven Logik der Entwicklung von Wissenschaft und Technik diktiert werden. Im Ergebnis ... wird sie die theoretische Basis für die Ausarbeitung der Grundlagen der Wissenschaftspolitik."[2] Wissenschaftspolitik wird damit mehr und mehr zur Praxis der Wissenschaftstheorie – dieses „mehr und mehr" hängt eindeutig ab vom Forschungsstand der Wissenschaftstheorie.

Unter kapitalistischen Bedingungen wird in der Beziehung von Wissenschaftstheorie und Wissenschaftspolitik ein breites Spektrum sichtbar. Dabei sind zweifellos eine ganze Reihe sicherer Aussagen zu machen: Zunächst kann man feststellen, daß die wissenschaftspolitischen Grundsätze der imperialistischen Länder (wir beziehen uns im folgenden jedoch auf die BRD) eindeutig politisch determiniert sind, nicht wissenschaftstheoretisch. Aufschlußreich in dieser Beziehung ist Leussinks Programm zur Wissenschaftsförderung, das ausdrücklich von der These ausgeht, alle wissenschaftspolitischen Schritte und Maßnahmen in Relation zu „allen politischen Hauptfragen unserer Gesellschaft" zu entwickeln und durchzuführen.[3] Ganz eindeutig sind die Argumente für die Grundlinien dieser Wissenschaftspolitik außerhalb wissenschaftstheoretischer Betrachtungen gewonnen worden.

Wir glauben, daß diese Begründung der Wissenschaftspolitik auch dann dominieren wird, wenn es der bürgerlichen Wissenschaftstheorie besser als bisher gelungen sein wird, ihre Resultate in bestimmte Konzepte der politischen Gestaltung von Wissenschaft einfließen zu lassen. Bemühungen, diese „Instrumentfunktion" der Wissenschaftstheorie für die Durchsetzung wissenschaftspolitischer Maßnahmen, eventuell für deren Begründung oder Verbesserung, zu verstärken, sind in der westdeutschen Literatur zur Wissenschaftstheorie stark ausgeprägt. Dabei wird ein interessantes Phänomen deutlich: Gerade dort, wo sich die bürgerliche Wissenschaftstheorie anbietet, optimale Lösungen für wissenschaftspolitische Maßnahmen vorzulegen (in Anlehnung an entsprechende amerikanische Vorbilder[4]), betritt sie ein gefährliches Terrain – das Terrain der öffentlichkeitswirksamen Diskussion um die prinzipiellen Möglichkeiten der Wissenschaft für die Lösung gesellschaftlicher Probleme und Widersprüche der imperialistischen Gesellschaft. Und hier werden nicht nur die Interessen der herrschenden

[2] D. Gvišiani, Wissenschaftlich-technische Revolution und Probleme der Wissenschaft, in: Nauka i shizn, 3/1971, S. 3 (nichtautorisierte Übersetzung).

[3] H. Leussink, Die Politik der Bundesregierung auf dem Gebiet der Wissenschaftsförderung, in: Pressedienst, Bundesministerium für Bildung und Wissenschaft, 5/1970, S. 41f.

[4] Vgl. P. Weingart, Selbststeuerung der Wissenschaft und staatliche Wissenschaftspolitik, in: Kölner Ztschr. für Soziologie und Sozialpsychologie, hrsg. v. R. König, 3/1970, S. 567–592.

Kreise der Bourgeoisie artikuliert. Über entsprechende wissenschaftstheoretische Ausführungen begründet sich ein breites Spektrum sozial bedingter Interessen an der Wissenschaft. Innerhalb dieser Diskussionen ist es in den letzten Jahren Anhängern der sogenannten Ideologie der Krise und des Unbehagens, demokratischen Kräften und auch Vertretern linksliberaler Positionen zunehmend gelungen, die Tendenzen einer „schrankenlosen Vermachtung und Vermarktung" der Wissenschaft im Imperialismus schonungslos zu entlarven und ihrerseits den Versuch zu unternehmen, über die verschiedensten Konzeptionen einer „Politisierung des Wissenschaftsbegriffes" nachzuweisen, daß die Wissenschaft selbst eine humanistische Dimension hat, die gesellschaftspolitisch von den Vertretern der demokratischen Studentenbewegung recht konkret formuliert wurde, die – wie wir noch detaillierter zeigen werden – diese humanistische Dimension als Aufgabe verstehen, den Wissenschaftsbegriff neu zu formulieren „als gesellschaftsorientiertes gegen die kapitalistische Praxis ausgerichtetes Instrument"[5], verbunden mit der Forderung nach einer der Arbeiterklasse dienenden Forschung und Erziehung sowie der Durchsetzung des Mitbestimmungsprinzips in allen Bereichen des kapitalistischen Wissenschaftssystems.

Solche Probleme berührt die gegenwärtige bürgerliche Wissenschaftsliteratur generell, vor allem dort, wo Wissenschaft vermittelt wird, also im Bereich der Bildung. Die breite Diskussion um die Rolle der Wissenschaft für die Gesellschaft, die in den fünfziger Jahren von klassischen Positionen ausging (Hegel, Humboldt, Fichte), Denkansätze bürgerlicher Theoretiker zu Beginn unseres Jahrhunderts wieder aufgriff (M. Weber, Dilthey, Husserl, Scheler), Visionen kritischer Denker zur Zukunft einer „Wissenschaftsgesellschaft" (Russell) kommentierte und futurologisch zu entschärfen versuchte, mußte bald „herabsteigen" zu konkreten Problemen, zur Frage der Vermittlung von Wissenschaft und imperialistischer Gesellschaft. Dies trat ein, als es darum ging, den inzwischen notorisch gewordenen Rückstand von Wissenschaft und Bildung in der BRD zu „korrigieren", um diese wichtigen Faktoren verstärkt in das Programm der Expansion und Aggression einzuordnen. Das führte sofort zum Durchbrechen des bis dahin vorwiegend akademischen Rahmens der Diskussion; das Thema Wissenschaft und Bildung geriet mitten in die Interessenkonflikte der gesellschaftlichen Klassen und Schichten.

[5] G. Bessau, Ideologische Fundamente westdeutscher Hochschulreformen, in: Facit, 8/1969, Köln, S. 14.

Die Folgen dieser realen und praktischen „Politisierung" der Wissenschaft für die Wissenschaftstheorie waren zwiespältig. Eine Folge ist die sich auch im Regierungsprogramm ausdrückende wissenschaftstheoretische „Abstinenz", die einem sich verbreitenden Zweifel an den eigentlichen Möglichkeiten von Wissenschaft und „Rationalität" im Bereich der Politik entspricht. Darauf stellt sich ein nicht geringer Teil bürgerlicher Wissenschaftstheorie ein. Das geschieht entweder über die (resignierende) Betonung der prinzipiellen Differenz von Wissenschaft und Politik. Die Teilnehmer einer internationalen Tagung der Sozialakademie Dortmund zur „Rolle der Wissenschaft in der modernen Gesellschaft" im Jahre 1969 erarbeiteten als eine gemeinsame Grundlage ihrer Ansichten die These, daß „der wissenschaftliche und der politische Entscheidungsprozeß ... ihrem Wesen nach unterschiedlich und nicht austauschbar" sind. „Wissenschaft muß von der Verantwortung für das Ganze entlastet sein, Politik dagegen ist auf komplexe Tatbestände bezogen. Ihre Entscheidungen sind nie vollkommen rational."[6] Oder aber es wird von den Wissenschaftlern (auch Wissenschaftstheoretikern) die grundsätzliche Loyalität gegenüber der herrschenden politischen Strategie betont, ja, dies geradezu als ein Element der wissenschaftlichen Betätigung bezeichnet. K. Steinbuch hat unlängst diesen Zusammenhang hervorgehoben: „Systemanalyse beginnt mit der bewußten Klärung der Wertsysteme und Zielvorstellungen".[7]

Auf derselben Ebene liegen die Versuche verschiedener Vertreter des im einzelnen recht heterogenen „kritischen Rationalismus", die Wissenschaft gegenüber der Politik und Ideologie durch die Zurücknahme ihres objektiven Wahrheitskriteriums zu entschärfen. Typisch für diesen Standpunkt ist der sogenannte „Idoneismus" (F. Gonseth und seine Schule), wonach das Kollektivbewußtsein der Wissenschaftler entscheide, welche Theorie zu akzeptieren ist und welche nicht.[8] Das sind offensichtlich Rückzugsgefechte der Wissenschaftstheoretiker; zugleich charakterisieren sie die Suche nach einem „ideologiesicheren" Standort. Der aber ist immer dann prinzipiell unmöglich, wenn Aussagen über die Gesamtheit der gesellschaftlichen Bezüge der Wissenschaft gefordert sind. Dieser Rückzug impliziert ferner eine

[6] H. Scholz (Hrsg.), Die Rolle der Wissenschaft in der modernen Gesellschaft, Berlin 1969, S. 404.

[7] K. Steinbuch, Die technische Intelligenz als politische Kraft, in: VDI-Nachrichten, 6/1971, S. 11.

[8] Vgl. G. Jánoska und J. Jánoska-Bendl, Das dialektische Apriori in: dialectica, Bd. 24, H. 1–3, Lausanne 1970, S. 157–63.

schrittweise Amputation übergreifender theoretischer Fragestellungen, den Verzicht auf eine Gesamtbetrachtung der Wissenschaft, damit den Verzicht auf echte Chancen, zur Entwicklung der Wissenschaft innerhalb einer ganz bestimmten Gesellschaftsformation Progressives beizutragen.

Natürlich ist diese widersprüchliche, teils resignierende, teils aktivistische Position der bürgerlichen Wissenschaftstheorie nicht zufällig – sie hängt mit den sozialökonomischen Krisenerscheinungen des Imperialismus zusammen. Die sich verschärfenden Widersprüche – durch den Vormarsch der Kräfte des Friedens und des Sozialismus sowie durch die inneren Probleme, die im Zusammenhang mit der wissenschaftlich-technischen Revolution stehen, bedingt – sind keiner sozialwissenschaftlichen oder auch wissenschaftstheoretischen Therapie zugänglich. In Abwandlung eines Marx-Wortes kann man sagen, daß die Widersprüche des Imperialismus eine entsprechende theoretische Widersprüchlichkeit produzieren, daß die gesellschaftlichen Gesetze also „die Prinzipien, die Ideen, die Kategorien" gemäß diesen gesellschaftlichen Verhältnissen gestalten.[9]

Insofern hat bürgerliche Wissenschaftstheorie (wie alle bürgerliche Sozialwissenschaft) in spezifischer Weise Widerspiegelungscharakter. Die Widersprüche der imperialistischen Gesellschaft prägen ihre Aussagen; diese vermögen sich nicht auf die Ebene einer diese Gesellschaft insgesamt als Objekt wissenschaftlicher Analyse betrachtenden Theorie zu erheben. Damit entgeht dieser Wissenschaftstheorie gerade auch das, was Gvišiani als Voraussetzung einer wissenschaftspolitisch relevanten Wissenschaftstheorie nannte: die Analyse der allgemeinen Gesetzmäßigkeiten der Entwicklung von Wissenschaft und Technik, wozu man einer entsprechenden materialistischen Theorie von der Gesellschaft bedarf. Wenn wir also feststellen, daß die bürgerliche Wissenschaftstheorie als wissenschaftliche Grundlage imperialistischer Wissenschaftspolitik prinzipiell unzureichend sein muß, daß ein in dieser Beziehung erstrebter Perfektionismus folglich eine technokratische Illusion ist, so heißt das nicht, daß damit dieser Wissenschaftstheorie generell ihre politik-beratenden Aspekte abgesprochen werden. Wir wenden uns nur gegen die Illusionen, über die bürgerliche Wissenschaftstheorie ein wissenschaftlich fundiertes Gesamtprogramm imperialistischer Wissenschaftspolitik erhalten zu

[9] K. Marx, Ökonomisch-philosophische Manuskripte aus dem Jahre 1844, in: Marx/Engels, Werke, Ergänzungsband, Erster Teil, Berlin 1968, S. 465.

können. Ebensowenig, wie die verschiedensten ökonomischen Theorien der bürgerlichen Nationalökonomie den Krisencharakter der imperialistischen Wirtschaft abfangen können, wird eine derartige Wissenschaftstheorie die Widersprüche dieser verfaulenden Gesellschaftsformation regeln oder rationalisieren können.

Diese eben getroffenen Feststellungen gelten auch für den Bereich der Bildungspolitik. Hier kommt noch hinzu, daß die meisten Wissenschaftstheorien dieses Feld der sogenannten Bildungsphilosophie überlassen. Die Beziehungen und Übergänge von Philosophie und Wissenschaftstheorie sind hier nicht scharf abzugrenzen – unser Bemühen war auch nicht darauf gerichtet, hier subtile Sondierungen anzustellen. Halten wir fest, daß eine eindeutige funktionale Zuordnung von bürgerlicher Wissenschaftstheorie und imperialistischer Wissenschaftspolitik nicht möglich ist, halten wir ferner fest, daß kaum eine wissenschaftspolitische Aktion größeren Ausmaßes ohne entsprechende theoretische Argumentation und – oft in mehr hintergründiger Weise – philosophisch-weltanschauliche Fundierung geschieht. Dabei ist das Primat der Politik offenkundig. Unsere Analyse geht deshalb auch von der politisch motivierten Strategie der herrschenden Kreise in der BRD zu Fragen von Wissenschaft und Bildung aus. Die Bildungspolitik in der BRD als Teilgebiet der Wissenschaftspolitik dieses Staates soll im folgenden unter diesen Aspekten untersucht werden.

Die historische Erfahrung lehrt, daß die Kernfragen aller wirklich demokratischen Bildungspolitik – Brechung des Bildungsprivilegs und real-humanistische Neugestaltung der Bildungsinhalte in Richtung auf wahrhaft wissenschaftliche Erkenntnisvermittlung, die die Erkenntnisse der modernen Gesellschaftswissenschaft, des Marxismus-Leninismus mit einbezieht, die sich gegen die verderblichen Traditionen des Nationalismus, Chauvinismus und Antikommunismus wendet – nur dort wirklich gelöst werden, wo die Arbeiterklasse im Bündnis mit den anderen Werktätigen und demokratischen Kräften der Gesellschaft um ihre Lösung kämpft. Dabei sind die Fortschritte und Erfolge, der zutiefst humanistische Inhalt des Bildungswesens in den sozialistischen Ländern Vorbild und Bezugspunkt.[10]

[10] Vgl.: Für eine demokratische Hochschule. Vorschläge der DKP zur Hochschulreform, Düsseldorf 1970;
DKP kontra Großkapital. Für Frieden, demokratischen Fortschritt und Sozialismus. Thesen des Düsseldorfer Parteitages der Deutschen Kommunistischen Partei (Entwurf), in: Neues Deutschland, v. 18. 8. 1971, S. 7–11;

Die Lösung der Bildungsfrage ist deshalb ein Bestandteil des Kampfes um die Durchsetzung der Klassenziele der Arbeiterklasse; unabhängig davon – etwa als Versuch der Bourgeoisie, den Bereich Bildung zu „rationalisieren", besser zu planen usw. oder auf dem Wege eines bildungsprofessionellen Einzelgängertums Maßnahmen vorzuschlagen und durchsetzen zu wollen – ist sie nicht zu lösen. Der Kampf um Demokratie muß an allen Fronten geführt werden, natürlich und besonders auch dort, wo die „Befestigung" des Gegners am brüchigsten geworden ist, wo die Prinzipien der Organisation veraltet sind und selbst der herrschenden Klasse als veraltet und überholt erscheinen.

Aus diesem Grunde sind die ideologischen und politischen Auseinandersetzungen um Fragen der Bildung in der BRD in vielerlei Hinsicht von besonderem Interesse. Wir möchten die unseres Erachtens wichtigsten Punkte aufzählen; eine detailliertere Aufschlüsselung liegt in spezielleren marxistisch-leninistischen bildungspolitischen Schriften zum Teil schon vor, zum Teil bedarf das Problem noch weiterer Analyse[11]:

1. Die wohl wichtigste Frage ist die nach der strategisch richtigen Bestimmung des Kampfzieles, nach demokratischen bzw. sozialistischen Veränderungen im Bildungswesen unter den Bedingungen eines imperialistischen Landes. Obwohl der theoretische Kern dieser Frage in der Geschichte des Klassenkampfes bereits gelöst wurde (insbesondere durch Lenins Arbeiten), tauchte sie besonders im Zusammenhang mit dem Einfluß von linksopportunistischen und sektiererischen Gruppierungen innerhalb der demokratischen Studentenbewegung verstärkt wieder auf. Die extreme linkssektiererische Konzeption gipfelt in der Forderung, die sozialistische Umgestaltung der imperialistischen Gesellschaft müsse *von den Universitäten* ausgehen, die als „Zellen des Sozialismus" auszubauen seien, um als aktive Zentren dann schrittweise die Revolutionierung der gesamten Gesellschaft zu bewirken. Hinter dieser These, die zuerst vom links-

vgl. auch das progressive Anliegen der Zeitschrift Schule und Nation, Schwelm i. W., u. a.

[11] Vgl. dazu O. Seifert, BRD-Hochschulen unter verschärftem Druck der Reaktion, in: DWI-Berichte, 3/1971;
von der weiter zurückliegenden Literatur vor allem:
M. Heidler (Hrsg.), Staatsmonopolistischer Kapitalismus und Hochschulwesen in Westdeutschland, Berlin 1966; Autorenkollektiv, Die westdeutsche Bildungskrise, Berlin 1967; Autorenkollektiv, Formierte Universität. Eine Analyse zur westdeutschen Hochschulpolitik, Berlin 1968; Autorenkollektiv, Wissenschaft im Klassenkampf, Berlin 1968.

radikalen Flügel des ehemaligen SDS aufgestellt wurde (R. Dutschke, W. Lefevre u. a.) und durchweg ein Leitgedanke maoistischer extremer Gruppierungen an einzelnen Universitäten ist (zum Beispiel der „Roten Zellen“ an verschiedenen Universitäten der BRD und Westberlins), steckt eine genau bestimmte philosophische Konzeption: die besonders von Herbert Marcuse und Jürgen Habermas auf die wissenschafts- und bildungspolitische Situation der hochentwickelten imperialistischen Staaten zugeschnittene „Negative Dialektik“ der sogenannten kritischen Theorie. Die von ihnen vorgelegte (oder mehr philosophisch hintergründig initiierte) Theorie des Verhältnisses von Wissenschaft und Gesellschaft orientiert gleichermaßen auf Antikommunismus wie auf (allerdings nicht revolutionäre) Aktivitäten wider den „etablierten bürgerlichen Staat“. Diese illusionäre Position eines dritten Weges zwischen Imperialismus und marxistisch-leninistisch begründetem Sozialismus, verbunden mit einer abstrakten, teilweise konfusen philosophischen Terminologie, die allein ausreichte, um den theoretischen Kontakt zu den marxistischen Kräften in den westeuropäischen Ländern unmöglich zu machen, führte die demokratische Studentenbewegung bald in eine theoretische Krise. Den Ausweg wies die Gründung der Assoziation marxistischer Studenten (AMS) „Spartakus“, die den quasirevolutionären Charakter der Positionen des SDS nachwies und offensiv angriff, die philosophischen Hintermänner Habermas und Marcuse einer eingehenden marxistischen Kritik unterzog und sich voll und ganz auf die Leninsche Lehre vom Verhältnis des demokratischen und sozialistischen Kampfes orientierte.[12] Revolution kann auf der Grundlage dieser Lehre kein Werk der „Roten Universität“ sein; die progressiven Studenten müssen sich auf die Seite der Arbeiterklasse als der bestimmenden Kraft des gesellschaftlichen Fortschritts begeben. Der Entwurf einer sozialistischen Universität unter imperialistischen Bedingungen ist eine Utopie; der Kampf der Studenten und aller fortschrittlichen Kräfte muß sich als Teil der antiimperialistischen Bewegung auf die Demokratisierung der Universität richten, Mitbestimmung bei der Festlegung aller grundlegenden Entscheidungen in Lehre und Forschung fordern, schrittweise die Verfügungsgewalt der Monopole über die Stätten von Wissenschaft und Bildung abbauen und für die Durchsetzung wirklich demokratischer Bildungsinhalte kämpfen.

[12] Die Assoziation Marxistischer Studenten (AMS) „Spartakus“ ging aus den DKP-Hochschulgruppen hervor und konstituierte sich 1971 als Marxistischer Studentenbund (MSB).

Eine demokratische Bildungsreform, die das Bildungsprivileg beseitigt, wirkliche Chancengleichheit für alle Werktätigen und ihre Kinder herbeiführt und zu inhaltlichen Fragen vordringt, steht nach wie vor auf der Tagesordnung bildungspolitischer Aktionen in der BRD. Darauf hat die DKP in ihrem Thesenentwurf zum Düsseldorfer Parteitag nachdrücklich hingewiesen. „Der Bildungsinhalt muß", so heißt es in den Thesen, „von den modernsten Erkenntnissen auf gesellschaftlichem und naturwissenschaftlichem Gebiet ausgehen und von den Interessen des Friedens, des Humanismus und des sozialen Fortschritts bestimmt sein. Unwissenschaftlichkeit, Antikommunismus, Revanchegeist, Militarismus und Neonazismus dürfen keinen Platz im Unterricht haben." Entsprechend erblickt die DKP in der Erziehung hochqualifizierter Fachkräfte und verantwortungsbewußter Demokraten, die „durch Einsicht in die gesellschaftlichen Entwicklungsgesetze ihr Leben bewußt zu gestalten vermögen", das Hauptanliegen demokratischer Bildungs- und Kulturpolitik, die als Kampf um eine reale demokratische Gesamtentwicklung zu verwirklichen ist.[13]

2. Von besonderem Interesse sind die konkreten bündnispolitischen Aufgaben, die vor der Arbeiterklasse stehen, auch im Hinblick auf demokratische Aktionen im Bildungswesen. Die Zusammenarbeit von VdS und BAK (Bundesassistentenkonferenz) mit dem DGB, die auf der für dieses Bündnis programmatischen Bonner Konferenz Ende 1970 eingeleitet wurde, ist ein wichtiger Schritt, um bildungspolitische Aktionen von ihrer relativen Isolierung vom allgemein demokratischen Kampf gegen die Monopole zu befreien und in diesen Kampf voll einzugliedern.

Für unsere Thematik sind diese Fragen ebenfalls wichtig, sie stellen jedoch ein eigenes Untersuchungsfeld dar und können deshalb hier nur in der eben angedeuteten allgemeinen Form angemerkt werden.

3. Aufschlußreich für unser Thema sind die Versuche der Monopolbourgeoisie, für ihre Bestrebungen das gesamte Bildungswesen auch nach einer „Reform" genannten Funktionsbefähigung voll für die imperialistischen Klasseninteressen einzusetzen, eine theoretische Grundlegung zu erarbeiten. Die Vertreter der staatsmonopolistischen Herrschaftsideologie haben zu diesem Zweck das ganze Arsenal

[13] DKP kontra Großkapital. Für Frieden, demokratischen Fortschritt und Sozialismus. Thesen des Düsseldorfer Parteitages der Deutschen Kommunistischen Partei (Entwurf), in: Neues Deutschland, v. 18. August 1971, S. 7–11.

bisheriger bildungsphilosophischer Vorstellungen imperialistischer Denker (von Spengler, Weber, Spranger bis zu Litt, Freyer, Schelsky) nach verwertbaren Argumenten überprüft, um einmal für die eigene Zielstellung eine brauchbare theoretische Leitlinie zu haben, zum anderen Gegenpositionen gegen die Vielzahl theoretisch begründeter Angriffe auf das monopolistische Formierungs- und Integrationsmodell entwickeln zu können. – Unsere Analysen zeigten, wie noch eingehender darzustellen ist, daß als theoretische Leitlinie die technokratische Konzeption fungiert, daß aber die Gegenpositionen zu den liberalen, zu quasi-marxistischen, aber auch zu den demokratischen Programmen auf eklektische Weise zusammengefügt werden, einer einheitlichen Grundlinie entbehren.

4. Damit ist die Aufgabe abgesteckt, die Klassenpositionen zur Frage der Bildung und Bildungspolitik in der BRD genau zu bestimmen. Die Problematik – die für die Öffentlichkeit bei oberflächlicher Zurkenntnisnahme beinahe undurchschaubar ist – besteht darin, daß es einerseits zur Bildungsfrage nur eine Alternative gibt: Bildung für die Masse des Volkes, in Verfügungsgewalt des Volkes, frei von Monopolinteressen und -einflüssen – oder Bildung als Herrschafts- und politisches sowie ökonomisches Reservoir der Monopolbourgeoisie, daß aber andererseits zu diesen beiden Standpunkten eine Fülle modifizierender Argumentationen von verschiedenen gesellschaftlichen Interessengruppen vorgelegt werden. In der westdeutschen Diskussion zur Bildungsthematik wird lediglich von der DKP der Klasseninhalt des Bildungsproblems offen und klar ausgesprochen.

Dieser Sachverhalt, daß das Bildungsproblem so vielschichtig, schillernd, undurchschaubar erscheint, hat objektive gesellschaftliche und ideologische Gründe.

– Die alternativen Positionen sind keine statischen, abstrakt gegenüberstehenden Forderungen, sondern beziehen sich auf einen Prozeß, drücken Klasseninteressen und darauf beruhende politische Programme aus. Dabei ist die Durchsetzung der Klassenpositionen der Arbeiterklasse zum Bildungsproblem keine „klassenegoistische" Forderung, sondern entspricht zugleich den Zielstellungen der Masse der Werktätigen, in verschiedenen Punkten damit auch den Wünschen der auf bürgerlich-humanistischen Standpunkten stehenden Vertreter bzw. Wortführer der bürgerlichen Intelligenz und von Kreisen der Klein- und Mittelbourgeoisie.

– Die Vertreter der liberalen Klein- und Mittelbourgeoisie sowie auch Teile der der Monopol-Bourgeoisie sich verpflichtet fühlenden

Intelligenz vertreten keine eindeutige Haltung. In ihren Schriften zum Bildungsproblem überschneiden sich zum Teil konträre Ansichten und Vorschläge. Obwohl die meisten Vertreter dieser Gruppierung subjektiv eine distanzierte und oft feindliche Haltung zu den fortschrittlichen kommunistischen Kräften einnehmen, sind nicht wenige ihrer Vorschläge zur Bildungsproblematik objektiv progressiv demokratisch.

– Während das Bildungsprogramm der demokratischen Kräfte anziehend und massenwirksam ist, steht das Bildungsprogramm der Monopole im strikten Gegensatz zu den Interessen der Mehrheit der Werktätigen. Aus diesem Grunde ist die Monopolbourgeoisie gezwungen, das Klassenwesen ihres Programms zu vertuschen. Zu diesem Zweck drapieren die ideologischen Wortführer der Monopolbourgeoisie ihr Programm mit pseudodemokratischen Losungen, nehmen Anleihen bei Vertretern der „Ideologie der Krise und des Unbehagens" auf; vor allem aber versuchen sie, die absolute „Sachnotwendigkeit" ihrer bildungspolitischen Forderungen herauszustellen. Diese „Sachorientierung" findet ihre schon viel früher – unabhängig von dieser konkreten Bedürfnissituation der Bourgeoisie – ausgearbeitete theoretische Basis, in der Technokratie-Konzeption.

– Die „Sachorientierung" als Hauptargument der Herrschaftsideologie zu Bildungsfragen erlaubt es, das Bildungsproblem ideologisch aus den gesellschaftlichen Zusammenhängen und Klassenauseinandersetzungen gewissermaßen „herauszulösen" und als „wertneutrales Phänomen" aller Industriegesellschaften zu definieren. Ein weiterer, nicht unwesentlicher Effekt besteht darin, daß auf diese Weise die von der Herrschaftsideologie verfolgte Bildungspolitik und -strategie als logische Folge der wohl gegenwärtig einflußreichsten bürgerlichen Gesellschaftstheorie erscheint – der sogenannten „Industriegesellschaftstheorie".

– Die „Industriegesellschaftstheorie" ist auf gesellschaftstheoretischem Gebiet die gegenwärtig aktivste, aggressivste Antiposition zum Marxismus-Leninismus; sie bildet eine wesentliche theoretische Stütze der Ideologie des Antikommunismus. Indem die Herrschaftsideologie ihre Argumentation zur Bildungsproblematik mehr und mehr auf die „Industriegesellschaftstheorie" gründete und die Technokratie-Konzeption mit diesem gesellschaftstheoretischen Ausgangspunkt verband, gewann sie zunehmend an Einfluß, gelang es ihr, die in den sechziger Jahren vorwiegend (sogar aus dem eigenen Lager) aufgekommene kritische Stimmung zur staatsmonopolistischen Bildungstheorie und -praxis abzubauen (mit Ausnahme der linken und demokratischen Bewegung sowie der DKP). Dieser Prozeß der Einigung der antidemokratischen Kräfte auf der Basis der Industriegesellschafts-Phraseologie war zugleich ein Prozeß der Sammlung und Formierung der Rechtskräfte im Bereich des Hochschulwesens, welche schließlich in die Gründung und Entwicklung des rechtsextremen „Bundes Freiheit der Wissenschaft" einmündete.

– Über „Technokratiekonzeption" und „Industriegesellschaftstheorie" funktioniert auch der innere theoretische Zusammenhang der (bis 1969) Stoltenbergschen Wissenschafts- und Bildungsregie mit dem Wissenschafts- und Bildungsprogramm des Leussink-Ministeriums, das auch der neue Wissenschaftsminister v. Dohnanyi weiterführt. Die SPD-FDP-Konzeption zur Bildung gibt in wichtigen Grundfragen keine Alterative zum Bildungsprogramm der Monopole. Für die SPD ist es typisch, daß sie diese Politik in besonderem Ausmaß „demokratisch" hinstellen und bildungspolitische Aktivitäten entwickeln muß, die den Status quo des staatsmonopolistischen Bildungswesens im Sinne der monopolistischen Interessen modifiziert und zugleich damit der Masse der Werktätigen den Anschein demokratischer Reformen vortäuscht. Am Wesen staatsmonopolistischer Wissenschaftsnutzung kann und soll das Reformprogramm nicht rütteln.

Diese knappe Problemdarlegung weist auf die Aktualität und – für die Erklärung der vorliegenden Zusammenhänge – Schlüsselfunktion der philosophisch-weltanschaulichen Grundlagen dieser Politik. Für die Methode der Problem- und Stoffdarlegung ergeben sich daraus einige Schlußfolgerungen:

1. Eine chronologische Übersicht über die Entwicklung der Bildungspolitik in der BRD ist nur dann sinnvoll, wenn sie die wesentlichsten Zäsuren in der politischen und gesellschaftstheoretischen Selbstverständigung der westdeutschen Herrschaftsideologie sowie der progressiven und demokratischen Kräfte herausstellt. Aus diesem Grunde wurde keine lückenlose Geschichte der Bildungspolitik in der BRD versucht.

2. Es ist nahezu aussichtslos, alle Vertreter der an der bildungstheoretischen und -philosophischen Debatte in der BRD Beteiligten erfassen zu wollen; die Literatur ist bereits unüberschaubar. Wir konzentrieren uns auf einige typische Werke und Materialien, die zum einen für die praktizierte Politik relevant sind, zum anderen einige unseres Erachtens typische Vertreter der oben angeführten gesellschaftlichen Klassenkräfte erfassen. Die Relativität der getroffenen Auswahl muß also ausdrücklich vermerkt werden.

3. In der Abfolge der vorgestellten philosophischen Probleme und Schwerpunkte konnte das historische Vorgehen nicht durchgehalten werden. Besonders zur Einschätzung des tatsächlichen Stellenwertes der Technokratie-Konzeption müssen noch vertiefende Untersuchungen angestellt werden.

4. Einige grundsätzliche Fragen und Ergebnisse der Imperialismustheorie und -forschung waren für die vorliegende Analyse noch nicht in genügendem Maße nutzbar. Das betrifft vor allem die Frage nach dem konkreten Wirkungsmechanismus von Philosophie, Wissenschafts- und Bildungstheorie und Bildungspolitik.

4.1 Zur Wissenschafts- und Bildungsstrategie des staatsmonopolistischen Herrschaftssystems in der BRD

Nach wie vor sind Antikommunismus und Nationalismus, Revanchegeist und Militarismus Grundlagen der staatsbürgerlichen Erziehung in der BRD. An Hochschulen und Universitäten wird die fortschrittliche Wissenschaft, der Marxismus-Leninismus, verleumdet und entstellt. Wissenschaftliche Institutionen sind im großen Ausmaß eingegliedert in eine wohlorganisierte „wissenschaftlich" geleitete Zersetzungstätigkeit gegen die sozialistischen Länder sowie gegen die demokratischen und sozialistischen Kräfte in der BRD; Wissenschaft und Technik unterliegen zunehmend dem Zugriff der Monopole, werden zu tragenden Säulen des militärisch-industriellen Komplexes. Hier schaffen die Monopole Realitäten, längst ehe die umfangreiche bildungstheoretische Diskussion, die in der BRD nunmehr seit über zehn Jahren geführt wird, zu bildungswirksamen Maßnahmen gelangt. Gezielt angesetzte öffentliche Diskussionen über Bildungsfragen sollen den Eindruck einer breiten demokratischen Bestandsaufnahme in Sachen Bildung erwecken; sie hinterlassen jedoch mehr und mehr das Bild einer insgesamt widersprüchlichen Situation.[14] Sie widerspiegeln das Lavieren der SPD-Führung, gleichzeitig den staatsmonopolistischen Auftrag zur systemstabilisierenden Organisation des Bildungswesens erfüllen sowie gegenüber der Mehrheit ihrer Mitglieder den Anschein moderner, fortschrittlicher Bildungspolitik erwecken zu müssen. Diese Diskussionen bilden zugleich die in die Öffentlichkeit verlängerte, damit zur Schau gestellte Opposition um jeden Preis, die die CDU/CSU gegenüber den bildungspolitischen Aktionen der

[14] Zu dieser Situation vgl. Spiegel, Nr. 29/1971 und 30/1971.

SPD/FDP-Regierung entfacht – eine Opposition, der es gar nicht um langfristige, wirklich konzeptionelle Fragen geht, sondern um Details und separate Ziele, also recht vordergründig auf die Torpedierung bildungspolitischer Erfolge gerichtet ist. Es sind also nicht zwei entgegengesetzte Konzeptionen zur Reform des Bildungswesens, die im Mittelpunkt dieses Parteienstreites stehen und damit einen solchen Streit inhaltlich motivieren würden, sondern hier wird das Thema Bildung und Bildungsreform zum Träger eines entleerten Demokratiebegriffs und Ausdruck der mit ihm verbundenen scheindemokratischen Praktiken. Es wäre allerdings verfehlt, wenn man die schleppenden Aktionen in Sachen Bildungspolitik in der BRD auf parteipolitische Strategie und Taktik zurückführen wollte. Schließlich liegt eine effektive Nutzung des Bildungswesens im Interesse der Monopole. Widersprüche in Details und in Verfahrensfragen können nicht darüber hinwegtäuschen, daß die grundsätzliche Orientierung der Bildungsstrategie in der BRD durch die Monopolkräfte feststeht. Sowohl die CDU/CSU durch Stoltenberg als auch die SPD/FDP-Regierung durch Leussink, v. Dohnanyi, Lohmar usw. verfolgten bzw. verfolgen bildungspolitische Ziele, die dieser Strategie entsprechen.

Diese Strategie hat drei Hauptaspekte, die sich aus der realen Situation der weltweiten Klassenauseinandersetzung ergeben. Zum *ersten* besteht das Ziel dieser Strategie darin, bei einem relativ großen Teil der Werktätigen ein Bildungsniveau zu erreichen, das den Erfordernissen der Beherrschung moderner Produktionsinstrumente weitgehend entspricht. Der Imperialismus hat die Nutzung von Wissenschaft und Technik als ein Hauptfeld der Systemauseinandersetzung erkannt und ist bemüht, diese Erkenntnis umzusetzen. Für die ungehinderte Entwicklung der Produktivkräfte ist zweifelsohne der *allseitig* gebildete Produzent zunehmend erforderlich – der Kapitalismus jedoch richtet sich nach wie vor gegen allseitige, auf voll entwickelte Fähigkeiten und souveräne Kenntnis der Zusammenhänge gerichtete Bildung des Volkes. Der Kapitalismus ist nach wie vor daran interessiert, daß sich ein Optimum spezialisierter Kenntnisse mit einem Minimum an gesellschaftlichen Einsichten verbindet. Daraus ergibt sich ein *zweiter* Hauptaspekt imperialistischer Bildungsstrategie, nämlich die politisch-ideologische und weltanschaulich-geistige Manipulierung der Menschen im Sinne der Aufrechterhaltung der kapitalistischen Herrschungsordnung. Dabei sind Antikommunismus, militante oder auch „flexible“ Konzeptionen des Revanchismus und Nationalismus und auf die Begriffe der „abendländischen Kultur“, der „freiheitlichen Grundordnung des Westens“, der „demokratischen

Leistungsgesellschaft“ gebrachte Leitformeln die tragenden Säulen politisch-ideologischer Bildungsinhalte.

Zu dieser Strategie gehört *drittens* die aus der verstärkten ökonomischen und politischen Aggressivität des Imperialismus vor allem in der BRD sowie aus der Notwendigkeit, im internationalen Konkurrenzkampf der Monopole zu bestehen, abgeleitete Forderung, ein hochentwickeltes Wissenschaftssystem in den Wirkungsmechanismus der Kapitalverwertung und insbesondere der militärischen Aufrüstung einzubeziehen – eine Aufgabe, die die Monopole in wachsendem Maße dem in ihrem Interesse agierenden Staat zuweisen. Diese Aufgabe hatte Stoltenberg bereits klar erkannt und seiner Forschungsplanung zugrunde gelegt. Im von seinem Ministerium initiierten Bundesbericht Forschung II wird auf die „immer engere Wechselwirkung zwischen Wissenschaft, Technik und Wirtschaft“ hingewiesen, die „Staat und Wirtschaft vor neue organisatorische und politische Aufgaben“ stellen, „die zum Überdenken früherer Vorstellungen von europäischer und deutscher Wissenschaftspolitik als einer vorwiegend kulturpolitischen staatlichen Aktivität zwingen“.[15] Diese organisatorischen und politischen Aufgaben werden in der effektiven Entwicklung einer Infrastruktur gesehen, die den Anforderungen des wissenschaftlich-technischen Fortschritts an eine stabile und leistungsfähige Ökonomik entsprechen soll. Speziell für die Wissenschaftspolitik ergibt sich hieraus die verstärkte Berücksichtigung der wissenschaftlich-technischen Innovation, die Zur-Verfügung-Stellung eines ausreichenden Potentials an Grundlagenforschung, die privatwirtschaftlich angeblich „nicht rentabel“ ist, was jedoch eine ökonomisierte Ausflucht bezeichnet. Gerade hier entlarvt sich das Wesen *staatsmonopolistischer* Wissenschaftspolitik; denn die Finanzierung der Grundlagenforschung über den Staatshaushalt geht eindeutig zu Lasten der Masse der Werktätigen und liegt eindeutig im Interesse der Profitrealisierung der Monopole. Schließlich gehört zu diesen Aufgaben aber auch die gezielte Förderung privatkapitalistischer Forschung.[16] Damit ist Wissenschafts- und Bildungspolitik nicht mehr nur zu sehen unter dem Aspekt der „Kulturpolitik“, sondern vor allem unter dem Aspekt der ökonomischen Politik; das Stoltenbergsche „Überdenken“ geht in die

[15] Bundesbericht Forschung II. Der Bundesminister für Wissenschaft und Forschung, Bonn 1967, S. 8.

[16] Vgl. dazu auch die Analyse von J. Hirsch, Wissenschaftspolitik im Spätkapitalismus, in: Das Argument, Nr. 50, Sonderband zum 10. Jg., Kritik der bürgerlichen Sozialwissenschaften, Westberlin 1969.

Richtung, Wissenschaftspolitik und ökonomische Politik eng zu verflechten.

Diese Grundlinie hat sich durch Leussink nicht verändert. Die Einbeziehung wissenschafts- und bildungspolitischer Maßnahmen in die allgemeine politische Zielstellung des Bonner Staates hat die SPD-FDP-Regierung von Anfang an bekundet. Aufschlußreich ist in dieser Beziehung Leussinks programmatische Erklärung zu den Grundsätzen der Politik der Bundesregierung auf dem Gebiet der Wissenschaftsförderung. Diese Politik geht nachdrücklich von der These aus, daß alle wissenschafts- und bildungspolitischen Schritte und Maßnahmen in Relation mit „allen politischen Hauptaufgaben unserer Gesellschaft" zu entwickeln und durchzuführen seien. Das Prinzip der „integrierten Bildungs- und Wissenschaftspolitik" bindet alle Maßnahmen der Bildungspolitik an die Erfordernisse der Wissenschaftsentwicklung unter dem spezifischen Aspekt, die Konkurrenzfähigkeit der BRD gegenüber den anderen imperialistischen Ländern zu erhalten und zu erhöhen. Insofern ist folgerichtig das zweite Prinzip des Leussink-Programmes die „integrierte Wissenschafts- und Technologiepolitik", das die Wissenschaftsentwicklung auf die Nutzung der Wissenschaft im kapitalistischen Produktionsprozeß festlegt.

Das Prinzip der „Wissenschaftsförderung im Blick auf die internationale Wissenschaftspolitik" drückt unmißverständlich die Absicht aus, die „nationale Wissenschaftspolitik an den Zielen der Außenpolitik" zu orientieren.[17] Ganz eindeutig sind die Argumente für die Grundlinien der Bonner Wissenschafts- und Bildungspolitik an den politisch umgesetzten Zielen der Monopolbourgeoisie orientiert. Imperialistische Wissenschaftspolitik – auch die sich sozialdemokratisch oder liberal gebärdende – ist in dieser Weise zugestandenermaßen der direkte Ausdruck, die direkte Verlängerung der politischen Zielstellung und strategischen Konzeption der herrschenden Klassenkräfte.

Die Einsicht der herrschenden Klassenkräfte in die notwendige Förderung des Wissenschafts- und Bildungssektors begründet sich also nicht über humanistische Besinnungen auf bürgerliche Bildungstraditionen und allgemeine Bildungswerte, sondern ist Ausdruck politischer und ökonomischer Anforderungen. Das Gesetz des Handelns wird dem Imperialismus auch auf diesem Gebiet durch die internationale Klassenauseinandersetzung diktiert. Wissenschaft, Technik und

[17] Vgl. Bundesbericht Forschung III, Bonn 1969, S. 1; und vor allem: H. Leussink, Die Politik der Bundesregierung auf dem Gebiet der Wissenschaftsförderung, in: Pressedienst. Bundesministerium für Bildung und Wissenschaft, 5/1970, S. 41f.

Bildung wurden als mitentscheidende Faktoren in der Systemauseinandersetzung zwischen Sozialismus und Imperialismus erkannt. Profitmaximierung und Systemstabilisierung durch Einsatz von Wissenschaft und Technik sind die Stimuli monopolistischer Interessen an der weiteren Gestaltung des Wissenschafts- und Bildungssystems. Ein weiterer Faktor kommt hinzu, der vor allem in der westdeutschen Bildungsdiskussion eine dominierende Rolle spielt. Die Vorbildwirkung sozialistischer Bildungspolitik und -praxis sowie die Ausstrahlungskraft des sozialistischen Humanismus als Grundlage dieser Bildungspolitik blieben nicht ohne Auswirkung. Die Forderungen breiter Kreise der Bevölkerung in der BRD nach bildungspolitischen Aktivitäten zur Überwindung der schon notorisch gewordenen Bildungskrise orientieren sich weitgehend am Bildungsinhalt und -programm sozialistischer Länder, im besonderen Maße an den Erfolgen des Bildungswesens in der DDR. In diesem Sinne ist der Kampf um eine demokratische Bildungsreform in der BRD Ausdruck der Konfrontation von Sozialismus und Imperialismus.

In der einschlägigen Literatur der BRD wird oft der Anschein zu erwecken versucht, als ob die Bildungskrise oder, wie Georg Picht es formulierte, die Bildungskatastrophe[18] in der BRD Resultat von Selbstzufriedenheit über doch bewährte Traditionen, mangelnder Weitsicht der verantwortlichen Politiker sowie ein Pendant zur vielberufenen sogenannten „technologischen Lücke" sei. Im Anschluß an solche Feststellungen sind harte kritische Worte gegenüber Erscheinungsformen der westdeutschen Bildungswirklichkeit jedoch bereits politisch weitgehend entschärft; denn in dem Maße, in dem der Bildungsrückstand der BRD einem Komplex vielfältig verstrickter subjektiver Versager und konstruierter oder fehlinterpretierter objektiver Gegebenheiten geschuldet wird, in demselben Maße wird der Blick auf die tatsächlichen sozialökonomischen und politischen Ursachen der Bildungssituation der BRD verbaut. Bildungsnotstand erscheint dann als quantitatives Problem, das mit Geld und Organisation zu lösen sei. Nicht von ungefähr hing das Selbstvertrauen Leussinks hinsichtlich der Realisierbarkeit seiner hochschul- und allgemeinbildungspolitischen Linie am (nach letzten Entwicklungen allerdings sehr dünn gewordenen) seidenen Faden eines für BRD-Verhältnisse recht hoch geforderten Bildungsetats.[19]

[18] G. Picht, Die deutsche Bildungskatastrophe, Olten und Freiburg/Br. 1964.

[19] So kostet die Realisierung des „Strukturplanes für das Bildungswesen" allein im Zeitraum der nächsten zehn Jahre nach den Schätzungen der Bildungskommission rund 50 Mrd DM! (Vgl.: Deutscher Bildungs-

Die Bildungskrise in der BRD ist jedoch nicht primär eine Frage der Finanzen, wenngleich diese selbstredend eine der wesentlichsten Voraussetzungen jeglicher bildungspolitischer Bemühungen bilden. Für den Inhalt der Bildungspolitik sind sie kein Gradmesser. Gerade aber darauf kommt es an. *Die Bildungskrise in der BRD* ist – wie in den Materialien der SED zur Einschätzung der Situation in der BRD stets hervorgehoben – *der geistige und materielle Notstand aller entscheidenden Bereiche der Bildung.*[20] Dieser Notstand wird charakterisiert durch den antikommunistischen Erziehungsauftrag der westdeutschen Bildungsstätten, durch die der politischen Zielstellung des westdeutschen Imperialismus entsprechende imperialistische Umwertung humanistischer Bildungstraditionen, durch die Aufrechterhaltung sowie materielle und juristische Absicherung des Bildungsprivilegs, durch die Verhinderung einer demokratischen Mitbestimmung in allen Bereichen des Bildungswesens, durch eine veraltete Struktur der Schulen und Universitäten, durch die Auswirkungen der im westdeutschen Schul- und Universitätsdienst verbliebenen nazibelasteten Schulfunktionäre und Pädagogen auf die Erziehung der Jugend, schließlich und nicht zuletzt durch eine auf unwissenschaftlichen Positionen verharrende Theorie der Pädagogik.

Ganz gesetzmäßig waren die Hoffnungen der demokratischen Kräfte in der BRD darauf gerichtet, daß sich Bildungsreform vor allem mit diesen Schwerpunkten zu befassen habe; und entsprechend richtete sich ihr Widerstand gegen die im Programm Leussinks (und vorher Stoltenbergs) vordergründige Absicht, Bildungsreform als Ökonomisierung und „Effizienzsteigerung" des Bildungsbereiches zu konzipieren, ein Hochschulrahmengesetz als Disziplinierungsinstrument vorzubereiten, einen Bildungsgesamtplan im Sinne einer bestmöglichen Nutzung der Bildungsstätten für die Monopolinteressen zu entwerfen.[21]

rat. Empfehlungen der Bildungskommission. Strukturplan für das Bildungswesen, Stuttgart 1970, S. 22.) – Woher diese Gelder kommen sollen, ist bis heute unklar. Die geplante Bildungsanleihe ist nicht mehr als ein Tropfen auf den heißen Stein. Die „radikale Umplanung der öffentlichen Haushalte", die die Bildungskommission empfahl, ist nicht in Sicht.

20 Vgl. dazu Autorenkollektiv, Die westdeutsche Bildungskrise, Berlin 1967.

21 Vgl. die instruktiven Materialien der demokratischen Studentenverbände VDS und verschiedener allgemeiner Studentenausschüsse (AStA), z. B.:
Der demokratische Kampf an der Hochschule unter den Bedingungen der SPD/FDP-Bundesregierung. Einschätzung, Strategie, Dokumente,

Die brennenden inhaltlichen Fragen des Bildungsnotstandes bleiben davon weitgehend unberührt. Gesellschaftliche Kräfte, die solche Forderungen erheben, werden – im besonderen Maße durch Angehörige des sogenannten Bundes „Freiheit der Wissenschaft"[22] – verunglimpft.

Ein detaillierter Plan für die Umsetzung der allgemeinen imperialistischen Bildungsstrategie in schul- und hochschulpolitische und -organisatorische Maßnahmen ließ lange auf sich warten. Zunächst wurden in verschiedenen Bundesländern separate Modelle entworfen[23], in der Regel in Form einer direkten Antwort auf bildungspolitische Aktivitäten der demokratischen Studentenverbände. Eine Grundlage weiterer umfassender Diskussionen um Inhalt und Art und Weise der Bildungs-, speziell der Hochschulreform in der BRD bildeten vor allem die „Empfehlungen zur Neuordnung des Studiums an den wissenschaftlichen Hochschulen", die der Wissenschaftsrat im Jahre 1966 vorlegte.[24] Diese Empfehlungen bildeten den (polemischen)

Marburg, Oktober 1970. – Programmatisch und bisheriger Höhepunkt der studentischen Gegenaktionen war der von VDS, BAK (Bundesassistentenkonferenz) und GEW (Gewerkschaft Erziehung und Wissenschaft) gemeinsam durchgeführte Kongreß „Mitbestimmung in Wissenschaft und Ausbildung, für Demokratie und sozialen Fortschritt" am 16. 12. 1970 in Bonn.

22 Dieser reaktionäre Bund kam nicht wie der Blitz aus heiterem Himmel. Die ideologische Vorbereitung war längst geschehen (vgl. dazu die im Tonfall des „Bundes" vorgetragene Kampfansage verschiedener Professoren in A. Schwan, K. Sontheimer (Hrsg.), „Reform als Alternative. Hochschullehrer antworten auf die Herausforderung der Studenten", Köln/Opladen 1969).

23 Vor allem das „Hessische Konzept" beanspruchte für sich, ein Optimum an Demokratie vorgestellt zu haben (vgl. Bildung heute, für ein Leben morgen, Wiesbaden 1969). – Die brennenden Fragen der Studieninhalte und des Verhältnisses von wissenschaftlicher Ausbildung und Berufspraxis wurden jedoch zuerst und allein von den demokratischen Studentenverbänden berührt (vgl. Studenten und die neue Universität. Gutachten einer Kommission des VDS zur Neugründung von wissenschaftlichen Hochschulen, Bonn 1962). – Eine klare Konzeption legte die DKP vor (Für eine demokratische Hochschule. Vorschläge der DKP zur Hochschulreform, Düsseldorf 1970).

24 In diesen Empfehlungen, die voll und ganz auf die Funktionsbefähigung des Hochschulwesens gerichtet waren, fehlen großzügige Lösungsansätze völlig. Dieses „Notstandsprogramm" für die Universität behandelt primär Fragen der Neuordnung der Studiengänge, der Stellung des „akademischen Mittelbaues", der Überwindung des Numerus

Bezugspunkt für weitreichende Konkretisierungen der hochschulpolitischen Forderungen der demokratischen Studentenverbände, die, indem sie das imperialistische Klassenwesen der Empfehlungen entlarvten, verschiedene Gegenmodelle erarbeiteten und der Öffentlichkeit vorlegten.[25]

Die studentischen Proteste sowie die öffentliche Kritik veranlaßten den 1966 als Ableger des Wissenschaftsrates gebildeten Bildungsrat, umfangreiche Sachanalysen vorzunehmen und ein geschlossenes System der Bildungsplanung und -entwicklung auszuarbeiten. Die mit dieser Aufgabe betraute Bildungskommission beim Bildungsrat legte 1970 eine umfassende Konzeption vor[26], die als Arbeitsgrundlage der von der Bundesregierung eingesetzten Bildungsplanungskommission (in der die Kultusminister der Länder vertreten sind) herangezogen wurde und die Grundlinien des Bildungsgesamtplanes absteckt. Bildungsgesamtplan und Hochschulrahmengesetz sind die beiden bildungspolitischen Schwerpunkte, die die SPD/FDP-Regierung verwirklichen, das heißt zum Gesetz erheben will.

Das Hochschulrahmengesetz sowie die Länder-Hochschulgesetze bilden den staatlich-juristischen Ausdruck der staatsmonopolistischen Formierung des Hochschulbereichs, sie verbannen Mitbestimmung und Kontrolle als mögliche lästige Störfaktoren durch minutiöse Gesetzesregelungen von den Universitäten und Hochschulen. Als politisch-ideologisches Pendant zu dieser Entwicklung wirkt der reaktionäre Bund „Freiheit der Wissenschaft", der der Disziplinierung der Universität gewissermaßen „von innen" entgegenkommt und zuarbeitet. Der Aufstieg des Münchner Soziologen H. Maier vom Mitbegründer des Bundes zum Kultusminister von Bayern versinnbildlicht diesen Zusammenhang. Die demokratischen Kräfte haben mit der Aktionslosung „Für Mitbestimmung, gegen rechts!" dieser Entwicklung den Kampf angesagt. Die in den Materialien der Bildungskommission (insbesondere im „Strukturplan für das Bildungswesen") vorgestellten bildungsreformerischen Gedanken, die zugleich die Grundgedanken des Bildungsgesamtplanes darstellen, können hier nicht

clausus, der Hochschulverwaltung. An Grundfragen der Demokratisierung des Hochschulwesens gingen diese Empfehlungen vorbei (zur studentischen Kritik vgl. vor allem: St. Leibfried (Hrsg.), Wider die Untertanenfabrik, Köln 1967).

25 Hier sind besonders zu nennen: B. Franke, Th. Neumann, Antworten auf Stoltenberg, Frankfurt/M. 1968, sowie die Dokumente in: J. Habermas, Protestbewegung und Hochschulreform, Frankfurt/M. 1969.

26 Besonders: „Strukturplan für das Bildungswesen", Stuttgart 1970.

ausführlich referiert werden. Für unser Anliegen soll eine knappe Skizze genügen.

Die Hauptgedanken dieser Bildungsmaterialien bestehen in der Konzipierung einer mit dem fünften Lebensjahr beginnenden Vorschulerziehung, die von der Gesamtschule (die die bisherige Dreiteilung in Volksschule, Realschule und Gymnasium ablösen wird) weitergeführt wird, welche zehn Schuljahre umfassen soll. Das strukturell stark aufgefächerte Hochschulwesen soll über die Bildung sogenannter integrierter Gesamthochschulen vereinheitlicht und wissenschafts-, bildungsorganisatorisch sowie verwaltungstechnisch rationalisiert werden. Integrierte Gesamthochschulen sind insofern auch das Resultat der Nutzung territorial sich anbietender Möglichkeiten des Zusammenschlusses verschiedenster bislang bestehender Bildungsanstalten mit Hochschulcharakter.[27] Diesem Bildungsweg wird ein „kooperatives System" ständiger Weiterbildung zugeordnet. Die Ausbildung selbst wird auf dem Wege der „wissenschaftlichen Schule" bei differenziertem Inhalt und Lehrangebot gestaltet. Zur Überbrückung von „sozialbedingten Bildungshemmungen" sollen Schullaufbahnberatung, Ganztags- und Heimschule beitragen. Neue Formen der Lehrerbildung, veränderte Unterrichtstechnologien, organisatorische Reform der Schule, Neufassung der Curricula (Lehrinhalte) und neue Formen der Leistungsbewertung müßten nach den Vorstellungen der Bildungskommission dazu beitragen, das westdeutsche Bildungssystem mit einer „offenen Schule" für eine „lernende Gesellschaft" auszurüsten, die „jedem einzelnen mit gleicher Chance zugänglich" sein soll.[28]

Es ist nun nicht unsere Aufgabe, an dieser Stelle das Für und Wider zu diesem unfangreichen Paket konkreter bildungspolitischer Vorhaben abzuwägen. Zweifellos verbreitet es Illusionen bis hin zu der in der entsprechenden westdeutschen Literatur bereits sarkastisch vermerkten Illusion, mittels des „emanzipatorisch erziehenden Kindergartens" die allgemeine gesellschaftliche Emanzipation langfristig zu bewirken[29], zweifellos aber enthält dieses Programm neben seiner imperialistischen strategischen Grundfunktion eine ganze Reihe Aspekte der Modernisierung des Bildungswesens, bietet es Ansatzpunkte des Kampfes um Demokratie, um Brechung des Bildungs-

[27] Als Modellvorschlag vgl. Nordrhein-Westfalen-Programm 1975, Düsseldorf 1970, S. 69.

[28] H. Becker, Ein Gesamtplan für die Bildung, in: Das 198. Jahrzehnt, Hamburg 1969, S. 437–56.

[29] G. Todtenberg, Reform des Bildungswesens, in: Schule und Nation, 4/1971, S. 6.

privilegs – vor allem dort, wo mit den Termini „Chancengleichheit für alle“ und Förderung der „sozio-kulturell Unterprivilegierten“ einige verschwommene Versuche der Autoren dieser Materialien durchblicken, den in der BRD seit langem geführten Diskussionen um Brechung des Bildungsprivilegs zumindest in der Phrase entgegenzukommen. Rein von der Zahlenbilanz her erwecken die Materialien den Anschein, als würde damit ernst gemacht: Denn eine Million Studenten in den achtziger Jahren und jährlich fast eine halbe Million Abiturienten nehmen sich auf dem Papier gut aus. Es darf natürlich nicht darüber hinweggesehen werden, daß einige dieser Zahlen Luftschlösser sind[30], daß zum anderen – und das beleuchtet das Wesen dieses Vorganges weit besser – das ganze Programm darauf hinausläuft, die Masse des Volkes weiterhin von allen Fragen der Verfügungsgewalt und des Mitspracherechts über Bildung, Bildungsinhalte und Bildungsplanung auszuschließen.

Obwohl in diesen Bildungsgesamtplan einbezogen (und theoretisch von der gesamten Bildungsdebatte nicht zu trennen), hat die Auseinandersetzung um die Reform der Universität besondere Aspekte gezeigt und eine ganz bestimmte politische Brisanz hervorgebracht. Das ergab sich einmal daraus, daß die konkreten politischen Aktivitäten zur Bildungsreform vor allem an den westdeutschen und Westberliner Universitäten und Hochschulen mit allgemeinen politischen Forderungen, Protesten und Demonstrationen gekoppelt waren. Der Protest gegen Naziprofessoren und Neofaschismus, gegen Bildungsprivileg, Numerus clausus, völlig ungenügende materielle Sicherung des Studiums usw. war verknüpft mit Protesten gegen die USA-Aggression in Vietnam, gegen die revanchistische Politik des BRD-Imperialismus, war verbunden mit Forderungen, die DDR völkerrechtlich anzuerkennen, sich an ihren bildungspolitischen Erfolgen zu orientieren. Die demokratische Studentenbewegung in der BRD hat viel dazu beigetragen, daß die staatsmonopolistische Bildungsreform nicht lautlos und öffentlichkeitsfern als technokratische Aktion der Monopolfunktionäre und Verwaltungsbürokratie, als eine „infra-

30 Auf die faktische Unmöglichkeit, mehr als 3 Prozent des Bruttosozialprodukts für Wissenschaft und Bildung auszugeben, hatte der Staatssekretär H. v. Heppe im Kreise der Wissenschaftler bereits ausdrücklich hingewiesen (vgl. H. v. Hoppe, Grenzen der Forschungsförderung durch den Staat, in: H. Scholz (Hrsg), Die Rolle der Wissenschaft in der modernen Gesellschaft. Internationale Tagung der Sozialakademie Dortmund, Westberlin 1969).

strukturelle Effizienzhandlung“ über die Bühne gehen konnte, sondern zu einem Brennpunkt des demokratischen Kampfes wurde.

Ein zweiter Grund besteht in der Spezifik, die der Reform von Universitätsstrukturen und traditionell in gewissem Sinne verfestigten wissenschaftsorganisatorischen Prinzipien[31] zu eigen ist. Immerhin galt die klassische Universität etwas, ihre Reform bedurfte nicht nur des ökonomischen Argumentes, sondern weitergehender bildungstheoretischer und -philosophischer Analyse und Begutachtung. Vor allem auch aus diesem Grunde ist die Bildungsdiskussion in der BRD in starkem Maße eine Diskussion um Universität und Hochschule, und nicht zufällig kreisen deren Grundgedanken um die „Idee der deutschen Universität“, um „Freiheit der Wissenschaft“, „Autonomie der Universität“ – letztlich also um Fragen des Vermächtnisses W. von Humboldts. Über Humboldtsche Kategorien wurde die Bildungsdiskussion stets eine Besinnung auf philosophische Fragen.[32]

Dieser konkrete geschichtlich und politisch-ideologische Hintergrund zu den Bildungsdiskussionen in der BRD – der hier nur knapp umrissen werden konnte – ist von großer Bedeutung für den besonderen Charakter der weltanschaulichen Begründung und Begründungsversuche zur Durchsetzung des staatsmonopolistischen Bildungsprogramms in der BRD.

4.2 Philosophische Grundlagen der imperialistischen Bildungskonzeption in der BRD

Die Besonderheiten der imperialistischen Bildungsstrategie in der BRD stellten der imperialistischen Philosophie im wesentlichen zwei Aufgaben:

Erstens die Reflexion und theoretische Begründung der ökonomisch und politisch sichtbar werdenden Notwendigkeit, am Bildungswesen

[31] Zum Verhältnis von Wissenschaftsorganisation und Hochschulreform vgl. W. Schumm, Kritik der Hochschulreform, München 1969.

[32] Vgl. dazu M. Nast, Klassenpositionen in der Wissenschaft, in: Das Hochschulwesen, Berlin, 8/9/1967, S. 531ff. – Einen vorläufigen Schlußpunkt zur Rechtfertigung der Reformideen gegenüber Humboldt setzte H. Schelsky in einer Rede vor der Westdeutschen Rektorenkonferenz 1967 (Die Universitätsidee Wilhelm von Humboldts und die gegenwärtige Universitätsreform, in: H. Schelsky, Abschied von der Hochschulpolitik oder Die Universität im Fadenkreuz des Versagens, Bielefeld 1969).

etwas zu verändern, es den neuen Bedürfnissen des Imperialismus anzupassen. Das war verbunden mit der Bereitstellung einer Gesellschaftstheorie, die auch auf inhaltliche Fragen insbesondere der politischen und weltanschaulichen Bildung zugeschnitten ist. Darüber hinaus waren die für bürgerliche pädagogische und Erziehungstheorien grundlegenden philosophischen Aussagen der sogenannten traditionellen bürgerlichen Philosopheme zu überprüfen und gegebenenfalls neu aufzupolieren.[33]

Zweitens waren Theorien und Argumentationen auszuarbeiten, die eine ganz bestimmte Art und Weise der Umgestaltung des Bildungswesens legitimierten (vor allem in Abwehr demokratischer oder gar sozialistischer Konzeptionen).

Der bürgerlichen Philosophie des 20. Jahrhunderts ist ein durchgängig idealistisches Herangehen an die Bildungsthematik eigen. Wenngleich im jeweiligen Fall unterschiedliche Akzente setzend, stimmen die programmatischen Aussagen der für Bildungskonzepte besonders „geeigneten" Philosophien in folgenden Punkten überein: in der Absage an progressive frühe bürgerliche Traditionen, in der Verleugnung bzw. Verleumdung eines materialistischen Herangehens an die Bestimmung von Wesen und Inhalt des pädagogischen Prozesses, in der Aufstellung subjektivistischer Konzeptionen zur menschlichen Persönlichkeit und ihrer Entwicklung. Dabei ist weniger der Umfang spezieller bildungsphilosophischer Aussagen der einzelnen Strömungen zeitgenössischer bürgerlicher Philosophie von besonderer Wirkung, sondern die Aufstellung von bestimmten bildungsphilosophischen Stereotypen, die sich zumeist folgerichtig aus dem Grundanliegen der jeweiligen Philosophie selbst ergeben. In einer interessanten Analyse hat V. M. Chvostov auf der gemeinsamen Konferenz der Akademien der Pädagogischen Wissenschaften der UdSSR und der DDR im November 1971 in Berlin diese pädagogisch und bildungsphilosophisch relevanten Hauptaspekte der wesentlichsten Strömungen zeitgenössischer bürgerlicher Philosophie herausgearbeitet. Chvostov hob hervor, daß dabei die Grundintentionen des Pragmatismus und Neopragmatismus, des Neopositivismus, Existentialismus und Neothomismus sich nicht gewandelt haben. Ihre Charakteristik des Wesens von Bildung und Erziehung liegt nach wie vor der bürger-

[33] Auf speziellere Erziehungstheorien und ihre philosophischen Grundlagen soll in dieser Arbeit nicht eingegangen werden; vgl. dazu: H. Mahr, Die Integration der westdeutschen Erziehungstheorie in das staatsmonopolistische Herrschaftssystem, in: DZfPh, 7/1969.

lichen Pädagogik – wenn auch in verschiedenster Ausprägung, in den USA mit anderen Schwerpunkten und Aspekten als in Frankreich oder in der BRD – zugrunde.[34] Das bildungsphilosophische Hauptmotiv des Pragmatismus (J. Dewey) und des Neopragmatismus (T. Brameld und andere) ist der Utilitarismus, verbunden mit einer Geringschätzung der Theorie und einer Fetischisierung der Praxis. Der Ansatz des Irrationalismus wird in den neueren pragmatischen Theorien weitergeführt durch die Übertreibung der Rolle des Unbewußten. Typisch für neopositivistische Bildungstheorien (B. Russell, B. Brezinka, R. S. Peters, L. Legrand) sind die Distanz zu weltanschaulichen Bildungsinhalten, der flache Empirismus in allen Fragen der Gestaltung des pädagogischen Prozesses, die Beschränkung der theoretischen Funktion der Pädagogik auf logische und semantische Analysen. Der Existentialismus steuerte den extremen Individualismus zum Arsenal subjektivistischer Pädagogik und Bildungsphilosophie (Marcel, Bollnow) bei. Eine Sonderstellung nimmt der Neothomismus ein, der sich betont rationalistisch engagiert, dessen Konzeption der gesellschaftsunabhängigen Werte und Tugenden in einer reaktionären Version der Forderung nach Trennung von Schule und Staat gipfelt.

Diesen bildungsphilosophischen Hauptmotiven der traditionellen Hauptströmungen der bürgerlichen Philosophie der Gegenwart stand bald das Erfordernis gegenüber, die besondere Situation der Entwicklung von Wissenschaft, Produktivkräften und Gesellschaft, die wachsenden Anforderungen an Wissenschaft und Bildung im Zusammenhang mit der Systemauseinandersetzung zwischen Kapitalismus und Sozialismus zu reflektieren. Die theoretische „Aneignung“ dieser neuen Situation wurde nun nicht von diesen oben angeführten Strömungen der bürgerlichen Philosophie geleistet, sondern war im wesentlichen das Werk soziologisch orientierter Geschichtsphilosophen. Die Wahrnehmung dieser Aufgabe reicht ziemlich weit zurück. Dabei waren nicht von ungefähr die ersten bedeutenden Prognosen über die im Gefolge der Entwicklung von Wissenschaft und Technik zu erwartenden Veränderungen der bürgerlichen Gesellschaft Visionen des Untergangs (O. Spengler), der drohenden Verstümmelung des Menschseins (A. Huxley), des Endes von Moral und Gefühl (B. Russell). Diese Visionen waren die philosophische Widerspiegelung der historischen Erfahrung, daß Wissenschaft und Technik in privat-

[34] V. M. Chvostov, Referat zum Thema der Konferenz: Der Kampf gegen den Antikommunismus in der Schulpolitik und Pädagogik des Imperialismus – eine grundlegende Aufgabe der marxistisch-leninistischen Pädagogik, in: Pädagogik, 2/1972.

kapitalistischer Verfügungsgewalt bedenkenlos und rigoros gegen die Lebensinteressen der Menschheit eingesetzt werden. Sie waren zugleich erster weltanschaulicher Ausdruck der allgemeinen Krise des Imperialismus, deren tatsächliche sozialökonomische Ursachen von den bürgerlichen Philosophen jedoch nicht erfaßt wurden. Es ist typisch für diese Philosophie, daß zunehmend die durch Wissenschaft und Technik bedingten Veränderungen in der Gesellschaft als die totalen, durchgreifenden Ursachen der bürgerlichen Gesellschaftskrise gedeutet wurden.

Diese Situation ist nach dem zweiten Weltkrieg nicht anders geworden, eher noch ausgeprägter zum Vorschein gelangt. Besonders augenfällig war hierbei – auf unser Problem bezogen –, daß die theoretische Gegenreaktion sich nicht mit der pessimistischen, in diesem Falle typisch „spätbürgerlichen" (weil tatsächlich noch in der Gedanken- und Ideenwelt des frühen Bürgertums einige Ideale „ausmachend") Deutung der vorliegenden gesellschaftlichen Situation abfand. Es liegt zudem auf der Hand, daß sich bürgerliche Herrschaftsideologie eines nach katastrophaler Niederlage in spezifisch antikommunistischer Absicht strategisch wiederbelebten Imperialismus, der sich in ökonomischer und politischer Hinsicht aggressiv und expansiv entwickelte, keine passiv-resignierende Position der Krise und des Unbehagens zur ideologischen Hauptdoktrin erheben konnte. Aber die negativistische bildungs- und wissenschaftsphilosophische Tradition war da, sie konnte nicht einfach übergangen, sie mußte überwunden, aufgehoben werden. Dieser Aufgabe unterzogen sich in der BRD Th. Litt, H. Freyer, E. Spranger, A. Gehlen, H. Schelsky und andere mit Geschick und einem gewissen „Instinkt" für den Stellenwert von Wissenschaft und Technik auch im Prozeß der radikalen Umdeutung der gesellschaftlichen Grundsituation der bürgerlichen Gesellschaft in der Mitte des 20. Jahrhunderts, also im Zeitalter des Sozialismus.[35] Von demselben Grundansatz wie die Vertreter der „Krise und des Unbehagens" her argumentierend – der

[35] Vgl. unter anderem:
E. Spranger, Kulturfragen der Gegenwart, Heidelberg 1953; H. Freyer, Die Theorie des gegenwärtigen Zeitalters, Frankfurt/M. 1956; Th. Litt, Naturwissenschaft und Menschenbildung, Heidelberg 1954; ders., Wissenschaft und Menschenbildung im Lichte des West-Ost-Gegensatzes, Heidelberg 1959; H. Schelsky, Der Mensch in der wissenschaftlichen Zivilisation, Düsseldorf/Köln 1965; ders., Bildung in der wissenschaftlichen Zivilisation, in: Die Philosophie und die Frage nach dem Fortschritt, München 1964.

behaupteten gesellschaftsdeterminierenden Rolle von Wissenschaft und Technik – entwickelten diese Theoretiker bereits Mitte der fünfziger Jahre wesentliche Gedanken der später (nach dem Erscheinen der entsprechenden Schriften von R. Aron und W. W. Rostow) so genannten Industriegesellschaftstheorie. Diese Vorwegnahme hatte ein recht vordergründiges bildungsphilosophisches Anliegen, das darin bestand, den „Verlust" der traditionell bürgerlichen Weltsicht und der damit verbundenen klassischen Bildungskonzeption optimistisch zu deuten. Mit dem Zugeständnis, hier „Echtes und Großes" unwiederbringlich verloren zu haben, wurde die quantifizierende Denkweise der sogenannten positiven Wissenschaften als notwendiges Pendant zur Entwicklung der technischen Revolution akzeptiert. Das Problem der Werte tauchte zwangsläufig wieder auf – den verlorenen klassischen Bildungswerten mußten neue Werte gegenübergestellt werden; als Basis dieser neuen Werte wurden einzelne Aspekte der „industrialisierten Gesellschaft" herausgegriffen und philosophisch „kultiviert". Von besonderer Bedeutung war dabei die „Konstruktion" bzw. theoretische Begründung eines den imperialistischen Bedingungen angepaßten Menschenbildes.

Es erhebt sich spätestens hier, an diesem Punkt analytischer Überblicksbetrachtung, die Frage, inwieweit diese Position der westdeutschen Bildungsphilosophie überhaupt bildungspolitisch und bildungspraktisch wirksam geworden ist und, was damit direkt zusammenhängt, ob diese Philosophie die Interessen der herrschenden Klasse, der Monopolbourgeoisie, ausdrückt. Diese Frage ist nicht leicht zu beantworten. Es steht fest, daß eine spezifische, auf vertiefte philosophische Durchdringung des Gegenstandes allerdings weitgehend verzichtende Bildungstheorie bzw. -konzeption der westdeutschen Monopolbourgeoisie existiert: Balke, Dichgans, Schleyer, Vaubel – diese Namen sollen hier für viele stehen. Es fällt jedoch auf, daß diese Vertreter der Monopolbourgeoisie die Bildungsproblematik stark und vordergründig aktualisieren, dabei zwar auf „metaphysische Hintergründe" und unverzichtbare weltanschauliche Grundlagen der abendländischen Kultur (dabei interessanterweise oft sehr weit zurückgreifend, in der Regel auf mittelalterliches, nicht aber frühbürgerliches Denken, wie zum Beispiel bei Balke) verweisen, aber in der Regel eine Art weiter ausholende Begründung für geplante wissenschafts- und bildungspolitische Aktivitäten der Monopolverbände entwickeln (ganz augenfällig bei Dichgans). Insofern reflektieren sie reale gesellschaftliche Situationen *und* vorgelegte gesellschaftstheoretische und philosophische Programme.

Im Gegensatz dazu sind die „professionellen" bildungs*philosophischen* Konzeptionen oft recht weit von konkreten Bildungsrealitäten entfernt (deutlich wird das, wenn man Schelskys philosophische Arbeiten, zum Beispiel „Bildung in der wissenschaftlichen Zivilisation", 1964, mit seinen bildungspolitischen Schriften vergleicht, zum Beispiel „Abschied von der Hochschulpolitik oder die Universität im Fadenkreuz des Versagens", 1970) und analysieren Begriffe, Traditionen, reflektieren Theorien anhand weitaus abstrakterer konzeptioneller Aspekte usw. Doch scheint es (das ist hier ausdrücklich hypothetisch formuliert), daß in den Werken dieser Bildungsphilosophie in letzter Instanz aussagekräftige Theoreme vorgelegt werden. Der Grund dafür liegt wohl darin, daß diese Philosophen der Bourgeoisie sich nicht an das Objekt „Bildung" fesseln oder lediglich die ökonomischen und eventuell soziologischen Seiten der Problematik widerspiegeln, sondern das Bildungsproblem aus der Situation einer Gesellschaft in der Ganzheit (Totalität) ihrer Beziehungen und Verflechtungen zu erfassen suchen. Entsprechend der unwissenschaftlichen Grundhaltung, die diesen – in der Regel subjektiv-idealistischen – Gesellschaftstheorien der Litt, Schelsky und anderer eigen ist, gelingt es ihnen dabei in keinem Fall, eine akzeptable, die Grundtendenzen der Bildungsentwicklung in ihrer gesetzmäßigen Verankerung in den materiellen gesellschaftlichen Verhältnissen adäquat widerspiegelnde Theorie aufzustellen. Aber die Problemsicht, der allgemeine Horizont, von dem aus die Betrachtung und Reflexion der Bildung ausgeht, ist bei diesen Philosophen ungleich weiter, weltoffener, theoretisch-kritischer als bei den Vertretern sich mehr „tagespolitisch" und eng bildungsprogrammatisch orientierenden Konzeptionen. Daraus ergibt sich in Teilaspekten des Problems eine mitunter der Bourgeoisie durchaus dienliche Trendreflexion, eine „Beschreibung" zu erwartender subjektiver Reaktionen auf technische Umwälzungen, ein oft mit sehr detaillierten Erkenntnissen der Psychologie, Verhaltensforschung, Völkerkunde usw. arbeitendes allgemein methodologisches Herangehen an Problem- und Stoffsichtung. Schließlich ist idealistische Philosophie – wie Lenin sie charakterisierte – eine taube Blüte am lebendigen Baum der menschlichen Erkenntnis, aber eben am Baum der Erkenntnis und nicht irgendwo. Insofern kommt ihr der Vorteil und die Eigenart *theoretischen Denkens und Folgerns* zu, innerhalb einer insgesamt als Zerrbild gegründeten Hypothese doch zutreffende Folgerungen und Ableitungen für die einzelnen Aspekte und Bestandteile dieser Hypothese abzuleiten. Ist diese Hypothese als Modell der Wirklichkeit gedacht, deckt es sie nicht ab; insofern es aber in sich stringent ist, vermag diese Stringenz des Modells, das heißt sein schlüssiger innerer Bau, die Inadäquatheit seiner Voraussetzungen wenigstens zum Teil zu überbrücken. Wie anders sind – um ein besonders eindrucksvolles Beispiel der Philosophiegeschichte zu nennen – Hegels naturphilosophische Spekulationen zu deuten, die insgesamt ein groteskes Zerrbild der Naturwirklichkeit darstellen, in vielen theoretischen Ansätzen jedoch der damaligen Naturwissenschaft vorauseilten?

Diese Problematik kann hier nicht ausdiskutiert werden. Wir wollen aber festhalten, daß wir zu unterscheiden haben zwischen den die Interessen der Bourgeoisie (hier der Monopolbourgeoisie) offen und quantitativ aufrechenbar aufweisenden Bildungstheoretikern (Dichgans, Schleyer und andere) auf der einen Seite und den die Stellung von Mensch, Wissenschaft und Bildung in der „modernen Gesellschaft" reflektierenden Bildungsphilosophen andererseits, die zur konkreten Bildungspolitik demgemäß nie oder kaum einen *direkten* Bezug haben. Ihre Begründungs- und Hintergrundfunktion jedoch ist deutlich – der mehr perspektivische Klassenauftrag folglich, der ihnen als Theoretikern der Bourgeoisie gestellt ist.

Dies vorangestellt, wollen wir die Untersuchung zum Problem des bildungsphilosophisch aufbereiteten Menschenbildes wieder aufgreifen.

Die Einheit von Menschenbild und Bildungsideal ist in der bürgerlichen Tradition besonders ausgeprägt – das Humboldtsche Ideal verkörpert diese Einheit. Humboldts Prinzip der universalen Bildung war, auf eine einende Weltanschauung bezogen (die er im Idealismus der klassischen deutschen Philosophie erblickte), über die das Universum der wirklichen Welt zum Universum der geistigen Welt entfalteter Persönlichkeiten gewissermaßen transformiert wurde, wobei die Beschäftigung mit der Wissenschaft die unabdingbare Voraussetzung dieser Persönlichkeitsbildung war. Dieses Prinzip der Einheit von Wissenschaft, Weltanschauung und Bildung war unter den gegebenen geistig-weltanschaulichen Voraussetzungen des Imperialismus nicht mehr aufrechtzuerhalten. Mit dem Verlust dieses Grundsatzes ging zugleich die von Humboldt erstrebte Bezogenheit der Bildung „auf den Menschen hin" verloren. Während der klassische humanistische Bildungsbegriff Wissen, geistige Kultur und weltanschauliche Durchdringung der Mannigfaltigkeit des Kosmos als erstrebenswerte Attribute einer freien geistigen Entwicklung des Menschen interpretierte, damit eine (natürlich auch im Rahmen eines philosophischen Idealismus verbleibende) Position der „Abrichtung der Sachen auf den Menschen hin" einnahm, verkehrt sich dieses

Anliegen unter imperialistischen Bedingungen zu einer „Abrichtung des Menschen auf die Sachen hin".

Diese Umkehrung ist natürlich kein bloß ideologisches Phänomen, sondern letztlich Ausdruck der wachsenden Vergesellschaftung der Produktion unter privatkapitalistischen Eigentumsverhältnissen. Der Kapitalismus kann aus sich heraus diese objektiv bedingte „Objektrolle des Produzenten" nicht beseitigen. Voraussetzung dafür, daß der Produzent „souverän" über die Gestaltung aller seiner Beziehungen zu seinesgleichen, zum Produktionsprozeß, zur Entwicklung und Entfaltung der eigenen Wesenskräfte wird, sind sozialistische Eigentumsverhältnisse, Beseitigung der Ausbeutung, Überwindung der dem Wesen des Produzenten feindlichen „entfremdeten Arbeit", wie es Marx einst ausdrückte. Der Imperialismus kann diese Objektrolle des Produzenten nicht beseitigen, mehr noch, sie ist eine Existenzbedingung kapitalistischer Produktion unter den Bedingungen wachsender Vergesellschaftung der Arbeit. Er bringt entsprechend notwendig Theorien hervor, die diesen objektiv antihumanistischen Wesenszug der kapitalistischen Produktionsweise entschärfen sollen.

H. Freyer, H. Schelsky und andere „Industriegesellschaftstheoretiker" haben Ende der fünfziger Jahre diesen „Schnitt" innerhalb der bürgerlichen Bildungstradition radikal vollzogen und den Verlust des klassischen bürgerlichen Bildungsbegriffes durch die Ausarbeitung eines neuen Bildungsbegriffes abzufangen versucht. Die bis dahin noch beschworene Einheit der geistigen Welt der bürgerlichen Gesellschaft wurde verabschiedet, an ihre Stelle die – wie man vorgab – durch wissenschaftliche Erkenntnis eröffnete Einheit der wirklichen, irdischen Welt gesetzt. Das klang modern und wissenschaftsverbunden, bezeichnete jedoch lediglich die ökonomische Tatsache, daß sich der international organisierende Imperialismus die Wissenschaft als Mittel zum Zweck unterjocht hatte. Immerhin war die Wissenschaft auf diese Weise theoretisch „angeeignet"; man konnte nun ihr und nicht mehr einer vielschichtig und uneinheitlich gewordenen, mit pessimistischen Zukunftsdeutungen beladenen bürgerlichen Schulphilosophie die Verantwortung für die Einheit der geistigen Welt des bürgerlich-imperialistischen Denkens übertragen. Wissenschaft wird zum Zaubermittel erklärt, als Ersatzideologie aufgeputzt, als Quelle von neuen Argumenten für eine vorgebliche Zukunftsträchtigkeit der imperialistischen Gesellschaft „zubereitet". Der Bildungsbegriff der Freyer und anderer machte damals entschieden Front gegen „jegliche Philosophie", die als Träger von Ideologie abgewertet wird – eine Abwertung, die gegenüber der vorliegenden bürgerlichen Philosophie kaum eine Funktion hatte, sich deshalb und gar nicht überraschend vor allem gegen die marxistisch-leninistische Philosophie richtete. Nicht Philosophie, so deklamierten Freyer, Litt, Schelsky und andere, sondern Wissenschaft erfasse „stellvertretend das Ethos des geistig mündigen Menschen", indem sie das „Wißbare umgreift und Dämme aufschüttet gegen weltanschauliches Geschwätz und wohlgezielte Ideologien".[36] Schelsky hat diesen Ansatz später weitergeführt zum Bildungsideal des wissenschaftlichen Fachmannes als der „strukturtragenden Figur" unserer Epoche.[37]

Die Hauptmotive der „Industriegesellschaftstheorie" – die hier gewissermaßen an der Wiege des neuen imperialistischen Bildungsbegriffs Pate standen – haben sich inzwischen kaum verändert. Man kann feststellen, daß die Neukonstituierung der imperialistischen Bildungskonzeption in der BRD Ende der fünfziger Jahre im untrennbaren Zusammenhang mit der Entwicklung der „Industriegesellschaftstheorie" stand. Das Hauptmotiv der Entideologisierung (natürlich als Phrase, denn die Industriegesellschaftskonzeption ist die „neue" Ideologie, die den als untauglich erkannten philosophischen Konzeptionen der sogenannten Schulphilosophie gegenübergestellt wurde, ohne diese zu negieren, ohne deren bildungsphilosophische Hauptgedanken zu eliminieren, wie wir sahen), der vorgeblichen Ersetzung der Ideologien durch Wissenschaft[38] wurde zu einem bestimmenden Moment innerhalb der gesamten Bildungsdiskussion in der BRD. Ein weiteres Hauptmotiv der Industriegesellschaftstheorie, die Verselbständigung und Überbetonung der Rolle von Wissenschaft und Technik für die „wissenschaftliche Zivilisation", die damit verbundene Ignorierung der Produktionsverhältnisse und damit die Leugnung der objektiv gegebenen Klassengegensätze, wird für die bildungsphilosophische „Aneignung der neuen Situation" durch die Ideologen der Bourgeoisie noch unter anderem Aspekt bedeutsam. Die bereits erwähnte „Abrichtung der Menschen auf die Sachen hin" erhält durch dieses industriegesellschaftstheoretische Argument ihre Hauptstütze. In der Technokratie-Konzeption wird die Objektrolle des Menschen im Kapitalismus nachgerade als naturgesetzlicher

[36] H. Freyer, Die Wissenschaften des 20. Jahrhunderts und die Idee des Humanismus, in: Merkur, München, 2/1961, S. 115f.

[37] H. Schelsky, Bildung in der wissenschaftlichen Zivilisation, a. a. O., S. 139; vgl. hierzu auch unsere Ausführungen zu der sog. expertokratischen Variante industriegesellschaftlichen Denkens, Kap. 2.

[38] Von Habermas sogleich aufgespießt: J. Habermas, Technik und Wissenschaft als „Ideologie" Frankfurt/M. 1968.

Vorgang hingestellt. Es ist nicht uninteressant, daß die folgenreichste und für die imperialistische Bildungsdiskussion einflußreichste Wiederbelebung der Technokratie-Konzeption diejenige war, die H. Schelsky gerade in Verbindung mit der „Neufassung eines tragfähigen Bildungskonzeptes“ vornahm.[39] Technokratisches Denken ist für die Bildungsproblematik in der BRD in zweierlei Beziehung von Bedeutung gewesen – einmal als Argumentationsquelle zur Bestimmung der „modernen Bildungsinhalte“ und damit implizit zur Neufassung des imperialistischen Menschenbildes; zum anderen als Handlungsmodell für die Durchsetzung einer bestimmten bildungspolitischen Zielstellung. Der zweite Aspekt soll weiter unten erörtert werden, hier interessiert der erste.

Es ist bei Schelsky in erster Linie die These der notwendig zu realisierenden, wissenschaftlich und technisch unausweichlich gesetzten „Handlungszwänge“, die sich aus der „Eigengesetzlichkeit der Sachen“ ergeben würden, über die er die Objektrolle des Menschen in der „wissenschaftlichen Zivilisation“ begründet. Bildung müsse dieser Sachgesetzlichkeit folgen, wird zur Ausbildung, zur bloßen sachorientierten Qualifikation, geschieht abhängig von den Dingen. Schelsky erkennt selbst die Trostlosigkeit dieser Bildungstheorie und entwickelt eine abschwächende Zusatzhypothese, wonach es noch so etwas wie Bildung als Synonym der sittlichen und geistigen Souveränität des Menschen gegenüber den Handlungszwängen geben müsse – eine Bildung allerdings, die Schelsky ausschließlich der Kraft und dem Heroismus des Subjekts überläßt. Der Mensch wird als Objekt der Sachen akzeptiert – seinem sittlichen Heroismus bleibe es überlassen, in dieser Welt der Sachen zu bestehen.

Es liegt auf der Hand, daß der erste Teil dieser Bestimmung von Bildung in konkrete Bildungsprogramme, der zweite Teil dieser Bestimmung in „esoterische Wesensbestimmungen von Bildung überhaupt“ übernommen wurde. Die technokratische Bildungskonzeption wurde zu einem Bestandteil aller bisherigen Bildungsmaterialien der Bildungskommission, die mit der Einheit von berufsbezogenen Studiengängen, Ausrichtung der Wissensvermittlung auf funktionale Bezüge und auf den Aspekt der Verwertbarkeit von Wissen ganz dem technokratischen Kalkül entspricht. Der subjektive „Heroismus“ in Schelskys Konzept wurde Gegenstand umfangreicher philosophischer Dispute[40]

[39] H. Schelsky, Der Mensch in der wissenschaftlichen Zivilisation, a. a. O.

[40] Zum Beispiel J. Habermas, Praktische Folgen des wissenschaftlich-technischen Fortschritts, in: Gesellschaft, Recht und Politik, Wolfgang

in Verbindung mit bürgerlichen Entfremdungs- und Manipulationstheorien. Grundsätzlich kann man feststellen, daß die von Schelsky erstmals explizit festgestellte Objektrolle des Produzenten der imperialistischen Gesellschaft nicht widerlegt, jedoch vielfältig zu „kultivieren“ versucht wurde. Da eine echte Perspektive, ein echter Ausweg unter Beibehaltung und Anerkennung der kapitalistischen Produktionsverhältnisse nicht gewiesen werden kann, dominieren mehr oder weniger kümmerliche Versuche, diese Objektrolle zumindest „im Begriff“ zu meistern. So wird zum Beispiel als ein existentielles Ziel der Bildungspolitik das „Aushalten der Entfremdung“[41] hervorgehoben. Einer Gefahr der Solidarisierung der auf diese Weise degradierten Produzenten soll entgegengewirkt werden, indem solches Wissen bereitzustellen und solche Fertigkeiten zu entwickeln seien, die ein „autonomes Verhalten des einzelnen“ in der Gesellschaft sichern. Solche „Autonomie“ steht allerdings im krassen Widerspruch zu der von denselben Theoretikern im gleichen Gedankengang akzeptierten unvermeidlichen „Objektrolle“; der Autonomiebegriff leistet hier also nicht mehr und nicht weniger, als die „Fertigkeiten und Fähigkeiten“ gegenüber der Handhabung moderner Produktionstechniken mit dem Anspruch der Beherrschung der Instrumente durch den Menschen zu verbinden. Beherrschung der Natur durch den Menschen wird auf den einzelnen Produktionsprozeß aufgeteilt. Der Produzent ist dementsprechend „Objekt“ innerhalb des kapitalistischen Produktionsprozesses, aber gegenüber der Natur wird ihm die autonome, die Subjektposition eingeräumt. Ganz in diesem Sinne wird dann eine gesellschaftstheoretische Verzichtposition propagiert, dem Produzenten die „Sinnlosigkeit öffentlicher Werte“ eingeredet, damit er nicht auf den Gedanken komme, eine richtige Sinnbestimmung gesellschaftlicher Werte vorzunehmen. Von dieser Konzeption ist es dann nicht weit zu der konvergenztheoretischen Auffassung, wonach die Objektrolle des Menschen im Produktionsprozeß ein universelles Schicksal aller Industrienationen und -gesellschaften sei.

Die reaktionären Kreise der Monopolbourgeoisie in der BRD haben in ihren bildungstheoretischen Vorstellungen beide Ansatzpunkte der oben aufgeführten Bildungsphilosophien aufgegriffen[42] – also

Abendroth zum 60. Geburtstag, Neuwied/Berlin 1968; H. Marcuse, Der eindimensionale Mensch, Neuwied/Berlin 1967.

[41] H. Becker, Ein Gesamtplan für die Bildung, a. a. O., S. 444.

[42] Vgl. u. a. H. Dichgans, Das Unbehagen in der Bundesrepublik, Düsseldorf/Wien 1968;
S. Balke, Vernunft in dieser Zeit, Düsseldorf/Wien 1962.

die Industriegesellschaftstheorie sowie die Technokratie-Konzeption. Sie standen dabei vor dem Dilemma, daß das Bildungsprogramm der demokratischen Kräfte anziehend und massenwirksam ist, während ihre bildungspolitischen Ziele im strikten Gegensatz zu den Interessen der Mehrheit der Werktätigen stehen. Aus diesem Grunde ist die Monopolbourgeoisie gezwungen, das Klassenwesen ihres Bildungsprogramms zu vertuschen. Zu diesem Zweck drapieren die ideologischen Wortführer der Monopolbourgeoisie ihr Programm mit pseudodemokratischen Losungen, nehmen Anleihen bei Vertretern der Ideologie der „Krise und des Unbehagens" auf; vor allem aber versuchen sie, die absolute Sachnotwendigkeit ihrer bildungspolitischen Forderungen herauszustellen. Die Sachorientierung als ein Hauptargument der Herrschaftsideologie zu Bildungsfragen erlaubt es, das Bildungsproblem ideologisch aus den gesellschaftlichen Zusammenhängen und Klassenauseinandersetzungen gewissermaßen herauszulösen und als „wertneutrales Phänomen" aller Industriegesellschaften zu definieren. Auf dieser Basis gelingt es den Vertretern der Monopolideologie, eine nicht geringe Zahl von Angehörigen der Intelligenz, der Verwaltungs- und Parteibürokratie sowie des öffentlichen Lebens für sich zu gewinnen. Ein weiterer, nicht unwesentlicher Effekt besteht darin, daß auf diese Weise die von der Herrschaftsideologie verfolgte Bildungspolitik und -strategie als logische Folge der wohl gegenwärtig einflußreichsten bürgerlichen Gesellschaftstheorie erscheint – eben der „Industriegesellschaftstheorie". Diese Theorie ist auf gesellschafts- und geschichtsphilosophischem Gebiet die gegenwärtig aktivste, aggressivste Gegenposition zum Marxismus-Leninismus, sie bildet eine wesentliche theoretische Stütze der Ideologie des Antikommunismus.[43] Indem die Herrschaftsideologie ihre Argumentation zur Bildungsthematik mehr und mehr auf die „Industriegesellschaftstheorie" gründete und die Technokratie-Konzeption mit diesem gesellschaftstheoretischen Ausgangspunkt verband, gewann sie zunehmend an Einfluß, gelang es ihr, die in den sechziger Jahren vorwiegend (sogar aus dem eigenen Lager) aufgekommene kritische Stimmung zur staatsmonopolistischen Bildungspolitik und -praxis abzubauen (natürlich mit Ausnahme der demokratischen Studentenbewegung, der anderen demokratischen Kräfte und der DKP). Dieser Prozeß der Einigung der antidemokratischen Kräfte auf der Basis der Industriegesellschafts-Phraseologie war zugleich ein Prozeß der Sammlung und Formierung der Rechtskräfte im Bereich des Hoch-

[43] G. Rose, „Industriegesellschaft" und Konvergenztheorie, Berlin 1971.

schulwesens, welcher schließlich in die Aktivität des rechtsextremen Bundes „Freiheit der Wissenschaft" einmündete. Über „Industriegesellschaftstheorie" und Technokratie-Konzeption funktioniert – wie noch kurz zu zeigen sein wird – auch der innere theoretische Zusammenhang der (bis 1969) Stoltenbergschen Wissenschafts- und Bildungsregie mit dem Wissenschafts- und Bildungsprogramm des Leussink- bzw. Dohnanyi-Ministeriums.

Natürlich ist diese theoretische Einheit nicht nahtlos, gibt es Bruchstellen. Die reaktionären Kreise der westdeutschen Monopolbourgeoisie bauen ihre theoretische Position vor allem dort aus, wo verschiedentlich industriegesellschaftstheoretische Deutungen der imperialistischen Gegenwart mit ihren Schlagworten wie „Zeitalter der Wissenschaft" bzw. „technotronisches Zeitalter" die vorhandenen Machtstrukturen nicht hinreichend genug berücksichtigen. Relativ früh haben Monopolvertreter in Bildungsdiskussionen betont, daß neue Konzepte auf jeden Fall von der „Anerkennung des Privateigentums als der unverzichtbaren Grundlage einer freiheitlichen Gesellschafts- und Staatsordnung"[44] auszugehen haben. Typisch für die bildungstheoretischen Darlegungen der Vertreter der Monopole ist die Darstellung der Doppeldeutigkeit der wissenschaftlich-technischen Entwicklung und ihrer Folgen für die kapitalistische Herrschaft. Prinzipiell wird vor einem soziologischen, technologischen oder gar politikwissenschaftlichen „Regulationsformalismus" gewarnt und die „überragende Bedeutung des Unternehmers"[45] auch in der „Ära der technischen Revolution" hervorgehoben. Neuerdings trifft sich diese Haltung mit einer zunehmenden und in der entsprechenden Literatur außergewöhnlich anschwellenden skeptischen Stimmung hinsichtlich der planbaren Folgen der weiteren wissenschaftlich-technischen Entwicklung. Nach einer Zeit des großen Optimismus, die neue staatsmonopolistische Organisationsform des Kapitals werde es ermöglichen, den sich unter den Bedingungen der wissenschaftlich-technischen Revolution ständig verschärfenden Grundwiderspruch des Kapitalismus zu lösen oder aber zumindest zu entschärfen, unwirksam zu machen, ist die gegenläufige Tendenz im Anwachsen. Weder die kapitalistische Gesellschaft noch die – wie es im Jargon der Industriegesellschaftstheorie heißt – „autonome Technostruktur" erwiesen sich als regulierbar.

44 L. Vaubel in: Veröffentlichungen der Walter-Raymond-Stiftung, Bd. 1, Köln/Opladen 1960, S. 3.

45 S. Balke, Technischer Fortschritt und Unternehmer, in: IBM-Nachrichten, Nr. 191, Stuttgart 1968.

Die Bedeutungszunahme und das Anwachsen der bürgerlichen Sozialwissenschaften, die der Euphorie einer wissenschaftsgesteuerten Gesellschaft gewissermaßen auf dem Fuße folgten, haben zugleich zu einer umfangreichen, mehr oder weniger stark an den Denkweisen der Einzelwissenschaft orientierten Kritik der traditionellen Leitbilder und „Werte“ geführt. Gesellschaftstheoretiker wie Georg Picht, aber auch Politiker wie USA-Vizepräsident Agnew haben auf die damit für den Bestand der kapitalistischen Gesellschaft verbundene Gefahr hingewiesen.[46] Die ihrem Wesen nach irrationale imperialistische Gesellschaft ist nicht nach rationalen Gesichtspunkten und Erkenntnissen zu steuern und zu planen. Der Abbau der Formen der „traditionellen Verhaltensregelung“ durch die sogenannte Verwissenschaftlichung der Gesellschaft bedeutet für die von den Imperialisten erstrebte innere Ruhe der kapitalistischen Gesellschaft eine potentielle Gefahr. Nicht zufällig werden deshalb in letzter Zeit in den verschiedensten Gebieten Tendenzen einer irrationalistischen Ausdeutung der geistigen Prozesse sowie der Situation des Imperialismus überhaupt immer ausgeprägter. Die Reproduktion bewährter „metaphysischer“ Denkhaltungen und Ideologien wird gefordert[47], andererseits beginnen verschiedene Sozialwissenschaftler selbst damit, ihre theoretischen Konzeptionen entsprechend den herrschenden politischen Doktrinen zu modifizieren.[48]

Selbstverständlich hängt diese Tendenz mit den aktuellen Krisenerscheinungen im internationalen imperialistischen Finanz- und Wirtschaftssystem zusammen, die sich wiederum gesetzmäßig aus dem

[46] G. Picht, Notwendig: Eine europäische Wissenschaftspolitik, in: Das 198. Jahrzehnt, a. a. O., S. 365–388.

[47] R. Schwarz, Leben wir in einer Bildungskrise? In: Die deutsche Universitätszeitung, vereinigt mit Hochschuldienst, Bonn, 24/1970, S. 3 bis 11; als journalistisch aufgemachter Bestseller: A. Toffler, Der Zukunftsschock, Bern/München/Wien 1971.

[48] Daß sich im Imperialismus eine politisch angewandte Wissenschaft gänzlich der herrschenden politischen Konzeption unterwerfen muß und nicht umgekehrt, haben die amerikanischen political science deutlich demonstriert (vgl. Kalenski, Mocek, Löwe, Politologie in den USA, Berlin 1971).
Die amerikanische Wissenschaftstheorie stellt fest, daß das Funktionieren der Beziehung von Staat und Wissenschaft zu einer Veränderung der Wissenschaft als soziales System führe (vgl. P. Weingart, Selbststeuerung der Wissenschaft und staatliche Wissenschaftspolitik, in: Kölner Ztschr. für Soziologie, und Sozialpsychologie, hrsg. v. R. König, 3/1970, S. 567–592).

Wesen des Imperialismus als sterbender Kapitalismus ergeben. Die sich verschärfenden Widersprüche des Kapitalismus – durch den Vormarsch des Sozialismus und der Kräfte des Friedens sowie durch die inneren Probleme, die im Zusammenhang mit der wissenschaftlich-technischen Revolution stehen, bedingt – sind keiner sozialwissenschaftlichen Therapie zugänglich. Eine sich auf Privateigentum an Produktionsmitteln stützende Gesellschaft kann nicht als Ganzheit und nach wissenschaftlichen Prinzipien funktionieren; dementsprechend ist eine wahrhafter wissenschaftlicher Bildung ziemlich schroff entgegenstehende bildungstheoretische Konzeption stets Anliegen monopolistischer Bildungspolitik gewesen.

Für das Detail die Wissenschaft, für das Gesamte aber bewährte „Werte", Metaphysik, Irrationalismus! – so etwa lautet ihre Devise. Solche Bestrebungen gehen konform mit soziologisch abgestützten Theorien, die einen pädagogischen Anspruch der „Welt der Industrie" gegenüber der traditionellen Pädagogik und der pädagogischen Ideologie anmelden. So fühlen sich die westdeutschen Arbeitgeberverbände als Vertreter einer „pädagogischen Instanz", nämlich der wie sie meinen als Bildungssektor vordringlich zu bewertenden Industrie. Diese habe ihre Prinzipien der Bildung zu entwerfen, und zwar ausdrücklich in „Übereinstimmung mit der Führung der Arbeitswelt".[49] Hier liegt ein Ansatzpunkt für die Reproduktion offen irrationalistischer bildungsphilosophischer Thesen, der Hort stockreaktionärer Bildungspläne, die unverhohlen gegen jede Form gesellschaftswissenschaftlicher Bildung und gegen die Weltanschauung der Arbeiterklasse Front machen.

Diese Differenz, die sich in den Bildungskonzeptionen der Monopolvertreter hinsichtlich des Vertrauens in die Wissenschaft gegenüber den Konzeptionen der Industriegesellschaftstheoretiker und Technokraten ergibt, besagt jedoch keineswegs, daß hier eine Absage vorliegen würde. Immerhin gab die Theorie der Industriegesellschaft entsprechend der Monopolideologie passende Schlagworte her, die ganz im Sinne „unternehmerischer Sinndeutung" der kapitalistischen Gesellschaft lagen (Leistungsgesellschaft, Konsumgesellschaft). Die Differenz bedingte aber gewisse Korrekturen, und zwar dort, wo die Theorie der Industriegesellschaft den Ansatzpunkt bildete für scientistische Deutungen der kapitalistischen Gesellschaftsordnung, die

[49] Vgl. H. M. Schleyer (Vizepräsident der Bundesvereinigung Deutscher Arbeitgeberverbände) in: Bildungspolitik für morgen, hrsg. von der AGDL, Frankfurt/M. 1966, S. 21ff. u. a.

mit den Begriffen der „computergesteuerten Gesellschaft" und der „Planbarkeit des kapitalistischen Wirtschaftsprozesses" eben jene Euphorie einer „Verwissenschaftlichung" des Kapitalismus hervorrief, die von einigen Vertretern der bourgeoisen Ideologie schon seit einiger Zeit als Vorstufe zum großen Katzenjammer angesichts des immer deutlicher werdenden Zusammenbruchs dieser Wunschgebilde erkannt und gewertet wurde.

Diese Korrektur an der Industriegesellschaftstheorie wurde inzwischen vollzogen und die Theorie der „postindustriellen Gesellschaft"[50] geboren. Diese Theorie nun – auf unseren Gedankengang bezogen – führt die Industriegesellschaftstheorie gerade dort weiter, wo sie als Alternativtheorie zur marxistischen Gesellschaftskonzeption funktionierte, sie „überwindet" die Industriegesellschaftstheorie dort, wo diese der Rationalität und Planbarkeit zu große Bedeutung beigemessen hatte. Die industriegesellschaftstheoretische Illusion von der „Machbarkeit aller Sachen" und der „Gestaltbarkeit aller Beziehungen" wurde unhaltbar angesichts der Tatsache, daß der hochentwickelte Kapitalismus auch oder vor allem unter den Bedingungen der wissenschaftlich-technischen Revolution keine krisenfreie Wirtschaft garantieren kann, daß er stets Ventile sucht, um Rüstungsproduktion und die Potenzen des militärisch-industriellen Komplexes „umzusetzen". Die Krise der USA ist symptomatisch für diesen Zustand.

Es ist nun folgerichtig, daß die Theorie der „postindustriellen Gesellschaft" ihr Hauptaugenmerk nicht mehr so sehr auf die Regelung und Steuerung der *objektiven* materiellen Grundlagen der kapitalistischen Gesellschaft richtet, sondern verstärkt wieder auf den subjektiven Faktor, auf Wissenschaft und Bildung. Das ist in zweierlei Hinsicht angelegt. Einmal ist nach D. Bell das Kennzeichen postindustrieller Systeme die stets funktionierende Umsetzung der Wissenschaft in die Produktion (Wissenschaft werde zur Matrix der Innovation gesellschaftlicher Systeme); zum anderen wird der Mensch als Bildungsfaktor stärker akzentuiert. Das ist durchaus verständlich. War die Illusion einer über die Machbarkeit der Sachen zu sichernden oder gar schon gesichert geglaubten Zukunft des Imperialismus angesichts des Vormarsches des revolutionären Weltprozesses und angesichts der krisenanfälligen Wirklichkeit von heute erschüttert, so mußte nun diese Illusion über die These von der Manipulierbarkeit

[50] D. Bell, Die nachindustrielle Gesellschaft, in: Das 198. Jahrzehnt, a. a. O., S. 351–363.

und Bildbarkeit der Menschen erneuert werden. Was die „postindustrielle" Variante zum Manipulationsthema beisteuert, liegt dabei vor allem darin, daß Manipulation nicht mehr nach dem insgesamt doch recht spontanen Modell der Konsummanipulation (Reklametechnik usw.) gesehen, sondern eine Art erkenntnisgesteuerte Manipulation angestrebt wird.

Man kann nun feststellen, daß sich diese Akzentverschiebung in den bildungspolitischen Papieren der herrschenden Kreise in der BRD widerspiegelt. Die technokratische Bildungsidee ist in zweierlei Hinsicht doch ziemlich einschneidend korrigiert: einmal in der Frage der technisch-sachgesetzlich orientierten Bildung als ausschließliches Anliegen bildungspolitischer Absicht des „technischen Staates", damit verbunden zum anderen in der Frage der gesellschaftsfremden oder gar -abstinenten Bildungsinhalte. Schelskys Motiv der sittlichen Souveränität wurde mit ganz bestimmtem Inhalt ausgefüllt: Es ist befreit von der noch bei Schelsky mitschwingenden Illusion des über der Masse und über allen Interessen schwebenden intelligenten Subjekts, und es ist erfüllt mit einem ganz konkreten, auf die Förderung und Erhaltung der Interessen der bürgerlichen Gesellschaft und ihres Staatswesens gerichteten Inhalt.

In der Frage des gesellschaftspolitischen Inhalts von Bildung hat die herrschende Klasse also wahrhaft keine Experimente vor. Nach wie vor wird der Bildungsinhalt den politischen Interessen der herrschenden Klasse gemäß präpariert. Ganz in diesem Sinne wird in den Empfehlungen der Bildungskommission als allgemeines Ziel der Bildung die Aufgabe formuliert, „jeden Staatsbürger zur Wahrnehmung seiner Rechte und zur Erfüllung seiner Pflichten zu befähigen", verstanden als Fähigkeit des einzelnen, „die Freiheit und die Freiheiten zu verwirklichen, die ihm die Verfassung gewährt und auferlegt".[51] Der gesellschaftlich aktive und für den imperialistischen Staat engagierte Staatsbürger – das wird als Bildungsziel der Bildungsreform und der Bildungsplanung in der BRD ganz unmißverständlich formuliert. Dabei wird allerdings noch keine Aussage über die Bindung solcher Bildung an eine bestimmte Gesellschaftstheorie gemacht. Angesichts der komplizierten und doch im Detail und auch in der Intention widerstreitenden, oft zeitgebunden reagierenden Bildungstheorien und -philosophien ist es einleuchtend, daß die Bildungskommission bei dem Versuch, ihr verbindliches bildungsphilosophisches

[51] Deutscher Bildungsrat, Strukturplan für das Bildungswesen, Stuttgart 1970, S. 29.

Grundkonzept zu fixieren, ratlos war. Im Material heißt es dazu: „Die Bestimmung allgemeiner Lernziele und der dazu notwendigen Kriterien setzen allgemein anerkannte Wertvorstellungen voraus. Solche Wertvorstellungen zu fixieren und ihnen eindeutig Ausdruck zu geben, ist jedoch schwierig. Überdies waren die Sozialwissenschaften nicht nur in Deutschland außerstande, eine allgemein anerkannte Gesellschaftstheorie zu erstellen, aus der sich gesamtgesellschaftliche Interessen und Prozesse ableiten ließen."[52] Das darf man natürlich nicht unbesehen für bare Münze nehmen. Der Kontext des Strukturplanes weist eindeutig aus, daß sich die Autoren auf die gängigen Phrasen von der „demokratischen Industriegesellschaft" beziehen, den Klasseninhalt von Bildung leugnen und damit all das fein säuberlich aus den Empfehlungen ausklammern, was zu Demokratisierung und Brechung des Bildungsprivilegs tatsächlich beitragen könnte. Das erklärte Ziel der Bildungskommission, „ideologische Gegensätze zu versachlichen"[53], war nur auf der Grundlage einer Theorie möglich, die von der tatsächlichen Spaltung der Gesellschaft in Klassen, von antagonistischen Interessen gesellschaftlicher Klassen hinsichtlich Bildung und Bildungswerten abstrahiert bzw. diesen Antagonismus einfach leugnet. Auf dieser Grundlage – nämlich des gemeinsamen Gerippes der „Industriegesellschaftstheorie" und der Theorie von der „postindustriellen Gesellschaft" – ist es dann möglich, für alle Bürger ein gemeinsames Bildungskriterium glaubwürdig zu machen: die verfassungsmäßig festgehaltenen staatsbürgerlichen Rechte und Pflichten. Dann, nachdem man das Klassenwesen von Bildung mit Hilfe der Krücke einer zum Schlagwort abgebauten Gesellschaftstheorie hinauskomplimentiert hat, ist es leicht möglich, traditionell eingefahrene speziellere Bildungstheorien zu revidieren, zu modernisieren. So wird eine Revision des alten Begabungsbegriffes empfohlen. Danach ist Begabung nicht mehr als genetischer Sachverhalt, sondern als Produkt gesellschaftlicher Umstände definiert. Auf diese Weise wurden auch die zahlreichen Arbeiten westdeutscher Psychologen und Pädagogen zum Problem der Sprachbarrieren (die sich zum nicht geringen Teil als Beiträge zur Klärung der Frage, warum „Chancengleichheit für alle" in Sachen Bildung kein finanzielles oder gar genetisches, sondern ein soziales Problem ist, verstanden) in die Analysen zum Bildungsgesamtplan integriert. Ähnlich verfuhr man mit anderen, ursprünglich soziologisch-kritisch angelegten bildungstheoretischen Untersuchungen

[52] Ebenda, S. 60.
[53] Ebenda, S. 15.

(etwa den zahlreichen Arbeiten zu theoretischen Fragen der Arbeiterbildung).

Wie ernst es den verantwortlichen Bildungspolitikern mit der Wahrnehmung der Chancengleichheit durch die Arbeiterklasse und die Bauern wirklich ist, in welchem Umfang sie tatsächlich bereit sind, Konsequenzen aus dem neuen soziologischen Begabungsbegriff zu ziehen oder aber den Programmen auch soziologisch fundierter Arbeiterbildung nachkommen wollen, das ergibt sich ziemlich eindeutig aus den Materialien der Bildungskommission sowie aus Sinn und Inhalt bisheriger Bildungspolitik. Die umfangreichen Erhebungen zum Bildungsnotstand der Arbeiterklasse, der Bauern und der Frauen in der BRD[54], die stets auch Hauptpunkte bildungspolitischer Forderungen der demokratischen Kräfte waren, blieben bislang de facto unberücksichtigt. Man gewinnt den Eindruck, als ob in den genannten Materialien der Bildungskommission die Existenz einer Arbeiterklasse in der BRD als bildungspolitische Tatsache gar nicht zur Kenntnis genommen wird. Die nebulosen Formulierungen über Persönlichkeitsentwicklung, Chancengleichheit, leistungsorientierte Industriegesellschaft usw. erwecken den Eindruck, als gebe es in der BRD eine im ganzen und großen undifferenzierte Bevölkerung, der man mit einem gut funktionierenden Bildungssystem nur die rechten Möglichkeiten bieten müsse, sich im Rahmen einer „freiheitlichen Grundordnung" nach Maßgabe der eigenen Bildungswilligkeit einen Platz am reich gedeckten Tisch der industriellen Wohlstandsgesellschaft zu verschaffen.

Die Korrektur des klassischen Bildungsbegriffs und die Ausarbeitung einer für bildungstheoretische Überlegungen geeigneten Gesellschaftstheorie hatten wir bislang als zwei entscheidende Aufgaben der bürgerlichen Philosophie im Rahmen der in der BRD geführten Bildungsdebatten erkannt. Trotz vieler Unterschiede in der Handhabung von Begriffen und theoretischen Akzenten ist die Industriegesellschaftstheorie die in der Bildungsdebatte sowie in den bisherigen Resultaten vorherrschende Leittheorie. Ihre Verknappung zu Schlagworten kann nicht darüber hinwegtäuschen, daß Grundpostulate dieser Theorie wie die Ignorierung der Rolle der Produktionsverhältnisse für die Entwicklung der Gesellschaft, die gezielt antikommunistische Entideologisierungsthese, die Überbetonung und Verselbständigung der gesellschaftsprägenden Rolle von Wissenschaft und Technik sowie die

[54] Vgl. z. B. R. Dahrendorf, Arbeiterkinder an deutschen Universitäten, Tübingen 1965; Autorenkollektiv, Bildungskatastrophe bis zum Jahr 2000? In: U. Greiwe (Hrsg.), Herausforderung an die Zukunft, München/Wien/Basel 1970.

Leugnung der Klassennatur der imperialistischen Gesellschaft, verbunden mit einer entstellenden Interpretation des Epochencharakters, in den entsprechenden Materialien als theoretische Vorgaben akzeptiert sind.

Mit der Korrektur des klassischen Bildungsbegriffs ist eine für die Reformdiskussion besonders an den Hochschulen und Universitäten bedeutsame „Nebenwirkung" gegeben: An diesen klassischen Bildungsbegriff sind Folgekategorien gebunden, die auf Grund ihrer Tradition und ihres Stellenwertes für das Selbstverständnis der Wissenschaft in der bürgerlichen Gesellschaft nicht einfach ad acta gelegt werden können. Das betrifft vor allem die Losung von der „Freiheit der Wissenschaft", damit verbunden die Auffassung einer Autonomie der Universität, schließlich und nicht zuletzt den Wissenschaftsbegriff selbst.

Der Wissenschaftsbegriff – das heißt das in theoretische Form gefaßte Interesse gesellschaftlicher Gruppen und Klassen an der Wissenschaft und ihrer gesellschaftlichen Rolle – ist innerhalb der Debatten um die Reform der Bildungsanstalten in der BRD recht bald aus den „weihevollen Höhen" philosophischer Abstraktheit heruntergeholt worden. Während die traditionellen bürgerlichen Philosophien bislang wohlgesetzte Definitionen und ganze Theorien zur Wissenschaft entwickelt haben, die alle mehr oder weniger vordergründig das Ziel verfolgten, die Wissenschaft mitsamt ihrem Denkstil und ihrer Methodik in die jeweilige Variante bürgerlicher Weltanschauung zu integrieren[55], sind in der eigentlichen bildungspolitischen Auseinandersetzung weniger Definitionsversuche oder Untersuchungen zum Begriff tragfähig gewesen, sondern zielklare Bestimmungen zum gesellschaftlichen Auftrag der Wissenschaft – wie sich dieser Auftrag im Interesse der an der Debatte Beteiligten widerspiegelt. Die demokratische Studentenbewegung hat sehr früh mit dem Schlagwort der „Politisierung der Wissenschaft" den Diskussionen um das Wesen von Wissenschaft einen ganz bestimmten politisch-aktuellen Inhalt verliehen. Dabei ist die Bezugnahme auf die marxistische Theorie der Produktivkräfte unverkennbar, wenngleich der belastende Einfluß der Vertreter der Frankfurter Schule nicht nur das theoretische Selbstverständnis der demokratischen Studentenbewegung in Richtung auf eine wissenschaftliche marxistisch-leninistische Gesellschaftsbetrachtung sehr erschwerte, sondern auch ein gerüttelt Maß Schuld trägt an dem spezifischen Jargon, dessen sich führende Vertreter dieser

[55] Vgl. Autorenkollektiv, Die Wissenschaft von der Wissenschaft, Berlin 1967, Kap. II.

Bewegung lange Zeit bedienten. Trotz dieser Störeinflüsse vermochte aber doch eine konkrete, historische Gegebenheiten weitgehend richtig bewertende Auffassung Platz zu greifen.

Politisierte Wissenschaft[56] bedeutet im Wissenschaftsverständnis der demokratischen Studentenbewegung die Aussage, daß Wissenschaft *erstens* ganz bestimmten gesellschaftlichen Voraussetzungen verbunden ist, die bei jeder wissenschaftlichen Analyse eine Rolle spielen. Ziele, Methoden und Aussagen der Wissenschaft enthalten stets „außerwissenschaftliche" Werte, die von der herrschenden Gesellschaftsordnung bedingt und determiniert werden. Zur „Losung" wurde dieses Faktum erst, als die Theoretiker der Studentenbewegung einen Schwerpunkt des Selbstverständnisses der Wissenschaft im Imperialismus gerade im Bewußtsein dieser gesellschaftlichen Bedingtheit der Wissenschaft erblickten und mit konkreten Sachanalysen in dieser Richtung begannen (vor allem zur Beteiligung westdeutscher Universitätsinstitutionen an der Rüstungsforschung usw.). Im wissenschaftstheoretischen Bereich folgt aus dieser Feststellung die „kritische Reflexion" aller Kategorien und Denkformen, die innerhalb der wissenschaftlichen Betätigung, bei der Verwendung bestimmter Beurteilungskriterien und bei der Gewinnung von Ausgangshypothesen etc. gebräuchlich sind. Wissenschaftstheorie wurde hier als Ideologiekritik verstanden – der Einfluß der entsprechenden Schriften von Habermas und Marcuse ist hier unbestreitbar groß.

Zweitens bedeutet politisierte Wissenschaft die Forderung nach Einbeziehung aktueller politischer Themen in die wissenschaftliche Forschung. Von Vertretern des ehemaligen SDS wurde aus dieser Forderung das Anrecht der Universität auf eine „kritische Reflexion" der Gesellschaft und der Politik abgeleitet, die Universität als Hort der politischen Rationalität betrachtet.[57]

[56] A. Wellmer, Unpolitische Universität und Politisierung der Wissenschaft, in: D. Clausen, R. Dermitzel (Hrsg.), Universität und Widerstand, Frankfurt/M., 1968, S. 108–116;
M. Baethge, B. Dressler, B. Emker, Ende der Universität – Anfang der Wissenschaft? In: U. Greiwe (Hrsg.): Herausforderung an die Zukunft, a. a. O., S. 56–71;
G. Bessau, Ideologische Fundamente westdeutscher Hochschulreformen, in: Facit, Köln, 8/1969, S. 10;
H. Buck, Politisierte Wissenschaft und politischer Aktionismus, in: Deutschlandarchiv, Köln, 11/1970, S. 1137.

[57] Zu dieser Einschätzung der Rolle der Universität gelangten einige Theoretiker der Studentenbewegung sowohl über den Einfluß von

Drittens wird unter politisierter Wissenschaft die von „sachfremden Autoritäten" unabhängige Wissenschaft verstanden, die sich der „Anpassung an heteronome gesellschaftliche Zwänge" widersetzt. Damit ist die Forderung nach Demokratisierung der Wissenschaft und der Wissenschaftsinstitution verbunden. Mitbestimmung, demokratische Kontrolle der Forschung, Ausschaltung der Verfügungsgewalt der Monopole sind hier die politischen Kernfragen. Nicht von ungefähr setzt gerade an diesem Punkt die Bekämpfung des „studentischen Wissenschaftsbegriffes" durch die Verfechter der Herrschaftsideologie ein. Dabei wird die Losung einiger extrem „linker" Studentengruppierungen (der „Roten Zellen" und anderer sektiererischen Einflüssen unterlegener Gruppen an verschiedenen Universitäten der BRD), die Universität „umzufunktionieren", von Stätten der Untertanenproduktion in gegen die bürgerliche Gesellschaft agierende und in diesem Sinne aktiv politisch vorgehende Organe zu verwandeln – Forderungen, wonach die Revolutionierung der bürgerlichen Gesellschaft von den Stätten der Wissenschaft auszugehen habe – zum Ansatzpunkt einer Verteufelung der gesamten demokratischen Studentenbewegung genutzt.[58]

Viertens wird die Forderung nach praxisbezogener und forschungsbezogener Ausbildung erhoben, was es zugleich ermöglicht, daß die politisch-gesellschaftlichen Dimensionen der Fachgebiete im Ausbildungsprozeß ohne Berücksichtigung vorhandener klassenbedingter „Tabus" zur Geltung kommen.

Fünftens schließlich enthält die These von der Politisierung der Wissenschaft die Verknüpfung von wissenschaftlicher Tätigkeit und Verantwortung für die gesellschaftlichen Folgen der Wissenschaft.

Dieser Wissenschaftsbegriff ist sehr konkret, er ist außerdem, was für unsere Thematik von besonderem Interesse ist, sehr stark auf

Habermas und Marcuse – hier lag das Schwergewicht auf der kritischen Reflexion – als auch über den Einfluß linkssektiererischer Thesen. Schwerpunkt ist die Grundhaltung, zugleich Proletarier und Lehrmeister des Proletariats sein zu wollen (vgl. dazu: J. Hund, Zur Einschätzung linksradikaler Gruppierungen in der Studentenbewegung, in: Facit, Köln, 4/1970, S. 13).

58 Während Th. Ellwein den Studentenunruhen noch Ursachen in Form von „Mängeln in der Zukunftsorientierung" der Gesellschaft in der BRD konzediert (in: Reform als Alternative, S. 28), leitet der Monopolideologe H. Dichgans das „Unbehagen" in der BRD nachgerade auch aus den Studentenunruhen ab (H. Dichgans, Das Unbehagen in der Bundesrepublik, Düsseldorf/Wien 1968, S. 132ff.).

die *Vermittlung* von Wissenschaft, also auf Bildung und Erziehung, auf die gesellschaftliche Funktion der Universität in der imperialistischen Gesellschaft bezogen. Seine Konkretheit bedingt seine Entwicklungsfähigkeit. Worum die Vertreter der demokratischen Studentenbewegung bei der Ausarbeitung dieses Wissenschaftskonzeptes lange Zeit einen Bogen machten, wird durch aktuelle Forderungen, vor allem in den hochschulpolitischen Überlegungen der DKP, ausgesprochen: Der Marxismus-Leninismus muß an die westdeutsche Universität!

Die reaktionäre Gegenkonzeption – besonders artikuliert von den Vertretern des Bundes „Freiheit der Wissenschaft" – widerspricht diesem Wissenschaftsbegriff Punkt für Punkt. Die Erkenntnis der gesellschaftlichen Bedingtheit wissenschaftlicher Betätigung wird als eine altbekannte Sache hingestellt, somit der Anschein zu erwecken versucht, als habe sich bürgerliches Wissenschaftsverständnis schon immer mit dieser Tatsache befaßt. Daß jedoch nicht in der Feststellung dieses Tatbestandes, sondern in der darauf begründeten Analyse, in welcher Weise eben die gesellschaftliche Bedingtheit der Wissenschaft im Imperialismus zur Pervertierung der Wissenschaft führt, der Kern der studentischen Intention liegt, wird tunlichst übergangen. Demokratisierung wird in der Phrase wohl akzeptiert, aber in keiner Weise die studentischen Forderungen nach Mitbestimmung. Hauptargument ist hierbei, Nichtqualifizierten das Mitspracherecht abzuerkennen. Der Hohn dieser Gegenargumentation wird nicht nur daraus ersichtlich, daß die demokratische Studentenbewegung ihre Befähigung zur Artikulierung durchdachter Programme zur Gestaltung der Wissenschaft und Hochschulreform längst nachgewiesen hat (und es bei der Mitbestimmungsforderung nun wirklich nicht – wie es einige „akademische" Reformgegner glaubhaft machen wollen – um Entscheidungen über wissenschaftliche Resultate und Konzeptionen geht), sondern auch daraus, weil damit ein Grundprinzip der Demokratie, das man für den bundesdeutschen Staat insgesamt als so grundlegend vorstellt, als sachfremd, nicht anwendbar, nicht geltend für den Bereich der Universität bezeichnet wird.

Das Prinzip praxis- und forschungsbezogener Ausbildung wurde mit dem Argument abgebaut, daß die Massenuniversität der Gegenwart es einfach nicht mehr erlaube, allen Studenten diesen „Luxus" zu bieten. Entsprechend wird nicht mehr von der Einheit von Forschung und Lehre, sondern nur noch von ihrer „Verbindung" gesprochen.[59]

[59] H. v. Heppe, Forschung innerhalb und außerhalb der Universitäten, in: DUZ/HD, 4/1970, S. 3.

Die von anderen Interessen geleiteten Bemühungen, die Universitäten in der BRD wieder „forschungsattraktiv" zu machen, führten zu einer ebenfalls studentenfeindlichen Konzeption: Mit der Bildung von sog. Sonderforschungsbereichen an den Universitäten bzw. an den zu bildenden integrierten Gesamthochschulen wird nur für einen geringen Teil der Studenten und dann nur in der Phase des „forschungsbezogenen Aufbaustudiums" dieses Prinzip wirksam.

Die studentische Forderung, die Wissenschaft von sachfremden Autoritäten freizuhalten, ist ihre zeitgemäße Interpretation der alten Losung von der „Freiheit der Wissenschaft". Die Verfechter der Herrschaftsideologie zögern natürlich nicht, für sich die „Freiheit der Wissenschaft" als Ideal und Forderung „zurechtzubiegen". Das geschieht einmal über eine Kampagne gegen die Einheit von Wissenschaft und Verantwortung; der Wissenschaftler könne nun einmal nicht, so lautet die Argumentation, für die gesellschaftlichen Folgen seiner Resultate verantwortlich gemacht werden. Geschickt wird hier der Begriff der Verantwortung, der als ethische Kategorie zu verstehen ist, juristisch interpretiert. Von dieser schwachen Basis gehen die Vertreter des Bundes „Freiheit der Wissenschaft", der sich insbesondere dieser ideologischen Absicherung monopolistischer Bildungspolitik gegenüber der demokratischen Studentenbewegung annahm, sofort in die Offensive, indem sie unter „Freiheit der Wissenschaft" die Freiheit von jeglicher Ideologie zu verstehen vorgeben. Wenn von Verantwortung des Wissenschaftlers die Rede sein könne, so argumentieren Maier, Tenbruck und andere, dann nur in dem Sinne, daß er die Wissenschaft und die Universität vor der Ideologisierung bewahre. Was damit für eine Ideologie gemeint ist, liegt auf der Hand und wird auch nicht verschwiegen: die marxistisch-leninistische.

Mit den Argumentationen zur Freiheit der Wissenschaft korrespondieren wissenschaftstheoretische Arbeiten zur Autonomie des Wissenschaftssystems (Schelskys Konzept, das recht sophistisch konstruiert ist: Die Einzeluniversität könne nicht autonom sein, aber das Wissenschaftssystem als Ganzes sei autonom. Worauf nun sollen sich die Studenten richten?), zur „Selbststeuerung" der Wissenschaft, schließlich gar Rufe nach dem „Elfenbeinturm Wissenschaft," den verschiedene Autoren, darunter auch Steinbuch, plötzlich als Ideal und Konzept westdeutscher Wissenschafts- und Bildungspolitik wiederentdeckt haben.[60]

[60] K. Steinbuch, Forscher auf der Anklagebank?, in: Die Welt (B), v. 21. 11. 1970, Nr. 271, S. 1. – Dieser Trend zur Autonomie der Wissenschaft, die sich jedoch ganz und gar als Glied dieser Gesellschaft ver-

Wir können festhalten, daß die „Umwertung der Werte“ ihren Standort inmitten der bildungspolitischen Auseinandersetzungen hat. Den relativ geschlossenen Vorstellungen gesellschaftsbezogener Wissenschaft, zu ganz konkreten bildungspolitischen Forderungen seitens der demokratischen Studentenbewegung führend, steht eine außerordentlich eklektische Wissenschaftskonzeption gegenüber, die neuerdings verstärkt zurückgreift auf alte Modelle des Verhältnisses von Wissenschaft und Gesellschaft, in erster Linie eine Diffamierungstaktik verfolgend und am Horizont der westdeutschen Bildungs- und Universitätsreformdiskussion wieder einmal das „Schreckgespenst“ der kommunistischen Gefahr signalisierend. Der Antikommunismus ist auch hier das „letzte theoretische Wort“.

Wir konnten schon darauf hinweisen, daß sich die Technokratie-Konzeption in doppelter Bedeutung einen ganz bestimmten Standort innerhalb der Bildungsdebatten gesichert hat: Einmal über die Erarbeitung eines spezifisch technokratischen Bildungsbegriffes, zum anderen in der Form, daß das Technokratie-Modell zur Leittheorie für die Durchführung einer „staatlich verordneten“ Hochschul- und Universitätsreform in der BRD wurde. Während der technokratische Bildungsbegriff in den Bildungsmaterialien weitgehend modifiziert wurde, funktionierte die Technokratie-Konzeption als theoretische Grundlage der Art und Weise, wie der staatsmonopolistische Kapitalismus eine den Monopolkräften genehme Reform der Hochschule entgegen den Vorschlägen und Interessen der demokratischen Kräfte durchsetzt. Die Technokratie-Konzeption ist das theoretische Programm der Feinde einer demokratischen Hochschulreform in der BRD, die aus sogenannten „Effizienzgründen“ und damit aus ökonomischen und politischen Interessen des Monopolkapitals heraus für eine Reform des Bildungswesens in der BRD argumentieren und, auf Grund ihrer gesellschaftlichen Funktion, mit der Durchführung und Organisation dieser Reform beauftragt sind.[61]

steht und alle die bekämpft, die „unsere Technostruktur“ stören und „dieses System“ diffamieren, weist auf die neopositivistische Interpretation von Universität und Wissenschaft, die sie „als Raum institutionell geschützter Freiheit empirisch-rationaler Wahrheitsfindung“ interpretiert (E. Topitsch, Die Freiheit der Wissenschaft und der politische Auftrag der Universität, Neuwied/Berlin 1968, S. 50).

[61] R. Mocek, Die technokratische Ideologie – ihre Funktion in den Diskussionen zur westdeutschen Hochschulgesetzgebung, in: Philosophenkongreß 1970. Leninsche Prinzipien der Auseinandersetzung mit der bürgerlichen und revisionistischen Ideologie, Teil V, Berlin 1970.

Die Technokratie-Konzeption ist ihrem Wesen nach antidemokratisch. Nach ihrem Programm bestimmt die innere Sachgesetzlichkeit des Fortschritts von Wissenschaft und Technik sowohl die Realisierungsmöglichkeiten und Methoden wissenschaftlicher und technischer Erkenntnis als auch die Strukturen des Überbaus, der ganz dieser Sachgesetzlichkeit unterworfen sein müsse. Dieser „technisierten Welt" entspreche der „technisierte Staat", der gekennzeichnet sei durch den Übergang von der traditionellen Herrschaft von Menschen über Menschen zu einer sachgesetzlich begründeten Administration versachlichter Beziehungen. Damit – so wird konstatiert – verlören zugleich die traditionellen politischen Normen ihre Substanz, ihren Sinn und ihre Daseinsberechtigung. Das politische Ideal der Demokratie und die demokratischen Aktionen der Volksmassen werden als Störfaktoren dieser „sachgesetzlich orientierten Staatlichkeit" bezeichnet. Hochschulreform ist nach dieser Auffassung ein rein sachgesetzliches Problem, das außerhalb von jeglicher Ideologie und von politischen Interessen zu lösen sei. In Leussink erblickten die Adepten der Technokratie ausdrücklich einen prononcierten Vertreter ihrer Auffassungen[62] – und befinden sich hier in Übereinstimmung mit der Einschätzung der Leussinkschen Position durch die demokratische Studentenbewegung –, „nur" mit dem Unterschied, daß diese die technokratische „Hochschulreform von oben" als die Strategie der herrschenden Klasse zur Integration von Wissenschaft und Bildung in das System der Monopolinteressen durchschaut und bekämpft. In Verbindung mit der Industriegesellschaftstheorie liefert die technokratische Argumentation den gesamten offiziellen hochschulpolitischen Begründungshintergrund. Die Übersteigerung der gesellschaftlichen Rolle von Wissenschaft und Technik ermöglicht es, die Rolle der Produktionsverhältnisse auszuklammern, das wiederum degradiert die Frage „Wissenschaftsförderung für wen?" zu einer überflüssigen Frage (das war Stoltenbergs stereotype Reaktion auf die Angriffe der Studenten). Eine „moderne Bildungsgesellschaft" wird als sachgefordertes Ziel ausgegeben, damit wird Klassenkampf,

[62] H. Schelsky, Abschied von der Hochschulpolitik . . ., a. a. O., Vorwort. Übrigens argumentieren auch die Technokraten auf der Grundlage des neopositivistischen Wissenschaftsbegriffes. Der genaue ideologische und politische Stellenwert vieler Wissenschaftskonzeptionen, die in den Bildungsdiskussionen der BRD zutage treten, ist allerdings nur schwer einschätzbar. Der Technokratie-Vorwurf trifft jedoch auch Leussinks Nachfolger v. Dohnanyi.

werden demokratische Aktionen als systemfremd, die „autonome Technostruktur" (Galbraith) gefährdend, verteufelt. Das Werk der Experten wird als strukturerhaltend verabsolutiert. Ein Mitdenken und Mitbestimmen durch die Masse der Werktätigen liegt außerhalb des technokratischen Kalküls. Entsprechend ist hochschulpolitische Aktivität der betreffenden Organe der Bundesregierung auf das „Funktionieren" gerichtet. Das ist verbunden mit einer durchgängigen Verknappung allgemeiner Zielaussagen der Bildungsentwicklung, mit einem „Vor-sich-her-schieben" der Bestimmung der gesellschaftlichen Inhalte für die Neugestaltung der Bildungsprogramme und Curricula. Damit wird schließlich noch vorgegeben, wertneutrale, sachbezogene Bildungspolitik zu betreiben. Die studentische Kritik hat die Technokratie-Konzeption arg zerpflückt, man konnte den Eindruck gewinnen, als sei das Technokratie-Modell inzwischen erledigt. Das ist aber durchaus nicht der Fall, wie es die in jüngster Zeit wieder aufgegriffene Technokratie-Diskussion beweist.

Das alte und neue Problem ist die Frage nach dem Verhältnis von Technokratie und Demokratie. Die Tendenz der jüngst geführten Diskussionen[63] besteht in der kritischen Läuterung bisheriger technokratischer Programme, zugleich in ihrer Umrüstung mit Blickrichtung Öffentlichkeit, wo das Technokratiemodell insgesamt in Mißkredit geraten ist. Dazu haben nicht nur das in Technokratietheorien enthaltene Moment der Menschenfeindlichkeit beigetragen, sondern auch Tendenzen einer allgemeinen Ernüchterung über die tatsächlichen Möglichkeiten, wie sie sich vor allem aus einer „vorschnellen Überschätzung der Möglichkeiten eines organisierten Kapitalismus"[64] in Verbindung mit dem Kennedyschen Reformweg ergaben. Nicht zuletzt aber hat die Protestbewegung der Studenten den kritischen Blick für die technokratischen Formen und Methoden eines sogenannten „spätkapitalistischen Krisenmanagements" geschärft. Die Umrüstung selbst geschieht auf verschiedene Weise; den wohl aussichtsreichsten Versuch unternahm Claus Offe.[65] Offe beschränkt das Technokratie-Modell auf die Deskription des bestehenden Zustandes, hält es aber als Programm eines Dauerzustandes für unbrauchbar. Notwendige Anpassungsprozesse und Reformstrategien, die das technokratische System zu seiner Selbsterhaltung benötigte, seien nicht durchzusetzen ohne

[63] Vgl. C. Koch, D. Senghaas (Hrsg.), Texte zur Technokratiediskussion, Frankfurt/M. 1971;
E. Kramm (Hrsg.), Der Mensch in der geplanten Welt, Stuttgart 1970.

[64] Vgl. Koch/Senghaas, a. a. O., S. 6.

[65] Vgl. Kramm, Der Mensch in der geplanten Welt, a. a. O., S. 22.

„komplementäre Veränderungen der Bewußtseinsebene", die aber keinesfalls durch technokratische Manipulation zu erzielen sei! Eine funktionsfähige Lösung dieses Widerspruchs erblickt Offe darin, daß die technischen Mittel zwar aus dem vorliegenden Verfügungszusammenhang genommen werden, aber in gleicher Weise sich in der Praxis eine gesellschaftliche Kontrolle der technischen Mittel entwickeln werde. Hier sind Technokratie-Modell und ein zur Unkenntlichkeit interpretiertes Mitbestimmungs-Modell zusammengefügt worden.

Bei Offe wie auch bei der Mehrzahl der übrigen Diskussionsteilnehmer wird die Technokratie-Konzeption nur formal verändert oder gar suspendiert. Der Kern aller Vorschläge besteht darin, den Technokratie-Thesen einige Demokratie-Thesen einzufügen. Eine Veränderung oder gar Humanisierung der Technokratie-Konzeption ist nicht abzusehen – aus verständlichem Grund.

Zu den bildungsphilosophischen Modifikationen, die Leussink als verantwortlicher Minister, K. v. Dohnanyi als parlamentarischer Staatssekretär und Amtsnachfolger Leussinks und Lohmar als Vorsitzender des Bundestagsausschusses für Wissenschaft und Bildung entsprechend den bildungspolitischen Vorstellungen der SPD vortragen, gehört in erster Linie die Rückführung gewisser bildungstheoretischer Leitsätze auf Aussagen des Godesberger Programms. Dem liegt keine durchgeformte philosophische Konzeption zugrunde – die bildungsphilosophischen Grundsätze der SPD sind entsprechend eklektisch, unterliegen selbst im eigenen Bereich scharfer Kritik.[66] Drei Motive in den SPD-Materialien kehren ständig wieder:

Erstens die Betonung der individuellen und der kulturellen „Eigenwerte" von Bildung und Wissenschaft, die als Voraussetzung für eine bevorstehende „Humanisierung" der technischen Zivilisation bezeichnet werden. Der Bezug zur Industriegesellschaftskonzeption ist damit gegeben – bekanntlich hat die SPD in den fünfziger Jahren

[66] E. Bandholz, Zwischen Godesberg und Großindustrie oder Wo steht die SPD? Hamburg 1971.
An Bildungsmaterialien der SPD vgl.: Godesberger Programm, Grundsatzprogramm der SPD vom November 1959, in: E. Bandholz, Zwischen Godesberg ..., a. a. O., S. 127; Kundgebungen und Entschließungen. SPD-Parteitag Nürnberg 1968, darin: Bildungspolitische Leitsätze der SPD; Sozialdemokratische Grundsätze zur Hochschulgesetzgebung, Bad Godesberg o. J.; Modell für ein demokratisches Bildungswesen (Entwurf), Bad Godesberg 1969; H. Leussink und U. Lohmar, Die Bildungspolitik als Schwerpunktaufgabe unserer Reformen, SPD-Parteitag 1970, Bonn 1970.

die Themen „Zweite industrielle Revolution“ und „Automatisierung“ nach ihrem programmatischen Stellenwert auf dem Weg zu Godesberg „befragt“.

Zweitens wird die Rolle der Wissenschaft und Bildung bei der „Bewahrung der freiheitlichen Demokratie“ in der BRD betont. Die Illusion der SPD-Führung in der Zeit der Weimarer Republik, erst einen neuen Menschen zu erziehen, ehe man sich auf den Weg zur sozialistischen Gesellschaftsordnung begeben könne, taucht hier in weiterer Verwässerung wieder auf, allerdings ist eben von einer sozialistischen Gesellschaft nicht mehr die Rede – Ziel der Erziehung des neuen Menschen ist, ihn für die bestehende kapitalistische Gesellschaft passend zu erziehen. Nicht von ungefähr protestieren vornehmlich die Jungsozialisten gegen die hier vorliegende Planung von Wissenschaft und Bildung als Manipulationskraft anstatt als Emanzipationskraft, wie es doch sozialistischer Tradition allein angemessen sei.[67]

Drittes Motiv ist die Betonung der Rolle von Wissenschaft und Bildung für eine freie Persönlichkeitsentwicklung. Im Zentrum der Kritik steht die hier vorliegende Unverbindlichkeit, die noch besonders auffällt, weil der Begriff der Bildung in bezug auf diese Persönlichkeitsentwicklung inhaltlich völlig unbestimmt gelassen wird. Die Forderung der Jungsozialisten, Wissenschaft und Bildung mit Blickrichtung auf die Entwicklung realer Demokratie in der BRD zu planen, damit Bildung neue Verständnismöglichkeiten gesellschaftlicher Sachverhalte eröffne und dazu beitrage, daß jeder einzelne Subjekt der Politik werde, ist zugleich Ausdruck der bitteren Erkenntnis, daß die SPD in ihren Programmen weder will noch plant, was aber offenkundig notwendig ist, um demokratische Bildungspolitik zu verwirklichen: Maßnahmen zu ergreifen, die ein wirkliches Mitspracherecht und echte Verfügungsgewalt der Masse der Werktätigen in den Fragen der Wissenschafts- und Bildungspolitik ermöglichen. Die SPD-Führung erfüllt auch in der Bildungspolitik ihre Funktion als Geschäftsführer imperialistischer Herrschaft.

Leussinks Nachfolger im Amt des Ministers für Wissenschaft und Bildung, Klaus von Dohnanyi, gilt als prominenter Vertreter des sogenannten Wissenschaftsmanagements und leitete als Management-Experte den Planungsstab des Wissenschaftsministeriums.[68] Sein Programm

[67] JS-Magazin, Sondernummer Bundeskongreß der Jungsozialisten, 1970, zitiert nach E. Bandholz, Zwischen Godesberg und Großindustrie . . ., a. a. O., S. 66.

[68] Vgl. dazu die Studie von G. Domin, Staatsmonopolistische Regulierung der Wissenschaft – ein Beispiel für den bourgeoisen Charakter des Manage-

einer wissenschaftsmanageriellen Tätigkeit entwarf er im Anschluß an seine Japanreise 1968, wobei er den japanischen Führungsstil eines politischen Managements als hocheffektives Modell für den politischen Führungsstil in der BRD empfahl.[69] K. v. Dohnanyi, der überdies im Ford-Konzern in Detroit und Köln sowie als leitender Mitarbeiter der Infratest-GmbH in München genügend Erfahrungen in monopolistischen, antidemokratischen Verwaltungspraktiken sammeln konnte, bietet die „Gewähr", daß der technokratische Stil der Bildungspolitik in der BRD von Stoltenberg über Leussink bis zu v. Dohnanyi fortgeführt wird. Die damit vom grundsätzlichen Standpunkt her gegebene Absage an jede Form der Mitbestimmung, demokratischen Mitgestaltung, des Mitspracherechts der Werktätigen in Sachen Bildung und Bildungspolitik, die bislang der BRD-Bildungsstrategie eigen war, wird auch vom Amtsnachfolger Leussinks kaum angetastet.

ment und seine Widersprüchlichkeit, Institut für Wissenschaftstheorie und -organisation der AdW der DDR (unveröff. Manuskript).

[69] K. v. Dohnanyi, Japanische Strategien oder Das deutsche Führungsdefizit, München 1969.

Schlußbemerkungen

Hier wurde versucht, einige Hauptrichtungen in der Entwicklung des gegenwärtigen bürgerlichen Denkens zu Fragen der Wissenschaft im Zusammenhang mit den sich aus den Bedingungen unserer Epoche ergebenden Klassenbestrebungen der Bourgeoisie darzulegen. Wir gingen in unserer Analyse und Auseinandersetzung davon aus, daß es neben den objektiven Bedingungen in den Ländern des staatsmonopolistischen Kapitalismus selbst insbesondere die wachsende Rolle des sozialistischen Weltsystems und der Einfluß der wissenschaftlichen Weltanschauung der Arbeiterklasse sind, die Differenzierungen und Modifikationen im Wissenschaftsverständnis der imperialistischen Bourgeoisie zur Folge haben. Wir konnten nachweisen, daß die bürgerlichen Wissenschaftsauffassungen in den verschiedensten von uns ausgewählten theoretischen Formen stets tatsächliche Aspekte oder Teilprozesse in der Entwicklung der Wissenschaft berücksichtigen, jedoch bei der Lösung dieser Probleme genau in dem Maße ihren wissenschaftlichen Charakter einbüßen, in dem sie als bürgerliche Ideologie konzipiert sind.

Nun ist Wissenschaft eine gesellschaftliche Erscheinung, und zwar in erster Linie eine Form gesellschaftlicher Tätigkeit; wir setzen deshalb voraus, daß ihre theoretische Abbildung nicht anders als im Rahmen gesellschafts- bzw. sozialtheoretischer Gedankengebilde möglich ist. Diese Überlegung führt zwingend zu der Folgerung, daß Wissenschaftsauffassungen nicht anders als in ideologisch relevanter Form (als spezifische Erscheinungsform der jeweiligen Ideologie) vorliegen können. Auch diese unsere Ausgangsthese hat sich durch die vorliegenden Untersuchungen bestätigt. Das wachsende *Erfordernis, Wissenschaft mit wissenschaftlich-theoretischen Mitteln abzubilden einerseits und der prinzipielle Ideologiecharakter der Wissenschaftstheorie* andererseits charakterisieren damit die unaufhebbare *Widersprüchlichkeit* und Begrenztheit bürgerlicher Wissenschaftsauffassungen, denn bourgeoise Ideologie ist mit einer wissenschaftlichen Erfassung gesellschaftlicher Erscheinungen nicht vereinbar. Wir haben versucht, einen Bogen von der heute vorherrschenden imperialistischen *Gesellschaftstheorie* hinsichtlich ihrer wissenschaftstheoretischen Relevanz über einige unseres Erachtens repräsentative Varianten und Problemtypen bürgerlicher *Wissenschaftstheorie* bis hin zu den heute (insbesondere in der BRD) vertretenen bürgerlichen *Bildungskonzeptionen* zu spannen. Dabei legten wir großen Wert darauf, den inneren, durch objektive Klasseninteressen und durch den Gegenstand selbst bedingten *Zusammenhang* zwischen diesen heterogenen und mitunter sehr widersprüchlichen Gedankengebilden zu zeigen. So ist die bürgerliche *politische* Ideologie in ihrer theoretischen Form (Gesellschaftstheorien im Sinne der Industriegesellschaftskonzeption) heute als weitgehend wirksame Rahmenkonzeption für alle neueren Wissenschafts- und Bildungsauffassungen erwiesen worden. Andererseits wird in diesen Gesellschaftstheorien selbst ein abstraktes Wissenschaftsverständnis vorausgesetzt und ideologischen Bedürfnissen der imperialistischen Bourgeoisie dienstbar gemacht. Die Gesamttendenz der Entwicklung der Wissenschaftsauffassungen verrät dabei eine deutliche Absicht, marxistisch-leninistische Positionen abzuwehren bei gleichzeitiger (mehr oder weniger geschickt vertuschter) Anlehnung an konzeptionelle Teillösungen des marxistisch-leninistischen Wissenschaftsverständnisses. Alles in allem zeigt unsere Analyse und Kritik, daß bürgerliche Wissenschaftskonzeption immer dort am wenigsten wissenschaftlich ausweisbar ist, wo Positionen entwickelt werden, die dem Marxismus-Leninismus entgegenstehen.

Es geht der imperialistischen Bourgeoisie mit der Formung ihres Wissenschaftsverständnisses um mehrerlei – die Anliegen sind sehr unterschieden. Zunächst geht es selbstverständlich um ein solches Wissenschaftsverständnis, das dazu dienen kann, die ideologischen Grundbedürfnisse der imperialistischen Klassenherrschaft *überhaupt* zu befriedigen. Diese Funktion ist primär den im Rahmen von „umfassenden" *Gesellschaftstheorien* bewahrten und ausgeformten Wissenschaftsauffassungen zugedacht. Diese Form des Wissenschaftsverständnisses richtet sich an alle Klassen und Schichten der imperialistischen Gesellschaft in Erfüllung der Herrschaftsfunktion staatsmonopolistischer Ideologie.

Die von uns hier vorgestellten abstrakt-erkenntnistheoretischen Problemtypen bürgerlicher Wissenschaftstheorie werden in vielerlei Hinsicht wirksam. Zunächst vermitteln sie den wissenschaftlich Tätigen selbst das Zerrbild einer „Wissenschaft" unabhängig von sozialökonomischen, politischen Verhältnissen und die gefährliche Illusion von der Trennung von „interner“, primär auf formale Methoden begrenzter Wissenschaftsproblematik und der gesellschaftlichen Verantwortung des Wissenschaftlers. Zugleich liefert ein solches abstrakt-erkenntnistheoretisch konzipiertes Bild von der Wissenschaft ein willkommenes Argument für die scheinplausible Begründung der herrschenden gesellschaftstheoretischen Konzepte.

Selbstverständlich dienen abstrakt-epistemologisch orientierte Wissenschaftstheorien auch der konzeptionellen Begründung und Entwicklung neuer wissenschaftlicher Forschungsmethodiken. Es ist ja zumeist gerade das eigentliche subjektive Anliegen der erkenntnistheoretisch orientierten bürgerlichen Wissenschaftstheoretiker, die Entwicklung methodischer Instrumentarien der Wissenschaft zu fördern. In diesem Sinne ist also bürgerliche Wissenschaftstheorie des genannten Problemtypus zweifelsohne stark wirksam geworden. Gerade damit aber erfolgte und erfolgt zugleich eine folgenschwere Desorientierung breiter Kreise der im Bereich der Wissenschaft Tätigen, indem einseitige, abstrakte, im Gesamtkontext gesehen falsche und wissenschaftsfeindliche Konzeptionen über *Charakter und Wert des eigenen Tuns und Wissens* wachgerufen und wachgehalten werden. Das ist im Prinzip das Festhalten an positivistischen, szientistischen und verwandten Denkweisen in der Wissenschaft, deren zwiespältige Rolle erwiesen ist.

Die sozialwissenschaftlich-konzipierten Wissenschaftstheorien unterscheiden sich in ihrer Funktion nicht prinzipiell von der zuletzt genannten Begründung einseitiger Auffassungen zur Wissenschaft. Zugleich werden diese wissenschaftstheoretischen Problemtypen aber auch in einer spezifischen Weise wirksam: Insbesondere die Wissenschaftstheorien, die auf der Grundlage strukturell-funktionaler Konzeption und Methodologie entwickelt werden, bilden eine (zumindest hier als Potenz festzustellende) theoretische Grundlage für die empirischen wissenschaftswissenschaftlichen Forschungen im Imperialismus. Sie haben also eine begrenzte Erkenntnisfunktion auszuüben, das heißt sie ermöglichen, bestimmte Zusammenhänge der Tätigkeit von Wissenschaftlern zu erforschen, ohne daß mit dieser Erforschung die Klassenbeziehungen, die Antagonismen und der historische Platz der wissenschaftlichen Tätigkeit im Imperialismus offengelegt werden. Hier verbinden sich also auf eine spezifische Weise Aktivierungsideologie und Erkenntnisinteresse, soweit es dem Streben nach organisatorischer Beherrschung des staatsmonopolistischen Wissenschaftsbetriebes entspricht. Theoretische Wissenschaftssoziologien, soweit sie trotz konzeptioneller Verwurzelung in bürgerlicher „Sozialvorstellung“ und im Rahmen bourgeoiser Ideologie eine Plattform für Teilerkenntnisse („Instrumentwissen“) bieten, können der Potenz nach staatsmonopolistischen Führungskräften durchaus dienlich und damit auch wissenschaftsorganisatorisch und -politisch wirksam werden.

Es war in der vorliegenden Arbeit selbstverständlich nicht möglich, auf alle repräsentativen Schulen bürgerlicher Wissenschaftstheorie und auf alle relevanten Probleme einzugehen. Es war zum Beispiel auch nicht unsere Absicht, die empirischen, mit quantitativen Methoden arbeitenden und analogen Wissenschaftsforschungen zu analysieren. Uns interessierten gemäß der Themenstellung vorwiegend die theoretisch-konzeptionellen und damit stets *ideologisch relevanten* Aspekte der bürgerlichen Bemühungen und Reflexionen über Wissenschaft. Daß ein enger Zusammenhang der empirischen Wissenschaftsforschung auch zu den hier untersuchten Konzeptionen besteht, soll am Schluß demonstriert werden. Zugleich wollen wir damit einen Kern unseres Anliegens überhaupt, die Bestimmung der Wissenschaftsauffassungen in Abhängigkeit von den Prozessen unserer Epoche und damit als Teil der internationalen Klassenauseinandersetzung deutlich machen. Das Beispiel erscheint uns auch insofern repräsentant zu sein, als hier ein führender Theoretiker des imperialistischen Hauptlandes USA und ein führender Theoretiker der Wissenschaftsforschung der Sowjetunion zu Worte kommen sollen.

Anläßlich eines internationalen Kongresses der Wissenschaftshistoriker weilte der bekannte amerikanische Wissenschaftsforscher D. J. de Solla Price im Sommer 1971 in Moskau. Er stellte der „Literaturnaja Gazeta“ einen Artikel zur Verfügung, der die Überschrift trägt: „Die Unabwendbarkeit des Verfalls“.

Schon diese Überschrift kennzeichnet deutlich die pessimistische Grundeinstellung von Price und macht den Leser zugleich neugierig, zu erfahren, was verfallen muß und warum das so sein muß. Die Antwort auf diese Frage gibt Price in Anlehnung an seine bekannten Untersuchungen über quantitative Wachstumserscheinungen der Wissenschaft.

Price geht es in diesem Beitrag um mehr als um Probleme der weiteren Entwicklung der Zahl der Publikationen, der Mittel und Menschen, die in der Wissenschaft eingesetzt werden. Es geht ihm auch um mehr als um die Begründung der schon früher von ihm vertretenen These von der Saturierung (Sättigung) der sogenannten Wachstumskurve der Wissenschaft.[1] Zunächst geht er auch in diesem seinem

[1] Vgl. hierzu G. Domin und R. Mocek (Hrsg.), Ideologie und Naturwissenschaft, Berlin 1969, S. 107ff.

Beitrag von quantitativen Erscheinungen in der Wissenschaft aus und schreibt, es werde „eine gewisse Verlangsamung des Wissenschaftswachstums“ eintreten. Price wendet sich dann Problemen zu, die den engeren Rahmen seiner bisherigen Erörterungen zu diesem Thema grundsätzlich sprengen.

Diese Problemausweitung bestätigt, daß auch die bisherigen Erörterungen von Price *nicht außerhalb ideologischer Positionen*, nicht unabhängig von weltanschaulichen Standpunkten erfolgten und daß zu ihnen Denkvoraussetzungen gehören, die auch bei der Beurteilung seiner Schlußfolgerungen heranzuziehen sind. In seinem Artikel zeigt er selbst die von ihm gezogenen theoretisch-weltanschaulichen Konsequenzen der Sättigungshypothese. Und diese Konsequenzen machen schlagartig deutlich, daß Wissenschaftstheorie heute nicht ohne Bezug zu Problemen möglich ist, die die Klassenauseinandersetzung in unserer Epoche charakterisieren. *Wie* Price die Bewegungen unserer Zeit charakterisiert, das bestätigt zugleich alle die Schlußfolgerungen, die wir über bürgerliche Wissenschaftsauffassungen und ihren Zusammenhang zum ideologischen Klassenkampf ziehen. Lassen wir Price selbst zu Worte kommen: „Ich behaupte, daß die ‚Verlangsamung‘ in der Wissenschaft subjektiv solche Formen annehmen kann wie zum Beispiel die einer ‚antiwissenschaftlichen Bewegung‘, deren Anhänger die Wissenschaft für nutzlos, von den gesellschaftlichen Forderungen losgelöst oder gar für schädlich und ahuman halten. Sie kann auch die Form der Anwendung vom wissenschaftlichen Denken zum Mystizismus und zur Intuition hin annehmen ...“ Price meint, die USA hätten heute diesen Punkt bereits weitgehend erreicht und folgert: „Ich möchte auch darauf aufmerksam machen, daß die Sowjetunion das zweite Land sein wird, in dem die oben aufgeführten Symptome auftreten werden.“

Es ist nach unseren Darlegungen in vorliegendem Bericht unschwer, den theoretischen Platz zu bestimmen, den Price mit dieser Auffassung bezieht. Daß es Price tatsächlich um politische, also letztlich um Klassenfragen geht, macht er selbst glasklar deutlich: Er schreibt, viele Fachleute hielten die Krisenerscheinungen in der amerikanischen Wissenschaft „für ein Resultat des politischen Kurses der jetzigen Regierung. Ich stimme mit einer solchen Diagnose nicht überein und muß unterstreichen, daß die gegenwärtige Krise in einem gewissen Sinne die letzte ist insofern, als alle ihre Symptome offenbar organisch unserem Lande eigen sind, welches in seiner Entwicklung einen bestimmten Punkt erreicht hat.“ Price spricht hier nicht mehr von einer Krise oder von einer Sättigung der Wissenschaft allein! Es ist das

Bewußtwerden über die Krise der imperialistischen Gesellschaft überhaupt, ein Bewußtsein des Unbehagens, welches aus den Worten von Price spricht. Was ist nun aber nach Price der eigentliche Grund für diese Krisenerscheinungen, wohin führt diese Entwicklung? Er erklärt: „Es ist nicht ausgeschlossen, daß die gegenwärtige ökonomische Krise oder der Verfall dem Rückgang von Wissenschaft und Technik anzulasten sei. Wie dem auch sei, ich denke, daß die Verlangsamung des Wissenschaftswachstums eine der Ursachen und keine Folge der ökonomischen Krise ist."[2]

Wir meinen, daß sich in dem hier Geäußerten wie in einem Prisma all das konzentriert vorfindet, was wir in vorliegendem Bericht an Ansichten und Konzepten untersucht haben. Wir wollen deshalb dieses nur als Demonstrationsbeispiel genannt wissen. Es gäbe selbstverständlich Grund, zu der persönlichen Haltung, zu den Motiven und Positionen Prices gesonderte Überlegungen anzustellen. Wir wollen hier nur einiges davon wiedergeben, was der sowjetische Wissenschaftsforscher S. Mikulinskij zu den Ausführungen von Price schrieb. Es heißt in dem Artikel des sowjetischen Autors:

„Die Beunruhigung Prof. Prices über die Lage, in der die Wissenschaft in den USA sich heute befindet, ist mir durchaus verständlich. Die Beschränkung der Mittel für wissenschaftliche Forschung und Entwicklung, mehr als 100000 arbeitslose Wissenschaftler und Ingenieure, der Abbau wissenschaftlicher Programme und viele andere Fakten zeugen in der Tat von einer ernsthaften Krankheit ... Aber das bedeutet nicht, daß die heutigen Komplikationen in den USA die Folge des gegenwärtigen Zustandes in der Wissenschaft in diesem Lande ist. Ich sehe keinerlei Gründe, der amerikanischen Wissenschaft die Schuld an der ökonomischen Krise der USA zuzuschreiben. Hier werden Ursache und Wirkung deutlich verwechselt.

Viel überzeugender erscheint mir die Ansicht jener Wissenschaftler, die die heutige Lage der Wissenschaft in den USA als Folge der ökonomischen Lage des Landes betrachten, als Folge der von der amerikanischen Regierung geführten Politik, als Folge des entkräftenden Krieges in Vietnam ...

Da Prof. Price sein Modell der Wissenschaftsentwicklung verabsolutiert und die Wissenschaft faktisch außerhalb aller Bindung an die sozialökonomischen Bedingungen und der gesellschaftlichen Verhältnisse betrachtet, kommt er zu einer meines Erachtens falschen

[2] D. J. de Solla Price, Die Unabwendbarkeit des Verfalls, in: Literaturnaja Gazeta, Nr. 35, v. 25. August 1971, S. 13.

Erklärung für die Ursachen einer Reihe von gesellschaftlichen Erscheinungen."

Der sowjetische Wissenschaftstheoretiker nennt in seinem Beitrag eine Reihe von Aufgaben, vor die die Wissenschaft in der heutigen Zeit gestellt ist. Und er schließt seinen Beitrag mit einem wissenschaftstheoretischen Programm: „Diese Aufgabe zu lösen ist ohne eine vertiefte Ausarbeitung der Theorie von der Entwicklung der Wissenschaft unmöglich. Eine solche Theorie muß das Leben der Wissenschaft als System enthüllen, welches seinen eigenen Aufbau hat und zugleich untrennbar verbunden ist mit den sozialen Bedingungen, außerhalb derer sie nicht existiert, nicht funktioniert und kein eigenständiges Schicksal hat. Das Prinzip des Historismus ist das unerschütterliche Fundament einer solchen Theorie, ihre Seele."[3]

Historismus in der Wissenschaftstheorie im Sinne historisch-materialistischer Grundlegung ist die Voraussetzung, um den Platz der Wissenschaft in der weltweiten Klassenauseinandersetzung, ihre Rolle in den unterschiedenen sozialökonomischen Systemen, ihre verschiedene Ausprägung und ihre Entwicklungsbedingungen zu erfassen. Das vermag jedoch nur die marxistisch-leninistische Wissenschaftstheorie. Wir wollen unsere Überlegungen deshalb mit einigen Worten von Karl Marx abschließen – mit Worten, die uns Leitmotto waren. Marx sprach darin von einem Antagonismus, der sich bereits im vergangenen Jahrhundert zwischen moderner Industrie und Wissenschaft einerseits und den gesellschaftlichen Beziehungen im Kapitalismus andererseits herausbildete.

„Einige Parteien mögen darüber wehklagen; andere mögen wünschen, die modernen technischen Errungenschaften loszuwerden, um die modernen Konflikte loszuwerden. Oder sie mögen sich einbilden, daß ein so bemerkenswerter Fortschritt in der Industrie eines ebenso bemerkenswerten Rückschritts in der Politik zu seiner Vervollständigung bedarf ... Wir wissen, daß die neuen Kräfte der Gesellschaft, um richtig zur Wirkung zu kommen, nur neuer Menschen bedürfen, die ihrer Meister werden – und das sind die Arbeiter."[4]

[3] S. Mikulinskij: Die Gesetzmäßigkeit des Fortschritts, in: Literaturnaja Gazeta, Nr. 35, v. 25. 8. 71, S. 13.

[4] K. Marx, Rede auf der Jahresfeier des „People's Paper" am 14. April 1856 in London, in: Marx/Engels, Werke, Bd. 12, Berlin 1972, S. 3f.

Personenregister

Sachregister

Kolibri 360 GmbH
Ferdinand-Jühlke-Straße 7
99095 Erfurt, Deutschland
produktsicherheit@kolibri360.de